Gestaltung hybrider Mensch-Maschine-Systeme/Designing Hybrid Societies

Reihe herausgegeben von
Angelika C. Bullinger-Hoffmann, Chemnitz, Deutschland

Veränderungen in Technologien, Werten, Gesetzgebung und deren Zusammenspiel bestimmen hybride Mensch-Maschine-Systeme, d. h. die quasi selbstorganisierte Interaktion von Mensch und Technologie. In dieser arbeitswissenschaftlich verankerten Schriftenreihe werden zu den Hybrid Societies zahlreiche interdisziplinäre Aspekte adressiert, Designvorschläge basierend auf theoretischen und empirischen Erkenntnissen präsentiert und verwandte Konzepte diskutiert.

Changes in technology, values, regulation and their interplay drive hybrid societies, i.e., the quasi self-organized interaction between humans and technologies. This series grounded in human factors addresses many interdisciplinary aspects, presents socio-technical design suggestions based on theoretical and empirical findings and discusses related concepts.

Weitere Bände in der Reihe http://www.springer.com/series/16273

Tim Schleicher

Kollaborierende Roboter anweisen

Gestaltungsempfehlungen für ergonomische Mensch-Roboter-Schnittstellen

Mit einem Geleitwort von
Prof. Dr. Angelika C. Bullinger-Hoffmann

Tim Schleicher
Leipzig, Deutschland

Diese Arbeit wurde von der Fakultät für Maschinenbau der Technischen Universität Chemnitz als Dissertation zur Erlangung des akademischen Grades Doktoringenieur (Dr.-Ing.) genehmigt, u.d.T.: Instruktion kollaborierender Roboter – Gestaltungsempfehlungen für gebrauchstaugliche Mensch-Roboter-Schnittstellen

Tag der Einreichung: 05.04.2019
1. Gutachterin: Prof. Dr. habil. Angelika C. Bullinger-Hoffmann
2. Gutachterin: apl. Prof. Dr.-Ing. habil. Dr. paed. Annette Hoppe
Tag der Verteidigung: 22.08.2019

ISSN 2661-8230 ISSN 2661-8249 (electronic)
Gestaltung hybrider Mensch-Maschine-Systeme/Designing Hybrid Societies
ISBN 978-3-658-29050-4 ISBN 978-3-658-29051-1 (eBook)
https://doi.org/10.1007/978-3-658-29051-1

Die Deutsche Nationalbibliothek verzeichnet diese Publikation in der Deutschen Nationalbibliografie; detaillierte bibliografische Daten sind im Internet über http://dnb.d-nb.de abrufbar.

Springer Vieweg ist ein Imprint der eingetragenen Gesellschaft Springer Fachmedien Wiesbaden GmbH und ist ein Teil von Springer Nature.
Die Anschrift der Gesellschaft ist: Abraham-Lincoln-Str. 46, 65189 Wiesbaden, Germany

Geleitwort

Heutige Produktionsprozesse setzen zur Vereinbarung der scheinbar gegensätzlichen Zielsetzungen hoher Flexibilität und Produktivität bereits auf die Zusammenarbeit von Menschen und Robotern. Gerade bei variantenreichen Produktionssystemen ist die aktuell noch schwerfällige Konfiguration der Roboter ein Problem. Bei der schutzzaunlosen Zusammenarbeit von Mensch und Roboter, der Mensch-Roboter-Kollaboration (MRK), wird die Konfiguration der Roboter häufig durch Anweisen bzw. Instruktion vorgenommen.

Tim Schleicher hat sich den variantenreichen Produktionsprozess der Automobilbranche als Anwendungsfall gewählt, um mit seiner Dissertationsschrift Erkenntnisse zur Gestaltung gebrauchstauglicher Mensch-Roboter-Schnittstellen für die Instruktion kollaborierender Roboter, von ihm als „instruktive Mensch-Roboter-Kollaboration (iMRK)“ beschrieben, zu gewinnen. Er geht nach den Grundsätzen gestaltungsorientierter Forschung vor, um die iMRK eines kollaborierenden Polierroboters zu entwickeln, zu instanziieren und zu evaluieren.

Es gelingt ihm mit insgesamt neun Studien, die außergewöhnlich stark im Nutzungskontext des realen Produktionsumfelds verortet sind, Anforderungen zur Übergabe einer Aufgabe an einen Roboter sowohl für die Verortung einer Aufgabe im Arbeitsraum (Positionierung) sowie für die Spezifikation der Durchführung (Parametrierung) zu sammeln. Er untersucht sodann mit iterativ entwickelten Prototypen und an Beispielaufgaben wie dem Polieren von Punkt A (Positionierung) mit einer mittleren Polierintensität (Parametrierung) mehrere Interaktionsmodi (u.a. Mausbedienung, Gestensteuerung) für Positionierung und Parametrierung und kann zeigen, dass die Markerdetektion die besten Ergebnisse bringt.

Die in der Dissertation erarbeiteten Ergebnisse sind eine Referenz für die Praxis zur Gestaltung instruktiver Mensch-Roboter-Kollaborationen, vor allem, aber nicht nur, im Produktionsumfeld. Hier ist großes Potential für die Gestaltung anderer schutzzaunloser Mensch-Roboter-Kollaborationen geschaffen worden. Für die Wissenschaft sind im Feld der Mensch-Roboter-Kollaboration neue Forschungsfragen zu Parametrierung und Positionierung von instruktiven Mensch-Maschine-Schnittstellen sowohl in der Produktion als auch in anderen Zusammenhängen, wie z.B. der roboterassistierten Pflege, entstanden.

Ich wünsche Tim Schleicher daher zahlreiche interessierte Leserinnen und Leser aus Wirtschaft und Wissenschaft – und noch viele mehr ergonomisch gestaltete, instruktive Mensch-Roboter-Schnittstellen, die auf Grundlage seiner Arbeit gestaltet werden!

Chemnitz, im November 2019 Angelika C. Bullinger-Hoffmann

Geleitwort

Widmung

Mein Herz schlägt schon immer für die industrielle Produktion. Die Möglichkeit, im Rahmen des Doktorandenprogramms „ProMotion" der Bayerischen Motorenwerke AG (BMW AG) in diesem Bereich „einen Schritt vorwärts" zu machen, hat mir über die letzten Jahre die notwendige Motivation geschenkt, die vorliegende Dissertation nach bestem Wissen und Gewissen anzufertigen. Auf diesem Weg haben mich viele Personen begleitet. Ihnen gebührt mein herzlichster Dank:

Ein besonderer Dank gilt meiner Doktormutter Frau **Prof. Dr. habil. Angelika C. Bullinger-Hoffmann**, die mich durch ihr Vertrauen und ihre zielgerichteten Hinweise motiviert hat, diese Arbeit trotz „extra Meile" zufriedenstellend fertigzustellen. Ich freue mich auch ganz besonders, dass sie einen Industriepromovenden wie mich unter ihre Fittiche genommen und mir durch die regelmäßige Mitarbeit an ihrem Lehrstuhl schrittweise das notwendige methodische Verständnis über das Netzwerk mit ihren Mitarbeitern nähergebracht hat.

Ebenso danke ich Frau **apl. Prof. Dr.-Ing. habil. Dr. paed. Annette Hoppe** für die Übernahme des Zweitgutachtens. Die gemeinsame Diskussion hat mir das Gefühl gegeben, etwas „Gutes" auf die Beine gestellt zu haben.

Ein ganz besonderer Dank gebührt Herrn **Dr.-Ing. Michael Wächter**. Die vielen, mehr als nur freundschaftlichen Gespräche haben mich in meiner Art reifen lassen. Ich bedanke mich für die Wertschätzung und Freude an der gemeinsamen „methodischen Tüftelei", auch wenn ich viele gutgemeinte Ratschläge, etwas nicht zu tun, doch lieber erstmal auf „Hieb- und Stichfestigkeit" prüfen musste. DANKE!

Einen besonderen Beitrag zu dieser Arbeit hat auch Herr **Erich Wald** geleistet. Ich bedanke mich mehr als nur herzlich für die Möglichkeit, als Doktorand unter seinen „Schützlingen" gestartet zu sein. Seine ehrliche und herzliche Art, persönliche Ratschläge zu erteilen und fachliche Diskussionen zu führen, macht ihn zu einem meiner Vorbilder! Vielen Dank!

Ein mindestens gleichwertiger Dank gilt Herrn **Dr.-Ing. Alexander König** und Herrn **Dr.-Ing. Sebastian Keller**. Sie haben meinen suchenden Blicken nach spannenden Aufgabenstellungen und Forschungsfragen mit dem Angebot der Mitarbeit im Feld der Mensch-Roboter-Kollaboration entgegnet. Mit ihrer einzigartigen Freude an der Realisierung der wildesten Ideen haben sie nicht nur einen Doktoranden mit einem breiten Forschungsfeld beglückt, sondern mich auch mit ihrer Arbeitsweise begeistert. Sie bleiben für mich Vorbilder im Umgang mit komplexen Aufgabenstellungen und in der stets wertschätzenden Art und Weise der Zusammenarbeit mit Projektpartnern.

Auch Herrn **Toni Schulz** gilt an dieser Stelle ein besonderer Dank. Durch seine Initiative und Begeisterung gelang es, die technischen Voraussetzungen für die praktischen Erprobungen in Leipzig zu schaffen. Vielen Dank!

Ein weiterer besonderer Dank gilt Frau **Dr.-Ing. Manuela Krones**. Sie hat mich auch auf den letzten Metern immer wieder ermutigt und mit ihrem Scharfsinn der vorliegenden Arbeit den letzten Schliff verliehen. DANKE!

Ebenfalls besonders gedankt sei an dieser Stelle Herrn **Dr.-Ing. André Dettmann** und Herrn **Thomas Seeling**. Sie haben mich als Neu- und Fremdling stets in ihrer Runde willkommen geheißen. Ich schätze ihren Blick für das Wesentliche sowie die methodische Fitness, von der ich mir viel habe „abschneiden" können.

Im Rahmen des Doktorandenumfelds bei BMW bedanke ich mich mehr als nur herzlich bei **Dr.-Ing. Stefan Werrlich**. Die vielen Diskussionen rund um die klassischen Spannungsfelder einer Industriepromotion haben mir das Gefühl gegeben, nicht alleine zu sein. Ich schätze die Leichtigkeit und den Witz, mit dem wir selbst die wildesten gedanklichen Knoten haben auflösen können.

Für meine unvergessliche Zeit im Leipziger Doktorandenkreis bedanke ich mich besonders bei Frau **Dr.-Ing. Rebekka Büttner**, Herrn **Dr.-Ing. Manfred Schmidt** und Herrn **Steffen Bindel**. Ich bin stolz, ein Teil dieses wunderbaren Teams zu sein!

Für die regelmäßigen fachlichen und herausfordernden Diskussionen danke ich auch den Organisatoren des Leipziger Doktorandenkolloquiums, Herrn **Dr.-Ing. Johannes Voigtsberger** und Herrn **Dr. Stefan Fenchel**. Ihr Enthusiasmus und die Freude am wissenschaftlichen Arbeiten haben uns neben vielen Fragestellungen auch stets Auftrieb gegeben.

Ein mehr als nur besonderer Dank gebührt meinem „Lieblingsstudenten" Herrn **Lukas Füssel**. Mit seiner aufopferungsvollen Art hat er den Startschuss für die praktischen Umsetzungen gezündet. Die Zusammenarbeit mit ihm hat inmitten der Promotionszeit für einen Aufschwung gesorgt. Ich denke gerne und oft an diese Zeit zurück! Vielen, vielen Dank! Es war mir eine Ehre!

Ebenfalls ein riesengroßer Dank gebührt Herrn **Andy Roberti**. Mit seiner Ehrlichkeit und Offenheit für Neues ist Andy einer der Gründe, warum heute ein kollaborierender Polierroboter existiert. Sein Antrieb herauszufinden, ob ein Roboter genauso gut polieren kann wie er, hat mich von der ersten Minute an begeistert. Ich danke ihm für das entgegengebrachte Vertrauen, die vielen persönlichen und fachlichen Gespräche und die stets aufmunternden Worte! Dank ihm kann auch ich heute lackierte Oberflächen auf Hochglanz polieren!

Für die unendlich vielen Stunden an fachlichen Gesprächen, Tüfteleien an den Prototypen sowie die stets ehrlichen Meinungen über einen kollaborierenden Assistenzroboter möchte ich **allen Mitarbeitern des Lack-Finish-Bereichs der Kunststoffaußenhautfertigung im BMW Werk Leipzig** danken. Ihr Interesse für dieses Projekt haben mir die möglichen Rahmenbedingungen geschaffen, empirische Studien durchzuführen. An dieser Stelle gilt ein besonderer Dank den Vorarbeitern, welche mich stets bei meinen Evaluationen mit ihren Gruppen unterstützt haben. Ohne ihren besonderen Einsatz wären die vielen umfangreichen Befragungen und Erprobungen nie zu Stande gekommen! Vielen, vielen Dank!

Ebenfalls einen mehr als nur großen Dank verdient **Prof. Dr. Sabine Brunner**. Die herzlichen und gleichzeitig gnadenlos ehrlichen Ratschläge haben mir gegen Ende meiner Promotionszeit nochmal einen besonderen Aufwind verpasst und vor allem „meine Handschrift“ hervorgehoben. VIELEN LIEBEN DANK!

Ein großer Dank gilt auch meinen Eltern **Susanna und Franz Schleicher** sowie Großeltern **Eva und Peter Winkelbauer**. Ich danke ihnen für die mehr als nur liebevolle Unterstützung auf meinem Weg und in allen nur denkbaren Lebenslagen! Ohne diese wäre ich heute nicht da, wo ich heute bin!

Mein größter Dank gilt meiner geliebten Frau **Elisa Schleicher**. Ich bin mit den Worten gestartet: „*Du würdest nicht merken, dass ich eine Dissertation schreibe.*“ Es kam alles anders! Ich danke ihr für das Vertrauen, die bedingungslose Liebe und Unterstützung sowie für die richtigen Worte im richtigen Moment! Ich freue mich auf alles das, was noch kommt: GEMEINSAM in physischer UND geistiger Anwesenheit!

Leipzig, im November 2019 Tim Schleicher

Inhaltsverzeichnis

Abbildungsverzeichnis

Tabellenverzeichnis

Abkürzungsverzeichnis

Abkürzung	Bezeichnung
ANOVA	Analysis of Variance (deutsch: Varianzanalyse)
bspw.	beispielsweise
ca.	circa
CAD	Computer Aided Design
DLL	Decklacklinie
DMS	Dokumentenmanagementsystem
DSR	Design Science Research (deutsch: gestaltungsorientierte Forschung)
GS	Gestensteuerung
ggü.	gegenüber
HF	Handführung
IE	Industrial Engineering
i.d.R.	in der Regel
iMRK	instruktive Mensch-Roboter-Kollaboration
MB	Mausbedienung
MD	Markerdetektion
M	Mittelwert (engl.: mean)
MMS	Mensch-Maschine-Schnittstelle (engl.: human-machine interface [HMI])
MRI	Mensch-Roboter-Interaktion
MRK	Mensch-Roboter-Kollaboration
MRS	Mensch-Roboter-Schnittstelle
OEM	Original Equipment Manufacturer (deutsch: Erstausrüster)
o.g.	oben genannt
PMA	Produktionsmitarbeiter
PSP	Produktionsspezialist
SD	Standardabweichung (engl.: standard deviation)
SUS	System Usability Scale
TB	Touchbedienung
TCP	Tool Center Point (deutsch: Werkzeugmittelpunkt)
UE	Usability-Experte(n)
UEQ	User Experience Questionnaire
vgl.	vergleiche
z.B.	zum Beispiel

Kurzfassung

Die zunehmende Variantenvielfalt von Produkten führt zu einer Erhöhung der Komplexität in den jeweiligen Produktionsprozessen. Produktionssysteme stehen damit vor der Herausforderung, hohe Flexibilität mit hoher Produktivität vereinen zu müssen. Eine Möglichkeit, dies zu realisieren, bietet die Verbindung menschlicher und maschineller Arbeit an einem hybriden Arbeitsplatz in Form einer **Mensch-Roboter-Kollaboration**. Die Möglichkeit der direkten Zusammenarbeit zwischen Mensch und Roboter bildet demnach eine entschei-dende Grundlage für die Gestaltung zukünftiger Produktionssysteme.

Im Zuge der geforderten Flexibilität bestehen bereits heute Ansätze zur einfachen und schnellen Konfiguration von Roboteranlagen in der Produktion. Neue Roboterfähigkeiten können durch intuitive Programmiermethoden, z.B. „Programmierung durch Vorzeigen“, ohne Programmierkenntnisse erstellt, getestet und angepasst werden. Diese Art der Roboterprogrammierung ermöglicht die Anpassung von Roboteranlagen an die Produktion einer neuen Charge und ist damit besonders für variantenreiche Produktionssysteme geeignet. Verändern sich die durchzuführenden Roboteraufgaben jedoch nicht von Charge zu Charge, sondern von Stück zu Stück, so ist eine weitere Vereinfachung zur wirtschaftlichen Nutzung von Robotern notwendig. Die „Programmierung durch Anweisen“ nutzt in diesem Fall eine einfache Instruktion. Diese erfolgt durch die Verortung von Roboteraufgaben im Arbeitsraum und durch die zusätzliche Spezifikation der Aufgabendurchführung. Vor diesem Hintergrund bedarf es der Gestaltung und vor allem der Erprobung von **Mensch-Roboter-Schnittstellen zur Instruktion kollaborierender Roboter** im industriellen Kontext. In diesem Zuge definiert die vorliegende Arbeit die direkte Zusammenarbeit durch Anweisungen des Menschen als eine „instruktive Mensch-Roboter-Kollaboration“ (iMRK).

Aufbauend auf einer methodischen Wissensbasis wird die strukturierte Auswahl an potentiell gebrauchstauglichen MRS-Technologien anwendungsspezifisch abgeleitet. Vor dem Hintergrund, Gestaltungswissen für deren Einsatz in einer variantenreichen Serienproduktion zu generieren, dient ein exemplarischer Anwendungsfall im Lack-Finish der Automobilbranche. Die Erhebung organisatorischer sowie anwenderspezifischer Anforderungen an die Gestaltung ermöglicht die Überprüfung der Anwendbarkeit bereits existierender Gestaltungsempfehlungen. Darüber hinaus können diese durch industriespezifische Anforderungen erweitert werden. Im Rahmen eines gestaltungsorientierten Vorgehens unterstützen iterative, empirische Erprobungen und Evaluationen bei der validen **Erweiterung der Wissensbasis zur Gestaltung ergonomischer bzw. gebrauchstauglicher Mensch-Roboter-Schnittstellen** für die Instruktion eines kollaborierenden Roboters im industriellen Kontext. Es werden konkrete Gestaltungsempfehlungen abgeleitet.

Neben der Ableitung konkreter Gestaltungsempfehlungen für industrielle, instruktive Mensch-Roboter-Systeme wird exemplarisch die gebrauchstaugliche Bedienung eines **instruktiven, kollaborierenden Polierroboters** gestaltet. Die auf Basis des praktischen Anwendungsfalls generierten Gestaltungsempfehlungen liefern eine Grundlage für weitere Systeme und geben Anstöße für weitere technologische Entwicklungen.

Stichwörter: Mensch-Roboter-Interaktion, Mensch-Roboter-Kollaboration, Instruktion, Mensch-Roboter-Schnittstelle, Gebrauchstauglichkeit, variantenreiche Serienproduktion

1 Einführung und Überblick

„Eine Maschine kann die Arbeit von 50 gewöhnlichen Menschen leisten, aber sie kann nicht einen einzigen außergewöhnlichen ersetzen."
Elbert Green Hubbard, Schriftsteller und Philosoph

1.1 Problemstellung und Motivation

Steigende Bedarfe, kürzer werdende Produktlebenszyklen und höhere Variantenvielfalt führen zu einer erhöhten Komplexität in heutigen Produktionsprozessen (Bänziger et al. 2017; Steegmüller und Zürn 2017). Mit dieser immer komplexer werdenden Industrie stoßen vollautomatisierte Industrieroboteranlagen, unter anderem durch hohen Konfigurations- und Umrüstaufwand, an ihre Grenzen (Kahl et al. 2016). Produktionsprozesse, welche der Herausforderung von kleinen Losgrößen und vielen Produktvarianten gegenüberstehen, werden auf Kosten der Produktivität und zu Gunsten der Flexibilität im Allgemeinen als manuelle Arbeitsplätze ausgeführt (Lotter 2012). Im Falle geringer Produktvarianz zielen Industrieroboteranlagen im Gegensatz dazu darauf ab, höchste Produktivität und Qualität unter minimalen Kosten zu vereinen (Hägele et al. 2008). Die Anpassung an individuelle Kundenwünsche ist jedoch nur bedingt möglich. Für das Zusammenwirken der geforderten Eigenschaften Produktivität und Flexibilität werden manuelle und automatisierte Produktionssysteme heute in hybriden Produktionssystemen an einem Arbeitsplatz vereint (IFR Statistical Department 2016; Kahl et al. 2016). Um Roboter in **variantenreichen Produktionssystemen** einsetzen zu können, muss deren Konfiguration deutlich erleichtert werden. Die Vereinfachung der klassischen Roboterprogrammierung zur sogenannten „High-Level"-Programmierung bietet einen Ansatz für den wirtschaftlichen Einsatz in der Kleinserienfertigung. Bewegungsabläufe können durch einfache und intuitive Programmiermethoden angelegt oder auch bereits angelernte Abläufe abgeändert werden, z.B. durch das „Führen an der Hand" (Akan et al. 2010; Helms und Meyer 2005; IFR Statistical Department 2016). Mit dem sinkenden Verhältnis von Programmieraufwand zu effektiver Fertigungszeit steigt die Wirtschaftlichkeit für die Produktion kleiner werdender Stückzahlen (Naumann et al. 2017).

Vor diesem Hintergrund stellt die intuitive **Mensch-Roboter-Interaktion (MRI)** eine Schlüsseltechnologie zukünftiger Produktionsumgebungen dar. Sie befähigt die Kommunikation zum einfachen Informationsaustausch zwischen Mensch und Roboter und ermöglicht dadurch die Verfolgung gemeinsamer, stets

T. Schleicher, *Kollaborierende Roboter anweisen*, Gestaltung hybrider Mensch-Maschine-Systeme/Designing Hybrid Societies,
https://doi.org/10.1007/978-3-658-29051-1_1

neuer Aufgaben und Ziele. Darunter fällt z.B. die o.g. intuitive Roboterprogrammierung mittels Handführung entlang einer auszuführenden Roboterbewegung. Die Roboterkonfiguration ist damit ohne Programmierexpertise durch die Endanwender, z.B. Produktionsmitarbeiter, durchführbar (Forge und Blackman 2010; Guerin et al. 2014; Michalos et al. 2014).

Forschungsvorhaben im Feld der industriellen Robotik befassen sich bereits seit mehreren Jahren mit der Herausforderung, menschliche und maschinelle Eigenschaften an einem Arbeitsplatz zu vereinen (Tellaeche et al. 2015). Dies betrifft vor allem Prozesse, welche die kognitiven Fähigkeiten und die Flexibilität des Menschen gemeinsam mit der Ausdauer, Genauigkeit und Geschwindigkeit eines Roboters erfordern (Pollmann 2016; Schließmann 2017). Mit der Sicherheit des Menschen als oberste Priorität fokussiert die MRI im industriellen Kontext den Austausch von Informationen zur Vermeidung von für den Menschen schmerzhaften Kollisionen (Krüger et al. 2009). Die schutzzaunlose Zusammenarbeit zwischen Mensch und Roboter mit der Möglichkeit des physischen Kontaktes wird als „**Mensch-Roboter-Kollaboration**“[1] bezeichnet. Mit dem Einsatz eines Roboters als „intelligenter Assistent“ besteht die Möglichkeit der flexiblen Aufteilung von Aufgaben. Der Mensch kann sich bspw. komplexen Aufgaben widmen, welche feinmotorisch-taktile oder sensorisch-kognitive Fähigkeiten erfordern, während der Roboter andere Aufgaben unterstützend durchführt (Dunckern 2016).

Im Zuge der direkten Zusammenarbeit zwischen Mensch und Roboter wird vor dem Hintergrund immer kleiner werdender Losgrößen daher eine weitere Vereinfachung der Roboterprogrammierung zunehmend interessant. Eine Möglichkeit, dies umzusetzen, bietet die einfache Anweisung bzw. **Instruktion** eines Roboters (Naumann et al. 2017). Mit der Reduktion des Programmieraufwandes ermöglicht die Instruktion damit eine Steigerung der Wirtschaftlichkeit der MRK in variantenreichen Produktionssystemen bzw. auch jenen der Losgröße Eins.

Die Motivation der vorliegenden Arbeit liegt daher in der Unterstützung der Vereinfachung der Roboterprogrammierung von kollaborierenden Robotern hin zu einer Instruktion im laufenden Produktionsprozess. Im Speziellen soll dadurch der Einsatz einer MRK in Produktionssystemen der Losgröße Eins befähigt werden. Die Basis hierfür liefern instruktive Mensch-Roboter-Systeme im Bereich der

[1] Obwohl der Begriff der Kollaboration im deutschsprachigen Raum negativ mit der Zusammenarbeit mit dem Feind assoziiert wird, verwendet die vorliegende Dissertation den Begriff als Synonym für „Zusammenarbeit“. Bspw. wird laut DIN EN ISO 10218-1:2011 der „kollaborierende Betrieb“ als Zustand definiert, „in dem hierfür konstruierte Roboter innerhalb eines festgelegten Arbeitsraums direkt mit dem Menschen zusammenarbeiten“ (DIN EN ISO 10218-1:2011).

persönlichen und kommerziellen Servicerobotik. Mit dem Übertrag in den Kontext der Industrie und der Zusammenführung der Begrifflichkeiten „Instruktion" und „MRK" meint die „instruktive Mensch-Roboter-Kollaboration (iMRK)" die direkte und vor allem flexible Zusammenarbeit zwischen Mensch und Roboter durch eine Instruktion an einem industriellen Arbeitsplatz. Die iMRK dient als zentraler, selbstdefinierter Begriff der vorliegenden Arbeit.[2] Mit der Instruktion eines Roboters durch einen Menschen über eine möglichst ergonomische **Mensch-Roboter-Schnittstelle (MRS)** bildet diese das zentrale Element bzw. Gestaltungsziel der Forschungsarbeit, verdeutlicht in Abbildung 1.

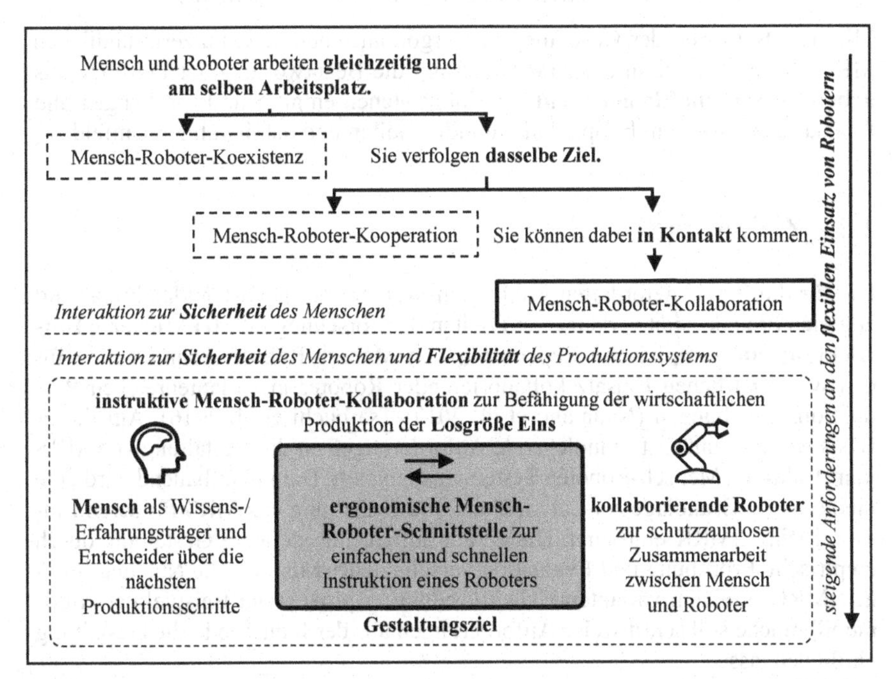

Abbildung 1: Gestaltung von ergonomischen MRS zur Nutzung in einer iMRK als Fokus der vorliegenden Arbeit

Quelle: MRK in Anlehnung an Schmidtler et al. (2015), Onnasch et al. (2016) sowie Keller (2017) / iMRK in eigener Darstellung

Bestehende Forschungsarbeiten zeigen in diesem Kontext bereits technische Konzepte von MRS zur Instruktion eines Roboters auf. Mit der überwiegenden, reinen

[2] Die iMRK basiert auf der „Programmierung durch Anweisen", verbindet diese jedoch mit der Zusammenarbeit zwischen Mensch und Roboter in einem gemeinsamen Arbeitsbereich. Eine genauere Einordnung erfolgt im Abschnitt 2 sowie Anhang A.1.

Machbarkeitsdemonstration dieser Konzepte sind zur möglichst ergonomischen Gestaltung zusätzliche Erkenntnisse zum Einsatz im Feld, in diesem Falle einer variantenreichen Produktion, erforderlich. Um diese Forschungslücke zu schließen und eine Grundlage zur Gestaltung von ergonomischen MRS für deren Einsatz in einer instruktiven Mensch-Roboter-Kollaboration zu schaffen, geht die vorliegende Forschungsarbeit der folgenden, allgemeinformulierten Leitfrage nach:

Wie müssen Mensch-Roboter-Schnittstellen für eine instruktive Mensch-Roboter-Kollaboration gestaltet sein, um deren Einsatz in einer variantenreichen Produktion bzw. Produktion der Losgröße Eins zu ermöglichen?

Mit der Motivation der Gestaltung von ergonomischen bzw. nutzerfreundlichen MRS für den Einsatz in einer iMRK erfolgt die Beantwortung der Leitfrage aus **arbeitswissenschaftlicher Sicht**. Im Fokus stehen empirische Erprobungen und Evaluationen in einem beispielhaften, industriellen und damit validen Umfeld.

1.2 Zielsetzung

Die für die Praxis geforderten Produktionssysteme mit höchster Flexibilität und zugleich Produktivität verlangen auf Seiten der Forschung die **strukturierte Entwicklung und empirische Erprobung** von Mensch-Roboter-Schnittstellen für den wirtschaftlichen Einsatz kollaborierender Roboter in variantenreichen Produktionsumgebungen (Naumann et al. 2017; Tsarouchi et al. 2016). Auf dieser Basis werden zunächst grundlegende Anforderungen an die Gestaltung von MRS in instruktiven Mensch-Roboter-Systemen analysiert. Darauf aufbauend wird eine methodische Grundlage zur Entwicklung und Gestaltung von MRS für deren Einsatz in einer iMRK erarbeitet. Die darauf aufbauende iterative Gestaltung durch empirische Erprobung und Evaluation verschiedener MRS für die Nutzung in einer iMRK in einem variantenreichen Produktionsprozess am Beispiel der Automobilbranche soll schrittweise Anforderungen aus der Industrie in die Gestaltung einfließen lassen.

Mit der arbeitswissenschaftlichen Ausrichtung stehen die zu entwickelnden MRS im Fokus der **Gebrauchstauglichkeit**. Als gebrauchstaugliche Systeme werden laut DIN EN ISO 9241-210:2010 jene Systeme verstanden, welche in ihrer Anwendung besonders effektiv, effizient sowie für den Nutzer zufriedenstellend sind. Ziel der Arbeit ist demnach die Erarbeitung von Gestaltungswissen für gebrauchstaugliche MRS in einer iMRK aus arbeitswissenschaftlicher Sicht.

Zusammenfassend soll die heute vorhandene Wissensbasis damit um **anwendungs- bzw. domänenspezifische Erkenntnisse** zur Gestaltung von gebrauchstauglichen MRS in variantenreichen Produktionsprozessen erweitert werden.

Konkret umfasst dies neben der grundlegend methodischen Entwicklung auch spezifische Anforderungen und Erkenntnisse aus empirischen Erprobungen im industriellen Umfeld.

1.3 Forschungsmethodischer Rahmen

Mit dem Ziel, neues Wissen auf Basis der Gestaltung von Technologien unter Berücksichtigung praktischer Anforderungen zu erarbeiten, bedient sich die vorliegende Arbeit am forschungsmethodischen Rahmen der gestaltungsorientierten Forschung. Traditionelle Forschung, wie die Natur- oder Sozialwissenschaft, beschreibt eine Wissensbasis über bereits vorhandene Objekte und Phänomene (Simon 1996). Sie fokussiert die Aufklärung, Beschreibung, Entdeckung oder Vorhersage von Phänomenen sowie deren Beziehung untereinander (Gibbons und Bunderson 2005). Das Ziel dieses Forschungsparadigmas ist die Erklärung wie die Dinge sind und wie sie funktionieren. Im Zuge des Entwurfs, der Konstruktion oder Kreation von etwas Neuem zur Lösung vorhandener Probleme, sogenannte Artefakte, stößt die natur- oder sozialwissenschaftliche Forschung jedoch an ihre Grenzen (Simon 1996). Das Ziel dieser traditionellen Forschung ist Wahrheit, wohingegen gestaltungsorientierter Forschung auf **Nützlichkeit** abzielt (Hevner et al. 2004).

Der Ausgangspunkt **gestaltungsorientierter Forschung** (engl.: Design Science Research [DSR]) nach Hevner et al. 2004) basiert auf einem praktisch relevanten Problem. Die valide und reliable Problemlösung erfolgt durch die stringente Anwendung wissenschaftlicher Methoden in einem forschungsrelevanten Kontext (Dresch et al. 2015). Die dafür notwendige Wissensbasis enthält etablierte Grundlagen und Methoden zur Entwicklung neuer Forschung und Artefakte. Die entwickelten Artefakte durchlaufen stetige Evaluationen. Damit erfolgt die Überprüfung und Rechtfertigung deren Wichtigkeit und Nützlichkeit (Hevner et al. 2004).

Die Vorgehensweise beschreibt einen grundlegend **kreativ-experimentellen Vorgang**. Auf eine wissensbasisgeleitete Konzeption folgt die praktische Implementierung und Evaluation von Grundlagen, Methoden und Technologien in einer iterativen Vorgehensweise. Gestaltungsorientierte Forschung stellt in Summe Wissen zur Gestaltung und Entwicklung von Lösungen bereit. Artefakte werden zur Problemlösung entwickelt und damit existierende Systeme verbessert sowie bestehende Probleme gelöst (Dresch et al. 2015). Mit dem Ziel der strukturierten Entwicklung, Gestaltung, Evaluation und schließlich Diskussion von Mensch-Roboter-Schnittstellen für den Einsatz in einer instruktiven Mensch-Roboter-Kollaboration in variantenreichen Produktionssystemen folgt die vorliegende Forschungsarbeit dem Forschungsparadigma der gestaltungsorientierten Forschung nach dem iterativen Vorgehensmodell von Hevner et al. (2004), gezeigt in Abbildung 2.

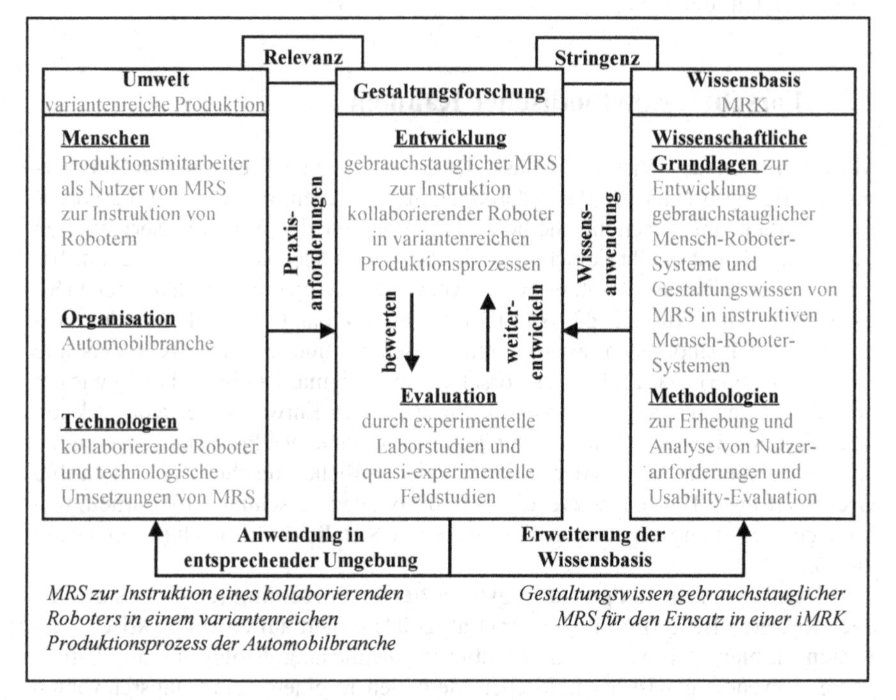

Abbildung 2: **Umsetzung der gestaltungsorientierten Forschung in der vorliegenden Arbeit**

Quelle: *in Anlehnung an Hevner et al. (2004)*

1.4 Vorgehen und Aufbau der Arbeit

Kapitel 1 stellt in einem ersten Schritt die Problemstellung und Motivation der Arbeit aus praktischer Sicht dar. Darauf aufbauend wird die Zielstellung der Forschungsarbeit abgeleitet und schließlich ein forschungsmethodischer Rahmen zur Erarbeitung beschrieben. Der Ablauf der Forschung und der Aufbau der Dissertation werden grob skizziert.

In **Kapitel 2** werden die auf Basis der praktisch motivierten Problemstellung aktuellen Grenzen des Standes der Wissenschaft und Technik aufbereitet. Zur Ermittlung des darauf aufbauenden Forschungsbedarfs dient ein strukturierter Literatur-Review. Dafür werden zunächst relevante Begrifflichkeiten aufgearbeitet und technische Rahmenbedingungen festgelegt. Eine literaturbasierte Abgrenzung des Forschungsfeldes sowie eine Anforderungsanalyse zur Erweiterung der Wissensbasis unterstützen bei der Ableitung einer Forschungsagenda.

Kapitel 3 beschreibt die methodische Wissensbasis der Arbeit zur Gestaltung gebrauchstauglicher Mensch-Roboter-Schnittstellen in instruktiven Mensch-Roboter-Systemen. Auf Basis einer strukturierten, literaturbasierten Analyse werden grundlegende Gestaltungsanforderungen aufgearbeitet. Eine Auswahl an Analysemethoden ermöglicht die Erhebung zusätzlicher anwendungsspezifischer Anforderungen an die Gestaltung einer MRS für den Einsatz in einer iMRK. Dies ermöglicht die grundlegende Auswahl von MRS-Technologien zu deren Ausgestaltung. Eine Methodenauswahl zur Evaluation der Gebrauchstauglichkeit von MRS rundet die methodischen Grundlagen der Forschungsarbeit ab.

Kapitel 4 beschreibt in Anlehnung an die methodischen Grundlagen ein Vorgehen zur strukturierten Gestaltung von MRS für den Einsatz in einer iMRK. In Verbindung mit dem Anwendungsfall für eine konkrete Gestaltung innerhalb eines variantenreichen Produktionsprozesses der Automobilbranche erfolgt die Darlegung des Forschungsdesigns der vorliegenden Arbeit. Einzelne Studienumfänge und deren methodische Ausgestaltung zur strukturierten Erweiterung der Wissensbasis werden dargelegt.

Kapitel 5 fokussiert die Erhebung anwendungsspezifischer Anforderungen an die Gestaltung gebrauchstauglicher Mensch-Roboter-Schnittstellen für die Instruktion eines kollaborierenden Roboters in einem variantenreichen Produktionsprozess der Automobilbranche. Die erhobenen Anforderungen dienen der Vorauswahl von Gestaltungsmöglichkeiten zum konkreten Einsatz an einem industriellen Arbeitsplatz. Dies schafft die Grundlage für eine iterative Gestaltung, Erprobung und Evaluation sowie für die darauf aufbauende Ableitung von Gestaltungswissen für MRS und deren Einsatz in einer iMRK.

Kapitel 6 dokumentiert die grundlegende Gestaltung sowie iterative Evaluation und Weiterentwicklung einzelner Mensch-Roboter-Schnittstellen für den Einsatz in einer iMRK. Schrittweise Evaluationen und daraus abgeleitete Erkenntnisse dienen neben der Weiterentwicklung praktischer Lösungen auch zur Erweiterung des vorhandenen Gestaltungswissens.

Den Abschluss der vorliegenden Dissertation bildet **Kapitel 7**. Die gewonnenen Erkenntnisse werden zusammengefasst und die konkreten Beiträge für Wissenschaft und Praxis dargelegt. Ein Ausblick rundet die Arbeit mit der Darstellung des weiteren Forschungsbedarfs ab.

Abbildung 3 verdeutlicht den **Aufbau und schematischen Ablauf** der vorliegenden Forschungsarbeit in Anlehnung an den forschungsmethodischen Rahmen der gestaltungsorientierten Forschung.

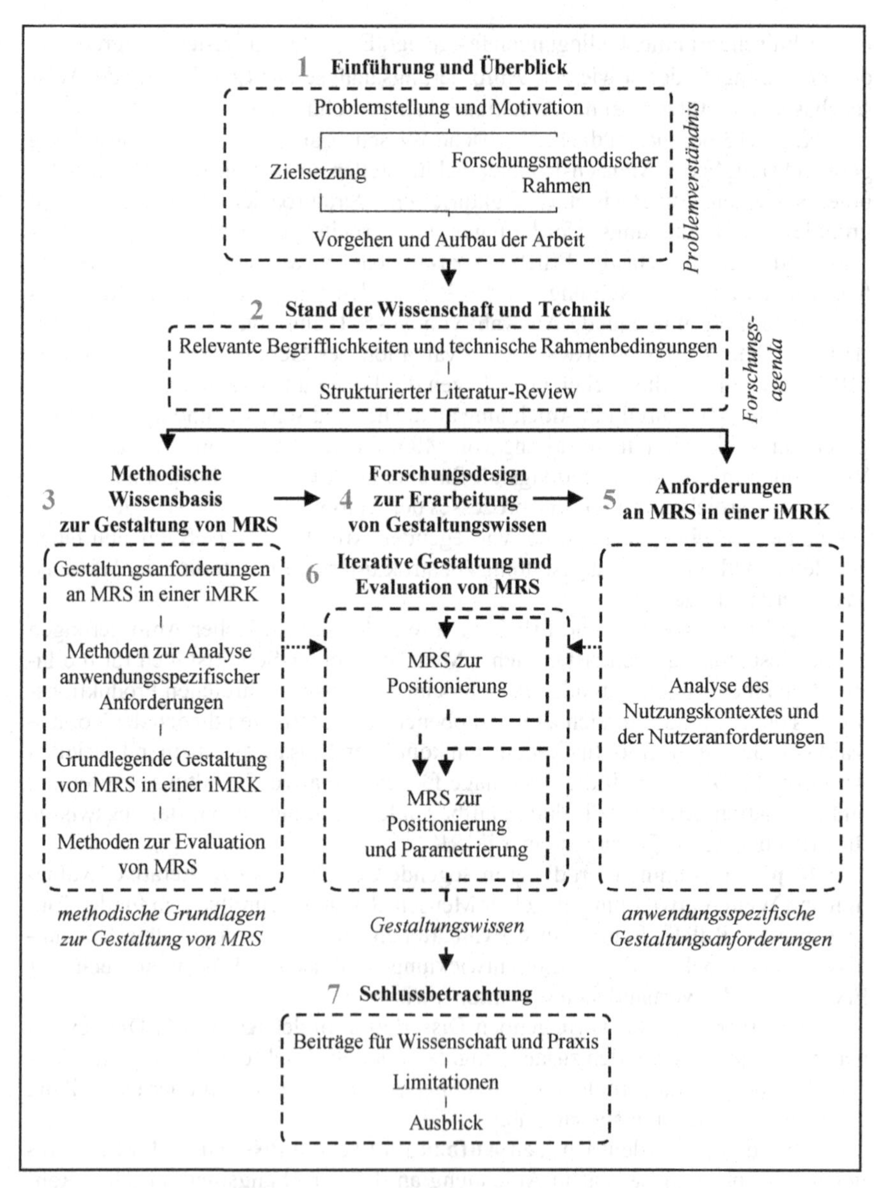

Abbildung 3: **Aufbau und schematischer Ablauf der vorliegenden Arbeit**
Quelle: *eigene Darstellung*

2 Stand der Wissenschaft und Technik

„Man merkt nie, was schon getan wurde, man sieht immer nur, was noch zu tun bleibt."
Marie Curie, Physikerin und Chemikerin

2.1 Zielsetzung und Aufbau des Kapitels

Die Grundlage zur strukturierten Erarbeitung der **Forschungsagenda** bildet die Aufarbeitung des heute verfügbaren Wissens und die sich daraus ergebenden, offenen Fragestellungen. Ziel der folgenden Abschnitte ist daher die systematische Analyse bestehender Forschung zur Gestaltung von Mensch-Roboter-Schnittstellen in instruktiven Mensch-Roboter-Systemen im Kontext der Industrie (= instruktive Mensch-Roboter-Kollaboration).

In einem ersten Schritt werden relevante Begrifflichkeiten im Forschungsfeld der Mensch-Maschine- und Mensch-Roboter-Interaktion zum besseren Verständnis des darauffolgenden strukturierten Literatur-Reviews erläutert. Ergänzt wird dies durch geltende Rahmenbedingungen bei der Realisierung einer Mensch-Roboter-Kollaboration im industriellen Kontext. Darauf aufbauend werden einzelne Kernbegriffe zu einer systematischen Literaturrecherche, dem **strukturierten Literatur-Review**, verknüpft und das vorhandene Wissen intersubjektiv nachvollziehbar aufgearbeitet. Nach einer konkreten Eingrenzung des Forschungsfeldes auf die Gestaltung von MRS für instruktive Mensch-Roboter-Systeme im Kontext der Industrie werden allgemein aufgearbeitete Forschungsanforderungen den identifizierten Forschungsarbeiten in diesem Feld gegenübergestellt. Mit der Darlegung der für diese Arbeit relevanten Forschungslücke erfolgt die Ableitung der Forschungsagenda, welche Diese beinhaltet den konkreten Forschungsbedarf sowie forschungsleitende Fragen zur Schließung der Forschungslücke.

2.2 Relevante Begrifflichkeiten und technische Rahmenbedingungen

In den nachfolgenden Abschnitten werden die thematischen Schwerpunkte der vorliegenden Arbeit schrittweise eingegrenzt. Dies erfolgt ausgehend von grundlegenden Begriffserläuterungen und setzt mit den heutzutage gültigen normativen Rahmenbedingungen zur sicheren Gestaltung von MRK-Systemen fort. Ziel der

T. Schleicher, *Kollaborierende Roboter anweisen*, Gestaltung hybrider Mensch-Maschine-Systeme/Designing Hybrid Societies,
https://doi.org/10.1007/978-3-658-29051-1_2

folgenden Abschnitte ist ein grundlegendes Verständnis der Eingrenzung der Arbeit, der technischen Systeme zur realen Umsetzung einer iMRK sowie der relevanten Begrifflichkeiten als Grundlage für den strukturierten Literatur-Review.

2.2.1 *Mensch-Maschine-Interaktion*

Als Ausgangspunkt für die Aufarbeitung des Standes der Wissenschaft wird zunächst die **Mensch-Maschine-Interaktion** als zentrales Forschungsfeld der Arbeitswissenschaft charakterisiert. Die Strategie, welche einer Interaktion zugrunde liegt, wird als Interaktionsparadigma bezeichnet. Die Interaktion selbst verläuft über eine Interaktionsmodalität, dem Kommunikationskanal in Form einer Mensch-Maschine-Schnittstelle (MMS) (Zimmermann et al. 2012). Im Zuge einer ergonomischen Gestaltung wird die Interaktion über eine MMS auf die Fähigkeiten und Fertigkeiten des Menschen angepasst. Im Wesentlichen ist darauf zu achten, dass die einzelnen Interaktionsverfahren vom Operateur als gebrauchstauglich wahrgenommen werden. Dies wird durch eine Anpassung der Interaktion an das natürliche Verhalten oder einer unmittelbaren Verständlichkeit erreicht. Ziel einer ergonomisch gestalteten MMS ist es, den Menschen in den Prozessen Informationsaufnahme bis zur Informationsabgabe zu unterstützen. Das Zusammenwirken der Ein- und Ausgabeelemente hat dabei einen großen Einfluss auf die Gebrauchstauglichkeit eines Mensch-Maschine-Systems (Schlick et al. 2010), schematisch gezeigt in Abbildung 4.

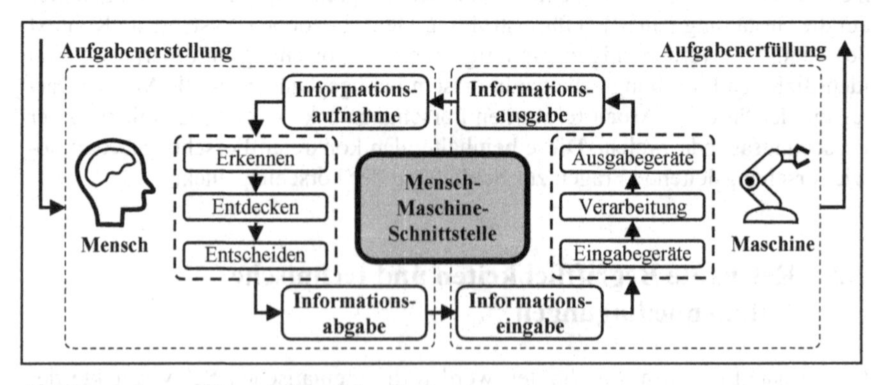

Abbildung 4: **Mensch-Maschine-System**
Quelle: *in Anlehnung an Bubb (1993), Bullinger (1994) und Schlick et al. (2010)*

2.2.2 *Mensch-Roboter-Interaktion*

Im Rahmen der vorliegenden Arbeit wird die Interaktion in Form einer **Instruktion** zwischen Mensch und Roboter als Möglichkeit gesehen, die Vorteile maschineller Arbeit in variantenreichen Produktionssystemen nutzen zu können. Die sich üblicherweise exakt wiederholende Bewegungsausführung eines Roboters in vollautomatisierten Produktionssystemen soll durch eine stark vereinfachte Programmierung in Form einer Instruktion flexibilisiert und dadurch für den Einsatz in variantenreichen Prozessen befähigt werden.

Das Verständnis von **Flexibilität** folgt der Definition nach Abele et al. (2006): Die Flexibilität beschreibt die Fähigkeit eines Produktionssystems, sich schnell und mit geringem Aufwand an geänderte Einflussfaktoren anzupassen. Alle dadurch möglichen und erreichbaren Zustände sind bekannt und definiert (Abele et al. 2006). Im Kontext der vorliegenden Arbeit bedeutet dies den Einsatz kollaborierender Roboter unter stets anderen, jedoch grundlegend bekannten Rahmenbedingungen, bspw. die Nutzung eines Schweißroboters für den Zusammenbau stets neuer Konstruktionen und unter stets neuen, vom Menschen definierten Rahmenbedingungen.

Der Begriff **Roboter** wird analog der ISO 8373:2012 verwendet: Als Roboter wird demnach ein angetriebener Mechanismus mit zwei oder mehr Achsen verstanden. Er weist einen gewissen Grad an Autonomie auf, um mit seinen Bewegungen beabsichtigte Aufgaben durchzuführen. Industrieroboter dienen als wiederprogrammierbare Mechanismen in industriellen Anwendungsfällen, wohingegen Roboter außerhalb der Industrie als Serviceroboter bezeichnet werden (ISO 8373:2012). Den größten Anwendungsbereich von Industrierobotern stellt dabei die Automobilindustrie mit 125.700 verkauften Einheiten im Jahr 2017. Das entspricht einem Verkaufsanteil von 33 %. Zwischen den Jahren 2010 und 2017 konnten stets steigende Verkaufszahlen im entsprechenden Industriezweig erfasst werden (IFR Statistical Department 2018). Diese Tatsache bestätigt die Automobilindustrie als grundlegend relevantes Forschungsumfeld.

Als Wissensbasis der vorliegenden Arbeit dienen zusätzlich allgemeingültige Erkenntnisse aus der kommerziellen Mensch-Roboter-Interaktion. Darunter werden im Rahmen dieser Arbeit jene Systeme zusammengefasst, innerhalb welcher der Mensch im Zuge einer konkreten Zielstellung bzw. Anwendung mit einem Roboter interagiert und Informationen austauscht bzw. im Speziellen Ausführungsbefehle erteilt/programmiert. Vor diesem Hintergrund wird die Wissensbasis des Forschungsvorhabens auf die Interaktion zwischen **kommerziellen Servicerobotern** und **Industrierobotern** eingeschränkt, vgl. Abbildung 5.

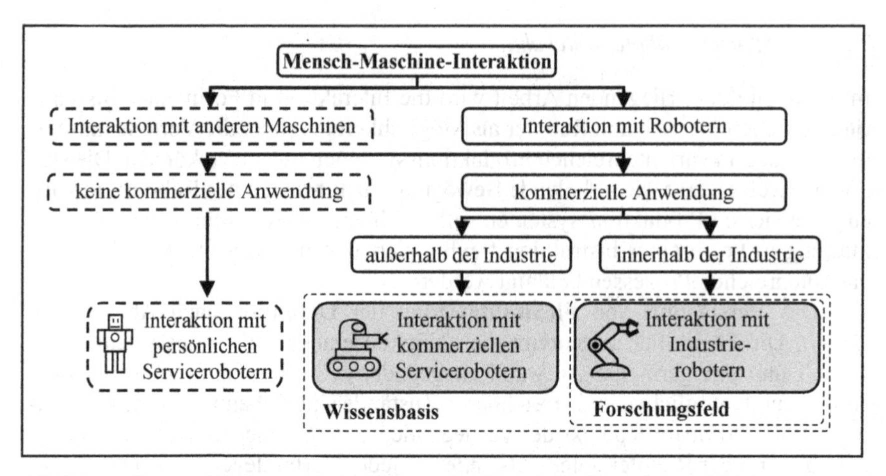

Abbildung 5: Abgrenzung der Wissensbasis und des Forschungsfeldes
Quelle: eigene Darstellung basierend auf den Ausführungen von Thrun (2004)

2.2.3 *Mensch-Roboter-Koexistenz/Kooperation/Kollaboration*

Die **schutzzaunlose Zusammenarbeit** zwischen Mensch und Roboter an einem Arbeitsplatz bildet eine Untergruppe der Mensch-Roboter-Interaktion. Die Interaktion selbst beschränkt sich in diesem Kontext jedoch auf die Betätigung von Sicherheitseinrichtungen, welche für die Vermeidung von für den Menschen schmerzhaften Kollision sorgen (Krüger et al. 2009). In Abhängigkeit der Zusammenarbeitsgrade kann in eine Koexistenz, Kooperation und Kollaboration unterschieden werden, wie Abbildung 6 zeigt.

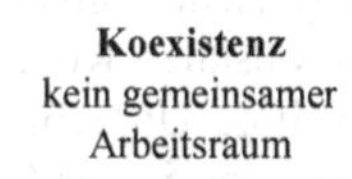

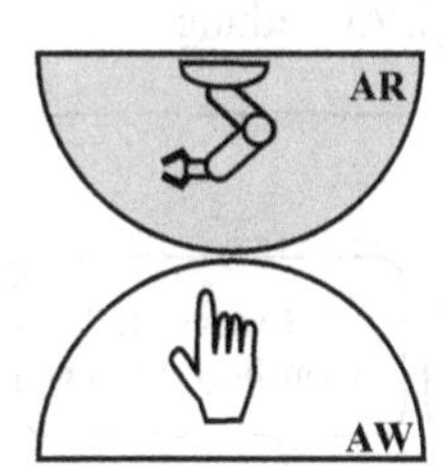

Kooperation
Mensch und Roboter haben zeitgleich Aufgaben im selben Arbeitsraum, arbeiten jedoch nicht am selben Produkt

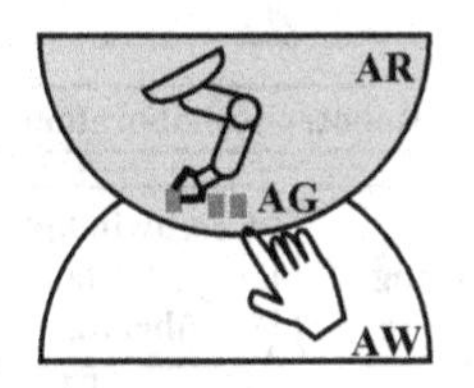

Kollaboration
Mensch und Roboter haben zeitgleich eine gemeinsame Aufgabe im selben Arbeitsraum und arbeiten am selben Produkt

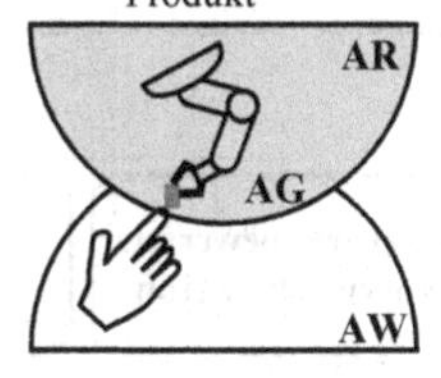

Legende: AR=Arbeitsraum Roboter / **AW**=Arbeitsraum Werker / **AG**=gemeinsamer Arbeitsraum

Abbildung 6: **Mensch-Roboter-Koexistenz/Kooperation/Kollaboration**
Quelle: *in Anlehnung an* Bauer et al. 2016

Um in einem industriellen Produktionssystem eine Mensch-Roboter-Kollaboration (MRK) zu realisieren, sind geltende Normen, Vorgaben und Richtlinien zu berücksichtigen. In diesem Fall kommt der Maschinenrichtlinie 2006/42/EG und der darunter gelisteten, harmonisierten Normen zur Regelung der funktionalen Sicherheit von Maschinen eine besondere Bedeutung zu. Die Dokumentation der Einhaltung aller für eine Produktionsanlage relevanten Richtlinien und Anwendung aller zutreffenden Verfahren zur Konformitätserklärung erfolgt mit der **CE-Kennzeichnung** durch den jeweiligen Hersteller. Im Falle des Zusammenbaus mehrerer CE-gekennzeichneter Produkte zu einer Anlage muss die Gesamtanlage ebenfalls den CE-Zertifizierungsprozess durch den Anlagenhersteller durchlaufen. Teilmaschinen, sogenannte unvollständige Maschinen, werden über Einbauerklärungen der jeweiligen Hersteller in die Gesamtanlagenzertifizierung eingebunden (Maschinenrichtlinie 2006/42/EG; Pilz GmbH & Co. KG 2013). Ein Industrieroboter gilt demnach als unvollständige Maschine, da zur kompletten Anlage Komponenten wie Roboterwerkzeuge (Endeffektoren), Fördertechnik, Aktorik, Sensorik etc. hinzukommen (Keller 2017). Der zugrundeliegende Zertifizierungsprozess zum Inverkehrbringen einer Produktionsanlage, im Falle der Arbeit eine iMRK, ist ein iterativer Prozess zur Minimierung des Risikos bis auf ein zulässiges Grenzrisiko für den Menschen. Dazu kommen inhärent sichere Konstruktionen, technische Schutzmaßnahmen sowie auch Benutzerinformationen zum Einsatz (vgl. Abbildung 57 und Abbildung 58 in Anhang A.1). Zur normativ geforderten Absicherung des Gefahrenbereichs werden in trennende und nichttrennende Schutzeinrichtungen unterschieden. Im Kontext der MRK, also der schutzzaunlosen, direkten Zusammenarbeit, beschränkt sich dies lediglich auf nichttrennende Schutzeinrichtungen, wie z.B. Lichtschranken, Laserscanner und Schaltmatten

(BIA-Info 09/99; BG/BGIA U 001/2009). Durch fehlende physische Barrieren zwischen Mensch und Roboter und den dadurch möglichen physischen Kontakt gelten besondere Anforderungen an den Roboter und die jeweilige Umgebung. Beschrieben sind die Anforderungen für die vier Kollaborationsarten in der DIN EN ISO 10218-1:2011 und DIN EN ISO 10218-2:2011[3], vgl. Abbildung 7.

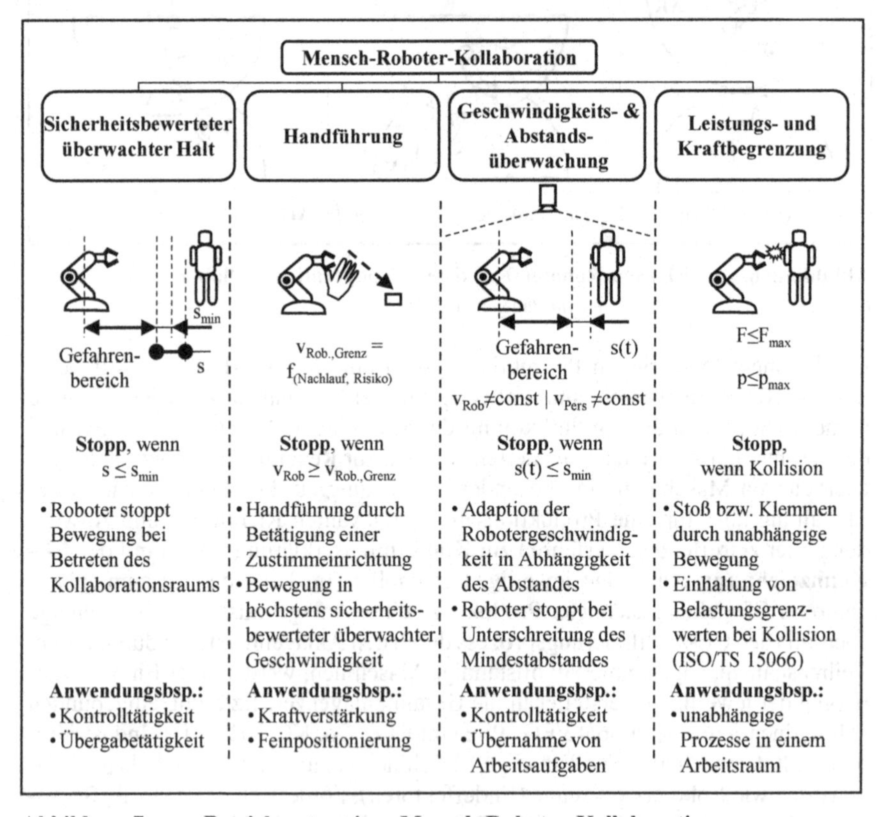

Abbildung 7: Betriebsarten einer Mensch-Roboter-Kollaboration
Quelle: in Anlehnung an DIN EN ISO 10218-2:2011 und Umbreit (2013)

Jedes kollaborierende Robotersystem muss eine Sicherheitshalt-Funktion und eine unabhängige Not-Halt-Funktion besitzen. Das **Auslösen einer Sicherheitshalt-Funktion** in einem kollaborierenden Betrieb muss einen Sicherheitshalt zur Folge

[3] Der in dieser Arbeit gegebene Überblick über die normativen Rahmenbedingungen der Mensch-Roboter-Kollaboration soll lediglich grundsätzliche Anforderungen beschreiben und entspricht damit keiner vollständigen Darstellung.

haben. Dies entspricht einer Unterbrechung des Arbeitsablaufes. Die jeweiligen Roboterprogrammdaten bleiben erhalten und eine Fortsetzung der Arbeitsprozesse ist an der unterbrochenen Stelle möglich (DIN EN ISO 10218-1:2011). In Bezug auf die dahingehend eingesetzten Schutzeinrichtungen wird in jene mit und ohne Anwesenheitsdetektion unterschieden. Anwesenheitsdetektionen ermöglichen die Detektion einer Person im Kollaborationsraum. Schutzeinrichtungen ohne Anwesenheitsdetektion registrieren hingegen nur den Zutritt einer Person in den Kollaborationsraum. Dieser Unterschied hat auf die Art der Zurückstellung des Maschinenstopps Auswirkung. Schutzeinrichtungen mit Anwesenheitsdetektion ermöglichen ein automatisches Rückstellen des Maschinenstopps, wohingegen Schutzeinrichtungen ohne Anwesenheitsdetektion ein manuelles Rückstellen außerhalb des Kollaborationsraumes erfordern (DIN EN ISO 10218-2:2011).

Die einzelnen Kollaborationsarten stellen unterschiedliche Anforderungen an die jeweils verwendbaren Robotersysteme. In jedem Fall besteht ein gesteigerter Anlagengestaltungsaufwand im Vergleich zu klassischen Roboteranlagen mit trennenden Schutzeinrichtungen (Keller 2017). Mit der Möglichkeit des physischen Kontaktes im Betrieb einer **Leistungs- und Kraftbegrenzung** gelten an diese Systeme besonders hohe Anforderungen zur Risiko- und Gefahrenminderung. Die menschlichen Belastungsgrenzen, welche in keinem Falle überschritten werden dürfen, sind in der DIN ISO/TS 15066:2016 für den Fall eines freien Stoßes (transienter Kontakt) und für den Fall des Einklemmens oder Eindrückens (quasi-statischer Kontakt) spezifiziert.

Zur Belastungsreduktion wird in **aktive und passive Sicherheitsmaßnahmen** unterschieden. Passive Sicherheitsmaßnahmen beeinflussen die Gestaltung des gesamten Robotersystems. Durch eine Vergrößerung der Kontaktfläche kann der aus einer Kollision resultierende Druck vermindert werden. Systemkomponenten sind daher nach Möglichkeit abgerundet auszuführen. Scharfe, spitze, scherende oder schneidende Kanten sind zu vermeiden. Oberflächen sollen möglichst glatt gestaltet sein. Maßnahmen zur Energieabsorption, wie Polsterungen oder Federungen, können herangezogen werden. Aktive Sicherheitsmaßnahmen beeinflussen die Steuerung des Robotersystems, z.B. durch technische Begrenzung der Kräfte, Momente und Geschwindigkeiten bewegter Komponenten sowie der Bewegungsräume. Sensoren dienen der taktilen Kontakt- oder kapazitiven Näherungsdetektion. Unabhängig von den Ausführungen eines Robotersystems ist der Kontakt zwischen dem Robotersystem und sensiblen Körperregionen, wie z.B. Kehlkopf und Gesicht, im Rahmen der bestimmungsgemäßen Verwendung wann immer möglich auszuschließen (DIN ISO/TS 15066:2016).

Den hohen sicherheitstechnischen Anforderungen an die direkte Zusammenarbeit zwischen Mensch und Roboter an einem Arbeitsplatz kommt eine **neuartige Generation von Leichtbaurobotern** nach. Sie besitzen eine im Vergleich zu klassischen Industrierobotern geringe Eigenmasse, ein abgerundetes Design, sichere Steuerungstechnik und verfügen über sichere Sensorik zur feinfühligen Reaktion auf ihre Umwelt (Steegmüller und Zürn 2017). Diese neue Art von Robotern, z.B. ein LBR iiwa der Firma Kuka, ein UR-3e, UR-5e oder UR-10e der Firma Universal Robots oder ein CR-35iA der Firma Fanuc, bringen die technischen Voraussetzungen mit, um nach zuvor genannten Vorgaben in einem Gesamtsystem an einem industriellen Arbeitsplatz in Form einer MRK CE-zertifiziert zu werden. Alle diese Roboter können je nach Ausstattung in allen vier Kollaborationsarten betrieben werden. Die genannten Beispiele sind zur Veranschaulichung in Abbildung 8 gezeigt.

Abbildung 8: Beispiele für grundsätzlich MRK-fähige Leichtbauroboter
Quelle: Kuka AG (2018), Universal Robots (2018) und FANUC Deutschland GmbH (2018)

Die Herausforderungen der direkten Zusammenarbeit zwischen Mensch und Roboter an einem Arbeitsplatz liegen überwiegend in der Realisierung für den Menschen sicherer Systeme. Mit der geforderten sicherheitstechnischen Abnahme (CE-Zertifizierung) eines MRK-Systems können neue, nicht bereits zertifizierte Arbeitsabläufe nicht ohne Weiteres genutzt werden (Huber 2016). Aus heutiger Sicht und Normenlage muss es daher das Ziel sein, ein MRK-System von Grund auf so zu gestalten, dass alle notwendigen Arbeitsschritte, dafür notwendige Werkzeuge und mögliche Arbeitsräume in eine Risikobeurteilung zur CE-Zertifizierung einbezogen werden können. Dadurch können aufwändige und teure Rezertifizierungen bei Änderungen vermieden werden. Im Zuge einer stets wechselnden Aufgabendurchführung in einer variantenreichen Produktion bedeutet dies, dass die Gestaltung einer iMRK inklusive der notwendigen MRS von Grund auf alle möglichen **Risikominderungsmaßnahmen** berücksichtigen soll. Darunter fällt neben der Definition der notwendigen Flexibilität einer iMRK (Arbeitsabläufe und Arbeitsräume) zur gesamthaften Zertifizierung auch deren technische Ausstattung (Roboter und Werkzeuge). Dazu lassen sich folgende Schlüsse für den Einsatz einer iMRK zur Produktion der Losgröße Eins festhalten:

- Die Verwendung von **Leichtbaurobotern** ermöglicht den Betrieb einer iMRK in allen Kollaborationsarten.
- Ein Betrieb im „**sicherheitsbewerteten überwachten Halt**" und in der „**Geschwindigkeits- und Abstandüberwachung**" erzwingt einen Halt bei zu geringem Abstand zwischen Mensch und Roboter. Durch diesen Produktivitätsverlust ist der wirtschaftliche Einsatz einer iMRK nur eingeschränkt möglich.
- Der explizite Betrieb in einer „**Handführung**" erfordert die stetige Führung des Menschen und Betätigung einer Zustimmeinrichtung. Durch die nicht mögliche autonome Durchführung von Prozessen ergeben sich ebenfalls Produktivitätsverluste bei der direkten Zusammenarbeit in einer iMRK.
- Die „**Leistungs- und Kraftbegrenzung**" ermöglicht die direkte und autonome Zusammenarbeit an einem Arbeitsplatz. Durch die mögliche parallele Durchführung von Aufgaben ergeben sich im Gegensatz zu den anderen Kollaborationsarten Produktivitätsvorteile. Der Einsatz eines Leichtbauroboters bzw. die Integration vergleichbarer, sicherer Sensorik zur feinfühligen Interaktion mit der Umwelt ist zu beachten.
- Aufgrund ihrer verschiedenen Eigenschaften ist die **Kombination mehrerer Kollaborationsarten** sinnvoll.

Für den weiteren Verlauf der Arbeit begründen diese technischen Rahmenbedingungen die grundlegende Ausstattung einer iMRK für die empirische Erprobung und Evaluation mittels **Leichtbaurobotik**. Zugleich werden damit prinzipielle Voraussetzungen zur CE-Zertifizierung geschaffen.

2.3 Strukturierter Literatur-Review

Vor dem Hintergrund des Forschungsvorhabens erfolgt in den nachfolgenden Abschnitten eine strukturierte Aufarbeitung der bereits vorhandenen Wissensbasis. Als Grundlage dafür dienen zuvor aufgearbeitete Schwerpunkte und entsprechende Begrifflichkeiten.

2.3.1 *Erhebung des Standes der Wissenschaft*

Das verwendete Vorgehensmodell des strukturierten Literatur-Reviews bedient sich der Vorgehensweise gezeigt in Wächter (2018). Diese wird Schritt für Schritt erläutert und durchgeführt. Die Wissensbasis zur Gestaltung von Mensch-Roboter-Schnittstellen für den Einsatz in instruktiven Mensch-Roboter-Systemen wird damit nachvollziehbar dokumentiert und aufgearbeitet sowie entsprechende Forschungslücken identifiziert. Dies geschieht in vier Phasen, vgl. Abbildung 9.

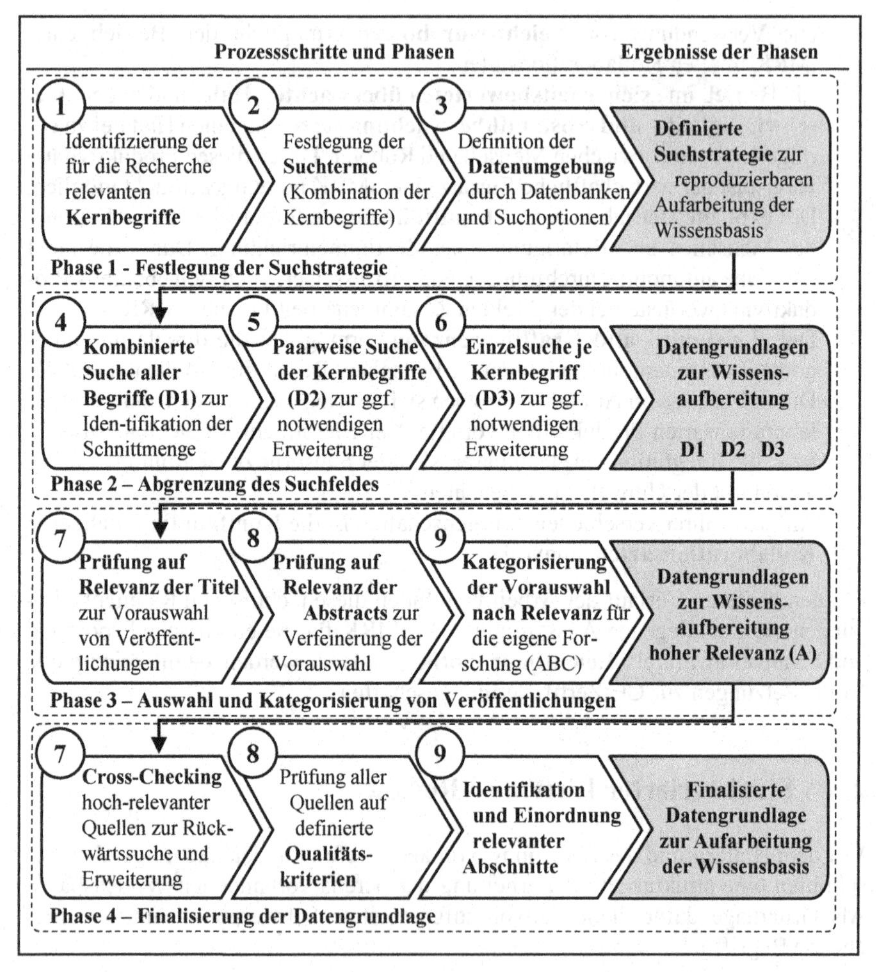

Abbildung 9: **Literatur-Review zur Aufarbeitung der Wissensbasis**
Quelle: *Wächter (2018)*

Die **Festlegung einer Suchstrategie** erfordert die Identifikation von Kernbegriffen zur Abgrenzung der Suche auf das Forschungsfeld. Das Ziel der Recherche ist die Aufarbeitung und Analyse der anwendungsspezifischen Interaktion/Kommunikation zwischen Mensch und Roboter während der direkten Zusamemnarbeit über eine Mensch-Roboter-Schnittstelle. Die in iterativen Schritten erprobten und final mit Wissenschaftsexperten der Produktionsergonomie (N_{PE}=4; M_{Alter}=34; SD_{Alter}=6,04; $M_{Erfahrung,IE}$=4,5 Jahre; $SD_{Erfahrung,IE}$=1,12 Jahre)

festgelegten Begrifflichkeiten dienen als Eingangsgrößen für den strukturierten Literatur-Review, vgl. Tabelle 1.

Tabelle 1: Suchterme als Eingangsgrößen des Literatur-Reviews
Quelle: eigene Darstellung

	deutscher Suchterm	englischer Suchterm
S1	(Mensch-Roboter* OR Mensch-Maschine*)	((human* OR man*) AND (machine* OR robot*)
S2	(Koexistenz OR Kooperation OR Kollaboration)	(coexistence OR cooperation OR collaboration)
S3	(Schnittstelle OR Kommunikation OR Interaktion)	(interface OR communication OR interaction)

Der Suchterm „Mensch-Roboter*“ (S1) dient der Spezifizierung des Mensch-Roboter-Systems. Dieser Begriff wird in der heutigen Literatur jedoch nicht stringent für die Bezeichnung solcher Systeme verwendet. In vielen Fällen dient die Bezeichnung „Mensch-Maschine*“ als Überbegriff (vgl. Abbildung 5). Mit der zusätzlichen Verwendung des Datenbankoperators „*“ können weitere Suchkombinationen ohne nähere Spezifikation verwendet werden, z.B. Mensch-Maschine-Interaktion oder Mensch-Roboter-Schnittstelle. Der zweite Suchterm „Koexistenz OR Kooperation OR Kollaboration“ (S2) spezifiziert die anwendungsspezifische Zusammenarbeit mit einem Roboter an einem Arbeitsplatz. Obwohl die Normenlandschaft (vgl. Abschnitt 2.2.3) eindeutig die direkte Zusammenarbeit zwischen Mensch und Roboter an einem Arbeitsobjekt als Kollaboration bezeichnet, wird dies in der englischsprachigen Literatur auch mit dem Begriff „Kooperation“ gleichgesetzt. Im Sinne der Vollständigkeit werden daher alle Zusammenarbeitsgrade (Koexistenz/Kooperation/Kollaboration) für die Literatursuche herangezogen (vgl. Abbildung 6). Der dritte Suchterm „Schnittstelle OR Kommunikation OR Interaktion“ (S3) grenzt das Forschungsfeld auf die Interaktion über eine Schnittstelle zwischen Mensch und Roboter ein (vgl. Abbildung 4).

Die Auswahl der Datenbanken (Datenumgebung) bildet Schwerpunkte in der Soziologie, Psychologie, Technik und Betriebswirtschaft ab. Bei der Auswahl wird darauf geachtet, dass bestimmte Funktionen durch die Datenbanken abgebildet werden können, um eine vergleichbare Suche zu ermöglichen:

- Suche der Kernbegriffe innerhalb des **Titels** einer Veröffentlichung
- Suche der Kernbegriffe innerhalb der **Kurzfassung** (engl.: abstract) einer Veröffentlichung
- Suche der Kernbegriffe innerhalb der **Schlüsselbegriffe** (engl.: keywords) einer Veröffentlichung

Die Datenbankauswahl umfasst konkret ACM Digital Library, EBSCOhost, Emerald, IEEE Xplore, Science Direct, Scopus, TEMA und Web of Science. Die digitale Literatursuche erfolgt im Rahmen der Möglichkeiten des VPN-Zugangs der Technischen Universität Chemnitz (vgl. Tabelle 101 in Anhang A.1).

Die **Datengrundlage D1** enthält durch die Verknüpfung aller Suchterme die relevanteste Literatur zur instruktiven Zusammenarbeit zwischen Mensch und Roboter durch Interaktion über eine Mensch-Roboter-Schnittstelle (vgl. Abbildung 9). Der Schwerpunkt liegt auf englischsprachiger Literatur, wie Tabelle 2 zeigt (vgl. Tabelle 102 und Tabelle 103 in Anhang A.1 für die vollständige Auflistung aller Datengrundlagen).

Tabelle 2: **Datengrundlage D1 als Ergebnisse der kombinierten Suche**[4]
Quelle: *eigene Darstellung*

Datengrundlage D1	ACM DL	EBSCO host	Emerald	IEEE Xplore	Science Direct	Scopus	TEMA	Web of Science
S1+S2+S3 EN	374	1.129	25	2.622	355	3.968	4.116	738
S1+S2+S3 DE	0	20	0	0	0	1	827	0

In einem ersten Schritt der **Auswahl und Kategorisierung** werden die in den Datenbanken gelisteten Veröffentlichungen aus der Datengrundlage D1 hinsichtlich der Relevanz ihres Titels geprüft. Dabei werden nur jene Titel für die weitere Analyse ausgewählt, welche die instruktive Zusammenarbeit zwischen Mensch und Roboter im Kontext der Service- und Industrierobotik mit dem Fokus der Systemgestaltung behandeln. Das kontextspezifische Analysieren der Abstracts führt schließlich zu einer Kategorisierung in A-, B- und C-Literatur. Diese kennzeichnen in der genannten Reihenfolge Veröffentlichungen mit hoher (A), mit mittlerer, ggf. genauer zu prüfender (B), und mit geringer Relevanz (C) für das Forschungsfeld der vorliegenden Arbeit, vgl. Abbildung 10.

[4] Die letzte Aktualisierung der Datenbanksuchen hat im Mai 2017 stattgefunden, ohne eine Einschränkung des Veröffentlichungszeitraumes in der Vergangenheit. Das Vorgehen der strukturierten Literatur-Recherche bezieht sich hingegen auf ein von 2015-2017 an der Professur für Arbeitswissenschaft und Innovationsmanagement der TU Chemnitz erarbeitetes Verfahren. Dieses wurde in der Arbeit von Wächter (2018) angewandt und dort erstmalig in dieser Form öffentlich dokumentiert.

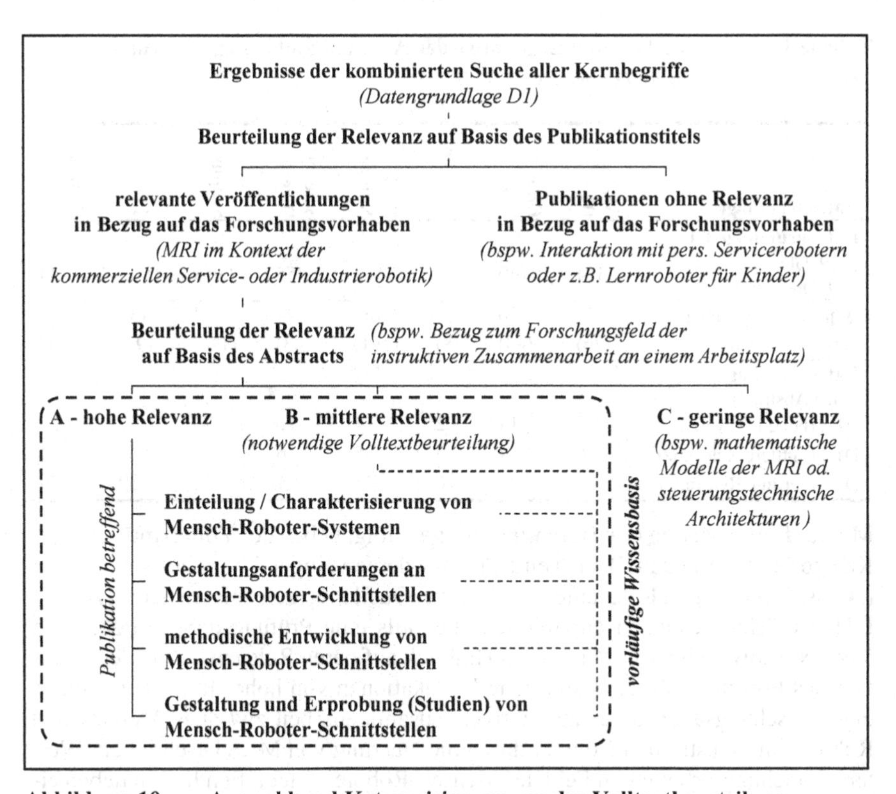

Abbildung 10: **Auswahl und Kategorisierung vor der Volltextbeurteilung**
Quelle: *eigene Darstellung*

Neben den Einschränkungen anhand der inhaltlichen Relevanz wird die Anzahl relevanter Publikationen ggf. durch beschränkte Zugriffsrechte minimiert. Das Lesen der Abstracts und die darauf basierende Kategorisierung sind in diesen Fällen nicht möglich. Tabelle 3 zeigt den Verlauf der Auswahl und Kategorisierung vor der Volltextbeurteilung.

Tabelle 3: **Verlauf und Ergebnisse der Auswahl und Kategorisierung**
Quelle: *eigene Darstellung*

Datengrundlage	**ACM DL**	**EBSCO host**	**Emerald**	**IEEE Xplore**	**Science Direct**	**Scopus**	**TEMA**	**Web of Science**
Datengrundlage D1								
EN + DE inkl. Dopplungen	374	1.149	25	2.622	355	3.969	4.943	738
Relevanz nach Titel	79	56	9	161	44	154	138	118
(davon Zugänge)	(76)	(44)	(8)	(161)	(43)	(146)	(95)	(111)
Datengrundlage (nach Abstract)								
D1A (hohe Relevanz)	22	14	2	61	16	76	48	28
D1B (mittlere Relevanz)	6	4	0	5	6	9	8	4
D1C (geringe Relevanz)	48	26	6	95	21	61	39	79

Mit der **Finalisierung der Datengrundlage** erfolgt neben der Volltextprüfung der Kategorien D1A und D1B auch eine Prüfung der jeweiligen Literaturverzeichnisse („Cross-Checking"). Relevante Titel aus den Quellenverzeichnissen der D1A- und D1B-Veröffentlichungen durchlaufen ebenfalls eine Prüfung der Abstracts und Volltexte sowie eine Einordnung im Hinblick auf deren Relevanz. Zur Identifikation des Forschungsbedarfs sind jene Publikationen von hoher Relevanz, welche eine Forschungsagenda zur instruktiven Zusammenarbeit zwischen Mensch und Roboter im industriellen Kontext durch die Nutzung von MRS beschreiben. Weitere Forschungsarbeiten im Feld der Mensch-Roboter-Interaktion liefern neben einer Charakterisierung und Einordnung bzw. Abgrenzung des Forschungsfeldes auch methodische Grundlagen zur Gestaltung von MRS in instruktiven Systemen. Obwohl diese nicht direkt zur Erarbeitung des Forschungsbedarfs dienen, werden sie für die Aufarbeitung einer methodischen Wissensbasis separiert, vgl. Abbildung 11.

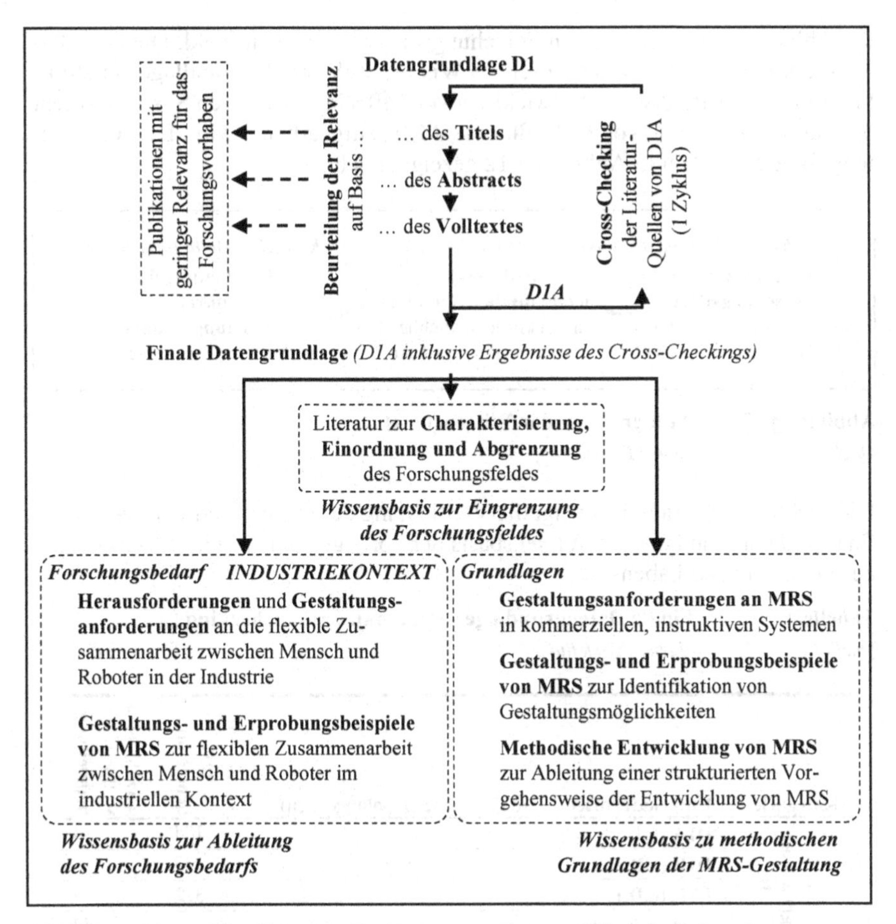

Abbildung 11: Finalisierung der Datengrundlage und Ergebniseinordnung
Quelle: eigene Darstellung

Veröffentlichungen, welche in einem industriellen Zusammenhang stehen, zeigen neben zukünftigen Herausforderungen der flexiblen Zusammenarbeit zwischen Mensch und Roboter auch Lösungsansätze bzw. Gestaltungsbeispiele. Eine gemeinsame Grundlage zur strukturierten und methodischen Entwicklung von MRS sowie domänenspezifische Gestaltungsanforderungen sind in diesem Forschungsfeld nicht explizit beschrieben. Spezifische Literaturstellen, welche Mensch-Roboter-Interaktionen charakterisieren, werden zur übergeordneten Einordnung bzw. Abgrenzung des Forschungsfeldes herangezogen. Die Forschungsbedarfs-Literatur enthält ausschließlich Publikationen aus dem industriellen Kontext und dient der Ableitung des notwendigen Forschungsbedarfs in diesem Feld. Die Grundlagen-Literatur enthält dazu ergänzendes Wissen, welches als Grundlage zur strukturierten und methodischen Entwicklung von MRS in instruktiven Systemen dient und für die Gestaltung von MRS für eine iMRK aufgearbeitet wird. Die Aufarbeitung folgt dabei dem in Abbildung 12 gezeigten Schema.

Abbildung 12: Aufbereitung der Wissensbasis
Quelle: eigene Darstellung

Die nachfolgende Tabelle 4 zeigt die Verdichtung der recherchierten Literatur zur finalen Datengrundlage als Wissensbasis der vorliegenden Arbeit und Grundlage des Forschungsvorhabens.

Tabelle 4: Finale Datengrundlage - D1A inkl. Cross-Checking
Quelle: eigene Darstellung

Kategorie	Unterkategorien	(o.D. = ohne Dopplungengen)	Anzahl vor Volltext-beurteilung	Anzahl nach Volltext-beurteilung
Daten-grundlage D1	**D1A (o.D.)**		184	84
	D1B (o.D.)		33	-
	D1C (o.D.)		322	-
	Cross-Checking		-	42
	Σ			**126**
Finale Daten-grundlage	**Einordnung / Abgrenzung**	MRI (Allgemein)		11
		Roboterprogrammierung		8
	Forschungs-bedarf (iMRK / Industrie)	**Herausforderungen**		**10**
		Gestaltungs-/ Erprobungsbeispiele		**20**
	Wissensbasis zur Gestaltung von MRS	Gestaltungsanforderungen an MRS		10
		Gestaltungs-/Erprobungs-bsp. von MRS		40
		Methodische Entwicklung von MRS		27

2.3.2 *Analyse des Standes der Wissenschaft*

Aufbauend auf der Finalisierung der Datengrundlage findet in diesem Abschnitt die Beschreibung der Analyse der erhobenen Wissensbasis zur Eingrenzung des Forschungsfeldes statt. Dies dient als Grundlage zur Ableitung des Forschungsbedarfs (vgl. Abbildung 11 und Tabelle 4).

Das Forschungsfeld der Mensch-Roboter-Interaktion als übergeordnete Forschungsdomäne ist unterschiedlich ausgeprägt. Zur Einordnung des hier dargelegten Forschungsvorhabens sowie der Vergleichbarkeit und Bewertung bestehender und auch zukünftiger Systeme dient eine grundlegende Einteilung. Diese folgt dem Fokus auf die instruktive Zusammenarbeit zwischen Mensch (M) und Roboter (R) im industriellen Kontext, vgl. Tabelle 5.

Tabelle 5: Ausprägungen der Mensch-Roboter-Interaktion und Einordnung der vorliegenden Arbeit

Quelle: eigene Darstellung

<table>
<tr><th>Ebene</th><th>Kategorie</th><th colspan="5">Ausprägungen</th></tr>
<tr><td rowspan="2">Roboter-klassifizierung</td><td>Anwendungs-domäne nach Thrun (2004)</td><td>humanoide Robotik</td><td>persönl. Service-robotik</td><td colspan="2">kommerz. Service-robotik</td><td>Industrie-robotik</td></tr>
<tr><td>Automa-tisierungs-spektrum nach Flemisch et al. (2012)</td><td>manuell</td><td>assistie-rend</td><td>semi-automa-tisiert</td><td>hoch-Automa-tisiert</td><td>voll-automa-tisiert</td></tr>
<tr><td rowspan="4">Interaktions-klassifizierung</td><td>Interkations-klasse nach Goodrich und Schultz (2007)</td><td colspan="2">unmittelbare Nähe</td><td colspan="3">große Distanz (Ferne)</td></tr>
<tr><td>Interaktions-form (Industrie) nach Bauer et al. (2016)</td><td>Koexistenz</td><td colspan="2">Kooperation</td><td colspan="2">Kollaboration</td></tr>
<tr><td>Interaktions-grad nach Chris-tiernin (2017)</td><td>Sicherheits-zäune</td><td>Roboter-stopp bei Annähe-rung</td><td colspan="2">Mensch führt/ instruiert Roboter</td><td>gem. Problem-lösung</td></tr>
<tr><td>Interaktions-strategie nach Shi und Menassa (2010)</td><td colspan="2">partenerschaftliche Kollaboration</td><td colspan="3">Übergangskollaboration</td></tr>
</table>

Ebene	Kategorie	Ausprägungen			
Kommunikations-klassifikation	**Kommunikationsart** einer Intention nach Bauer et al. (2008)	implizit		explizit	
	Kommunikationsrichtung nach Yanco und Drury (2004)	Mensch-zu-Roboter		Roboter-zu-Mensch	
	Kommunikationswege (M:R) Nach Yanco und Drury (2004)	1:1	1:N	N:1	N:N
	Kommunikationskanal nach technischer Ausführung	verschiedene Mensch-Roboter-Schnittstellen			
Legende:		Forschungsfeld der vorliegenden Arbeit			

Eine grobe Unterscheidung verschiedener Ausrichtungen kann in Anlehnung an Onnasch et al. (2016) auf Basis der **Roboter-, Interaktions- und Kommunikationsklassifikation** getroffen werden. Innerhalb der Roboterklassifizierung wird der Anwendungsfall spezifiziert. Mit Hilfe der Interaktionsklassifikation wird die Zusammenarbeit zwischen Mensch und Roboter charakterisiert. In der Kommunikationsklassifikation wird die Art und Weise der Kommunikation zwischen Mensch und Roboter grundlegend eingeordnet (siehe Anhang A.1 für Details).

Vor dem Hintergrund der industriellen Ausrichtung der Arbeit sind besonders die **Interaktionsform** mit der Spezifikation der Zusammenarbeit in Koexistenz/Kooperation/Kollaboration (vgl. Abbildung 6) sowie die **Interaktionsstrategie** von besonderer Bedeutung. Letztere kann nach Shi und Menassa (2010) in eine Übergangskollaboration (engl.: transitional collaboration) sowie partnerschaftliche Kollaboration (engl.: partnership collaboration) unterteilt werden. Die Interaktion zur Übergabe einer Aufgabe wird als Übergangskollaboration bezeichnet. Innerhalb dieser in der Regel kurz andauernden Zeitspanne synchronisieren Mensch und Roboter ihre Aktivitäten, um im Nachgang unabhängig voneinander weiterarbeiten zu können. Der Mensch besitzt dadurch die Möglichkeit, Vorbereitungen treffen zu können bzw. im Nachgang andere Aktivitäten durchzuführen. Im Gegensatz dazu erfordert die partnerschaftliche Kollaboration eine vollständige Synchronisation der Aktivitäten von Mensch und Roboter zur gemeinsamen Aufgabenbewältigung, vgl. Abbildung 13.

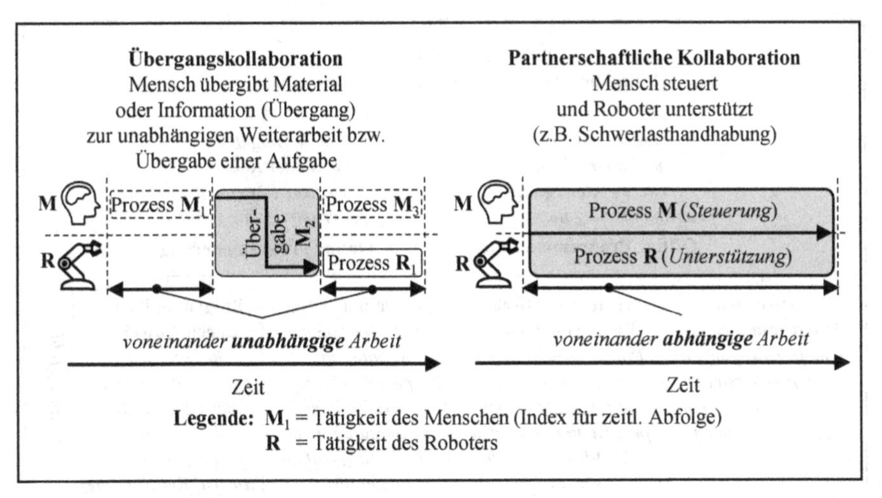

Abbildung 13: Übergangs- und partnerschaftliche Kollaboration
Quelle: in Anlehnung an Shi und Menassa (2010)

Zusammenfassend lässt sich festhalten, dass die Ausprägung der MRI die Nützlichkeit einer MRS maßgeblich beeinflusst.[5] Für die Instruktion eines Roboters in unmittelbarer Nähe sind demnach andere MRS geeignet als für dessen Fernsteuerung. Selbiges gilt für die gleichzeitige Interaktion mit einem oder vielen Robotern.

Mit der Einschränkung des Forschungsvorhabens auf die Instruktion eines Roboters, soll in weiterer Folge jenes Wissen aufbereitet werden, welches die Übertragung entsprechender Information über eine Mensch-Roboter-Schnittstelle auf einen industriellen, kollaborierenden Roboter ermöglicht. Im Allgemeinen kann der Übergang von Information bzw. Wissen von einer Person auf eine Maschine, in diesem Fall ein Roboter, als **Programmierung** bezeichnet werden (Koenig et al. 2010). In Abhängigkeit des Abstraktionsgrades der Roboterprogrammierung lässt sich diese in die textbasierte, die visuelle/grafische Programmierung sowie die Programmierung durch Vorzeigen und Anweisen unterteilen, vgl. Abbildung 14 (siehe auch weitere Ausführungen in Anhang A.1).

[5] Diese Behauptung unterstreichen bspw. Stollnberger et al. (2013a) und Stollnberger et al. (2013b). Sie zeigen die unterschiedliche Gebrauchstauglichkeit von MRS in Abhängigkeit der Interaktionsaufgabe.

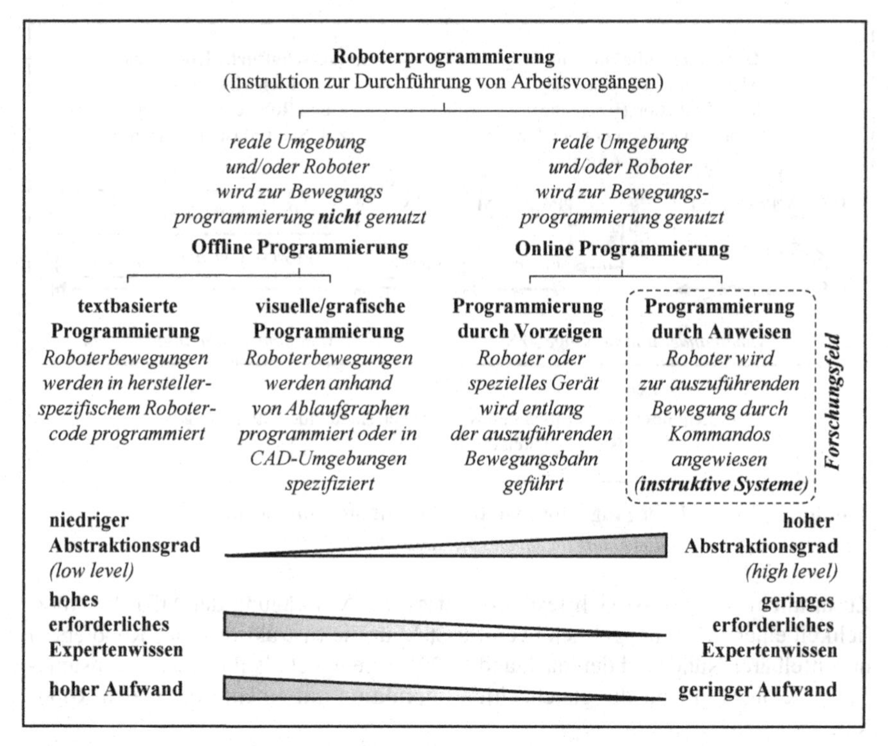

Abbildung 14: **Einteilung der Roboterprogrammierung zur Eingrenzung des Forschungsfeldes auf instruktive Systeme**

Quelle: *in Anlehnung an Biggs und MacDonald (2003)*

Eine einfache Art der Roboterprogrammierung stellt die **Programmierung durch Anweisen** dar. Die Instruktionen für eine Objektmanipulation erfolgen bspw. durch die einfache Markierung eines Objektes. Der Roboter besitzt die notwendigen Fähigkeiten bereits. Im genannten Beispiel: kollisionsfreies Verfahren mit und ohne Handhabungsobjekt in einer für den Roboter bekannten Umgebung sowie das Greifen und Platzieren von Objekten. Durch eine Anweisung des Nutzers, z.B. über Sprach- oder Gestensteuerung, werden diese Roboterfähigkeiten in einer anwendungsspezifischen Sequenz genutzt (Biggs und MacDonald 2003).

Mit Hilfe der gezeigten Eingrenzung des Forschungsfeldes erfolgt die konkrete Beurteilung der Relevanz von Literaturstellen. Zur Ableitung einer Forschungsagenda dienen daher insbesondere jene Publikationen, welche einen Beitrag zur Gestaltung der expliziten Instruktion eines semi- bzw. hochautomatisierten, kollaborierenden Industrie- bzw. Leichtbauroboters an einem industriellen Arbeitsplatz liefern.

2.3.3 *Ableitung der Forschungsagenda*

Aufbauend auf der Abgrenzung des Forschungsfeldes erfolgt in den nachfolgenden Abschnitten eine detaillierte Analyse der recherchierten Literatur zur schrittweisen Ableitung der **Forschungsagenda**. Diese besteht neben dem konkreten Forschungsbedarf auch aus den forschungsleitenden Fragen der vorliegenden Arbeit.

Forschungsbedarf innerhalb der Domäne instruktiver Mensch-Roboter-Kollaborationen

Für die Ableitung des Forschungsbedarfs ist jene Literatur besonders relevant, welche **zukünftige Herausforderungen** und damit einen **offenen Forschungsbedarf** im Bereich der instruktiven Zusammenarbeit zwischen Mensch und Roboter im industriellen Kontext aufzeigt. Dies sind vor allem Literatur-Reviews, Industriebefragungen, Technologiestudien oder grobe, zukunftsweisende Konzeptdarstellungen, vgl. Tabelle 6.

Tabelle 6: Ergebnisse des Literatur-Reviews zur Ableitung des Forschungsbedarfs der vorliegenden Arbeit

Quelle: eigene Darstellung

Einordnung		Quellen	bestehende Herausforderungen und offener Forschungsbedarf im Forschungsfeld MRI
Herausforderungen / Gestaltungsanforderungen	Literatur-Reviews	Baxter et al. (2016)	empirische und iterative Studien mit **validen Nutzergruppen** innerhalb **valider Umgebungen**
		Sheridan (2016)	**nutzerzentrierte Forschung** zur Gestaltung der Interaktion mit einem kommerziell nutzbaren Roboter aus arbeitswissenschaftlicher Sicht
		Tellaeche et al. (2015)	Lösungen zur **Erhöhung der Flexibilität** von industriellen Mensch-Roboter-Systemen
		Tsarouchi et al. (2016)	**Erprobung intuitiver Mensch-Roboter-Schnittstellen** zur Anpassung an neue Rahmenbedingungen und Erhöhung der Flexibilität von Mensch-Roboter-Systemen
	Industriebefragung	Bauer et al. (2016)	**Gestaltung von MRS** zur Nutzung einer MRK für **variable Arbeitsinhalte** / **Integration von potentiellen Nutzern** in die Arbeitssystemgestaltung
		Naumann et al. (2017)	**intuitiver Aufruf von Roboterfunktionalitäten** bei der High-Level-Programmierung über die Nutzung einfach zu bedienender MRS.
	Technologiestudie	Forge und Blackman (2010)	Weiterentwicklung der Mensch-Roboter-Interaktion zur grundlegenden Befähigung der **direkten und flexiblen Zusammenarbeit** zwischen Mensch und Robot in der **Industrie**

Einordnung		Quellen	bestehende Herausforderungen und offener Forschungsbedarf im Forschungsfeld MRI
Gestaltungs-vorschläge im Kntext der Industrie	**Konzept einer iMRK**	Bänziger et al. (2017)	**Gestaltung/Erprobung intuitiver MRS** zur freien Generierung und flexiblen Nutzung von Roboterfähigkeiten
		Guerin et al. (2014)	**Erprobung** der flexiblen Zusammenarbeit zwischen Mensch und Roboter in **realen Industrieumgebungen**
		Michalos et al. (2014)	**Gestaltung nutzerfreundlicher MRS** zur Anpassung von Roboterfähigkeiten an **neue Rahmenbedingungen**

Basierend auf den bestehenden Herausforderungen bezüglich instruktiver Mensch-Roboter-Systeme im Kontext der Industrie können konkrete Anforderungen an zukünftige Forschungsarbeiten abgeleitet werden. In Summe erfordert die Weiterentwicklung solcher Systeme die **strukturierte Erhebung von Gestaltungswissen** gründend auf empirischen Erprobungen verschiedener MRS in variantenreichen Produktionsprozessen. Zusammenfassend lassen sich an zukünftige Forschungsarbeiten damit Anforderungen an die Vorgehensweise, das Untersuchungsfeld sowie den konkreten Untersuchungsgegenstand stellen, gezeigt in Tabelle 7.

Tabelle 7: Anforderungen an Forschungsarbeiten zur Gestaltung gebrauchstauglicher MRS für die Industrie

Quelle: eigene Darstellung

Kategorie	Ausprägung	Kurzbeschreibung
Vorgehens-weise	**iterative Entwicklung**	Eine **iterative Entwicklung** ermöglicht die schrittweise Verbesserung bestehender Systeme. Zusätzlich ermöglicht dies die **mehrmalige Integration** potentieller Nutzer in die Arbeitssystemgestaltung.
Unter-suchungs-feld	**industrielle Untersuchungs-umgebung & Nutzer**	Die Gestaltung gebrauchstauglicher Mensch-Roboter-Schnittstellen für die Industrie erfordert die Nutzung valider Umgebungen (**Industriearbeitsplatz**) und Nutzergruppen (**Produktionsmitarbeiter**).
Unter-suchungs-gegenstand	**vergleichende Erprobung und Evaluation Verschiedener MRS**	Eine vergleichende Erprobung und Evaluation verschiedener **Mensch-Roboter-Schnittstellen** gibt potentiellen Nutzern die Möglichkeit, ihre Anforderungen in die Weiterentwicklung iterativ einzubringen. Vorteile einzelner Systemen können schrittweise in ein Gesamtsystem eingebunden werden.

Im Kern der Gestaltung einer instruktiven Mensch-Roboter-Kollaboration steht somit die Mensch-Roboter-Schnittstelle. Diese soll die Anpassung eines kollaborierenden Roboters an neue Rahmenbedingungen innerhalb eines laufenden Produktionsprozesses in einer nutzerfreundlichen Art und Weise ermöglichen. Für die Gestaltung gebrauchstauglicher MRS zum Einsatz in einer iMRK ist spezifisches Gestaltungswissen erforderlich.

Zur konkreten Ableitung der Forschungsagenda und zum Nachweis des Mehrwerts der vorliegenden Arbeit dient eine genauere Analyse von Forschungsarbeiten, welche bereits einen Beitrag zum Gestaltungswissen von MRS für den Einsatz in einer iMRK leisten. Auffindbare Forschungsarbeiten lassen sich vor diesem Hintergrund in zwei unterschiedliche Kategorien einteilen, vgl. Tabelle 8.

Tabelle 8: Einteilung vorhandener Forschungsarbeiten zur Erarbeitung von Gestaltungswissen für MRS in einer iMRK

Quelle: eigene Darstellung

Kategorie	Beitrag zum identifizierten Forschungsbedarf
konzeptionelle Darstellung von Gestaltungsmöglichkeiten als **Grundlage** für deren empirische Erprobung	Gestaltungsgrundlagen für die Erarbeitung von Gestaltungswissen
empirische Erprobungen von Gestaltungsmöglichkeiten und deren strukturierte **Evaluation** zur Ableitung von **Gestaltungsempfehlungen**	Ableitung von Gestaltungswissen auf Basis empirischer Erprobungen

Konzeptionelle Darstellungen von Gestaltungsmöglichkeiten liefern die Grundlage zur Erarbeitung von spezifischem Gestaltungswissen. Empirische Erprobungen und strukturierte Evaluationen im Rahmen einzelner Studien ermöglichen darauf aufbauend die Ableitung von Gestaltungsempfehlungen. Beide Kategorien an Forschungsarbeiten leisten bereits einen grundlegenden Beitrag zu dem vorher abgeleiteten Forschungsbedarf (vgl. Tabelle 6) und damit zur Wissensbasis der Gestaltung von MRS für den Einsatz in einer iMRK. Nachfolgende Tabelle 9 gleicht die bestehenden Forschungsarbeiten in den genannten Kategorien als aktuellen Stand der Wissenschaft mit den zuvor extrahierten Forschungsanforderungen aus Tabelle 7 ab. Alle darin gelisteten Forschungsarbeiten leisten entweder als konzeptionelle Darstellung von Gestaltungsmöglichkeiten (K) oder der Beschreibung von empirischen Studien (S) einen Beitrag.

Tabelle 9: Gegenüberstellung des Standes der Wissenschaft zu den extrahierten Anforderungen

Quele: eigene Darstellung

Quelle nach Jahr	Konzeptdarstellung/Studie: Kurzbeschreibung	iterative Entwicklung	industr. Umgebung & Nutzer	Erprobung und Evaluation von MRS
Cipolla und Hollinghurst (1996)	**K**: Nutzung einer Zeigegeste zur Übergabe von Arbeitsorten	○	○	○
Akan et al. (2008; 2010)	**K**: Anweisung zur Objektmanipulation über Sprache	◑	○	○

Quelle nach Jahr	Konzeptdarstellung/Studie: Kurzbeschreibung	iterative Ent-wicklung	industr. Umgebung & Nutzer	Erprobung und Evaluation von MRS
Bannat et al. (2009)	**K**: Multimodale MRS zur instruktiven Zusammenarbeit	○	○	○
Vogel et al. (2012)	**K**: Anweisung über projizierte Soft-Buttons	○	○	○
Rohde et al. (2012)	**K**: Anweisung zur Objekt-manipulation über Gestensteuerung	○	○	○
Švaco et al. (2012)	**K**: Greifen-und-Platzieren durch Handführung	○	○	○
Vogel et al. (2012)	**K**: Anweisung zur Durch-führung von Roboteraufgaben über projizierte Benutzeroberflächen	○	○	○
Schou et al. (2013)	**K**: Angabe von Roboter-positionen durch Handführung	○	○	○
Profanter et al. (2015)	**S**: Wizard-of-OZ[6]-Laborstudie zur Objektauswahl anhand verschiedener MRS	○	○	●
Sekoranja et al. (2015)	**K**: Anweisung zur Durchfüh-rung von Roboteraufgaben über projizierte Benutzeroberflächen	○	○	○
Sobaszek und Gola (2015)	**K**: Anweisung zur Objekt-manipulation über ein Bedienpanel	○	○	◑
Barbagallo et al. (2016)	**K**: Anweisung zur Objekt-manipulation mittels Zeige-Gesten & Bestimmung von Trajektorien durch Skizzieren	○	○	◑
Maurtua, Fernandez et al. (2016) Maurtua, Pedrocchi et al. (2016)	**K**: Anweisung durch multimodale Interaktion	◑	○	○
Materna et al. (2016)	**S**: Wizard-of-OZ-Laborstudie zur Objektauswahl anhand verschiedener MRS	○	○	●
Perzylo et al. (2016)	**S**: Evaluation einer objekt- und aufgabenbasierten Roboter-	○	◑	○

[6] Ein Wizard-of-Oz-Experiment (WoZ-Experiment) beschreibt ein interaktives Experiment, in dem diverse Systemfunktionalitäten nicht vom System selbst, sondern direkt von einem Experimentator gesteuert werden. Im Kontext einer Mensch-Roboter-Interaktion meint dies zum Beispiel die Fernsteuerung von Bewegungen oder auch Sprachausgaben (Riek 2012).

Quelle nach Jahr	Konzeptdarstellung/Studie: Kurzbeschreibung	iterative Entwicklung	industr. Umgebung & Nutzer	Erprobung und Evaluation von MRS
	programmierung mittels Bedienpanel			
Weiss et al. (2016)	**S**: Evaluation von MRS zur Roboterbahnprogrammierung	○	●	◑
Bdiwi et al. (2017)	**K**: Feinjustierung einer Demontage durch Handführung	○	○	○
Sadik et al. (2017)	**K**: Anweisung über Gestensteuerung	○	○	○

Legende: ○ nicht erfüllt; ◑ teilweise erfüllt; ● voll erfüllt; K = Konzeptdarstellung; S = Studie; grau hinterlegt: Forschungslücke

Ein konkreter **Forschungsbedarf** besteht somit aus der Notwendigkeit von umfangreichen empirischen Erprobungen sowie strukturierten und iterativen Evaluationen von Mensch-Roboter-Schnittstellen für den Einsatz in einer instruktiven Mensch-Roboter-Kollaboration in der Industrie. Es sollen konkrete Lösungen und Gestaltungsempfehlungen auf Basis spezifischer Anforderungen erarbeitet werden. Dokumentationen zu technischen Konzeptdarstellungen stellen als offenen Forschungsbedarf eine Erprobung der jeweils entwickelten Lösungen dar. Sie dienen damit als Anhalt für Gestaltungsmöglichkeiten im industriellen Umfeld. Demgegenüber berichten empirische Studien bereits über erste Erkenntnisse zur Gestaltung einer gebrauchstauglichen MRS für eine iMRK und lassen damit erste Kernaussagen zu, vgl. Tabelle 10.

Tabelle 10: Erkenntnisse aus recherchierten Studien zur Erprobung und Evaluation von MRS für eine iMRK

Quelle: eigene Darstellung

Quelle	Kurzbeschreibung	L/F	N	Kernaussagen	Forschungsbedarf
Perzylo et al. (2016)	Grundlagenstudie High-Level-Programmierung: Vergleich einer klassischen Teachpanel-Programmierung mit intuitiver, grafischer Benutzeroberfläche	L	1 WMA	High-Level Programmierung vereinfacht und verkürzt den Programmieraufwand	valide Nutzerstudien / ganzheitliche Evaluation der MRS

Quelle	Kurzbeschreibung	L/F	N	Kernaussagen	Forschungsbedarf
Weiss et al. (2016)	Grundlagenstudie High-Level-Programmierung: Evaluation einer Teachpanel-Programmierung in Kombination mit einer Handführung	F	5 PMA	Flexibilität von Roboteranlagen wird durch einfache Rekonfiguration erhöht / klassische Teachpanel-Programmierung soll intuitiver gestaltet werden	Entwicklung intuitiver MRS / Einbindung vieler Produktionsmitarbeiter
Profanter et al. (2015)	Evaluation versch. MRS: Vergleich von Touchscreen-, Gesten-, Sprach- und 3D-Stifteingaben	L (WoZ)	30 S und WMA	High-Level-Programmierung wird als intuitiv wahrgenommen / MRS weisen unterschiedliche Genauigkeit bei der Eingabe auf → verschiedene MRS für verschiedene Informationsgehalte geeignet / MRS sind in Kombination gut geeignet	Nutzung realer Systeme statt Wizard-of-Oz-Experimente
Materna et al. (2016)	Evaluation versch. MRS: Vergleich von Touch-, Gesten-, 6D-Stifteingaben und Handführung	L (WoZ)	39 S und WMA	effiziente und fehlerfreie Eingabemöglichkeiten werden subjektiv bevorzugt / MRS Wahl in Abhängigkeit des zu übertragenden Informationsgehaltes	iterative Weiterentwicklung der einzelnen MRS

Legende: L = Laborstudie, F = Feldstudie; WoZ = Wizard-of-Oz, S = Studierende; WMA = wissenschaftliche Mitarbeiter, PMA = Produktionsmitarbeiter

Die Studien zur Erprobung und Evaluation von MRS in einer iMRK zeigen wiederum zwei Untergruppen. Perzylo et al. (2016) und Weiss et al. (2016) zeigen in Studien zur High-Level-Programmierung die **Vorteile der Programmierung durch Anweisen** gegenüber klassischen Programmiermethoden, z.B. Bewegungsprogrammierung über ein klassisches Teachpanel. Sie unterstreichen die Notwendigkeit der Entwicklung und ganzheitlichen Evaluation intuitiv zu bedienender Mensch-Roboter-Schnittstellen in einem variantenreichen Produktionsumfeld.

Materna et al. (2016) und Profanter et al. (2015) leisten darauf aufbauend die ersten Beiträge zur **systematischen Evaluation** verschiedener MRS. Beide Wizard-of-Oz-Studien zeigen auf, dass die Bewertung einer MRS umso besser ausfällt, je gezielter eine MRS zu den Anforderungen der Instruktion passt. Eine MRS soll demnach genau jene Informationen übertragen können, welche die Übergabe einer Aufgabe an einen Roboter erfordert. Den Studienergebnissen nach sind unterschiedliche MRS zur Übertragung eines verschiedenartigen Informationsgehaltes geeignet. Für die nachvollziehbare Auswahl von MRS kann demnach eine Unterteilung verschiedener Informationseingabeumfänge mit der Zuordnung grundlegend geeigneter MRS-Technologien dienlich sein.

Zusammenfassend bildet die Erarbeitung von Gestaltungsempfehlungen für MRS in einer iMRK in variantenreichen Produktionsprozessen den zu deckenden **Forschungsbedarf** der vorliegenden Arbeit. Zur Erarbeitung dieses Gestaltungswissens soll die vorhandene Wissensbasis aufgearbeitet und systematisch erweitert werden:

- **Analyse grundlegender Gestaltungsanforderungen und -möglichkeiten von MRS** zur **methodischen Gestaltung** als Grundlage einer empirischen Erprobung in einer variantenreichen Produktionsumgebung,
- **anwendungsspezifische Anforderungen** an MRS in variantenreichen Produktionsumgebungen und
- **konkrete Gestaltungsempfehlungen** basierend auf empirischen Studien mit potentiellen Nutzern.

Zur nachvollziehbaren Schließung der aufgezeigten Forschungslücke und Erreichung des Forschungsziels dienen einzelne forschungsleitende Fragen. Deren Aufarbeitung erfolgt im nachfolgenden Abschnitt.

Forschungsleitende Fragen zur Gestaltung von MRS für den Einsatz in einer iMRK in der variantenreichen Serienproduktion

In Anlehnung an die Untergliederung des Forschungsziels gliedert sich die vorliegende Forschungsarbeit in drei aufeinander aufbauende, forschungsleitende Fragen. Vor dem Hintergrund einer gestaltungsorientierten Vorgehensweise dient deren schrittweise Beantwortung der problemspezifischen Aufarbeitung und Erweiterung der bestehenden Wissensbasis zur Gestaltung von MRS für den Einsatz in einer iMRK:

- **Welche grundlegenden Anforderungen, Gestaltungsmöglichkeiten und Methoden unterstützen die strukturierte Entwicklung einer gebrauchstauglichen MRS für den Einsatz in einer iMRK?**

Im Kontext der vorliegenden Forschungsarbeit ist die grundlegende Aufgabe einer MRS die Übertragung der notwendigen Informationen zur Instruktion eines Roboters durch den Menschen. Es sind daher über eine MRS jene Informationen zu übertragen, welche der Übergabe einer Aufgabe dienen. Zur Schaffung einer Grundlage soll eine literaturbasierte Analyse allgemeine und funktionale Anforderungen an eine MRS strukturiert aufarbeiten. Aufgrund der prinzipiellen Gestaltung von MRS in Abhängigkeit des jeweiligen Anwendungsfalls werden diese i.d.R. durch anwendungsspezifische Anforderungen ergänzt. Zur Erhebung sollen ausgewählte Methoden zur Verfügung gestellt werden. Auf Basis der Gestaltungsanforderungen sollen verschiedene Gestaltungsmöglichkeiten gewählt werden können. Eine systematische Gegenüberstellung der Eigenschaften einzelner MRS-Technologien soll die anwendungsspezifische Auswahl zur empirischen Erprobung in Form eines „*MRS-Baukastens*" unterstützen. Eine abschließende Methodenauswahl zur umfänglichen Evaluation soll die strukturierte Weiterentwicklung ermöglichen. Zusammenfassend soll die Beantwortung dieser forschungsleitenden Frage eine methodische Grundlage zur Entwicklung und Erprobung von MRS innerhalb einer realen iMRK schaffen.

- **Welche anwendungsspezifischen Anforderungen an eine MRS bestehen innerhalb eines variantenreichen Produktionsprozesses?**

Mithilfe der literaturbasierten Grundlagen gilt es nun, anwendungsspezifische Anforderungen an die Gestaltung einer MRS für den Einsatz in einer iMRK in der variantenreichen Serienproduktion aufzuarbeiten. Exemplarisch sollen hierzu nutzungsspezifische Anforderungen innerhalb eines variantenreichen Produktionsprozesses der Automobilbranche erhoben und analysiert werden. Die Beantwortung der zweiten forschungsleitenden Frage soll die Vorauswahl zur Gestaltung einer MRS für eine iMRK in variantenreichen Produktionsprozessen ermöglichen. Die entsprechende Wissensbasis soll dadurch um organisatorische und anwenderspezifische Anforderungen erweitert werden.

- **Welche Erkenntnisse und Implikationen ergeben sich in Bezug auf den Einsatz, die Evaluation und die Weiterentwicklung verschiedener Mensch-Roboter-Schnittstellen im industriellen Kontext?**

Mit Hilfe einer exemplarischen Gestaltung sowie empirischen und iterativen Evaluation und Weiterentwicklung sollen anwendungsspezifische Erkenntnisse zur Gestaltung einer MRS für eine iMRK in variantenreichen Produktionsprozessen der Automobilbranche abgeleitet werden. Die Beantwortung dieser dritten forschungsleitenden Frage soll die Wissensbasis zur Gestaltung von MRS im Kontext einer iMRK um konkrete Gestaltungsempfehlungen für zukünftige Entwicklungen erweitern. Zusammenfassend soll dies einen Beitrag zur Befähigung des Einsatzes von kollaborierenden Robotern in Produktionsumgebungen der Losgröße Eins liefern.

In Anlehnung an den schematischen Ablauf des Forschungsvorhabens (vgl. Abbildung 3) verortet Abbildung 15 die Beantwortung der forschungsleitenden Fragen in den einzelnen Abschnitten der Arbeit.

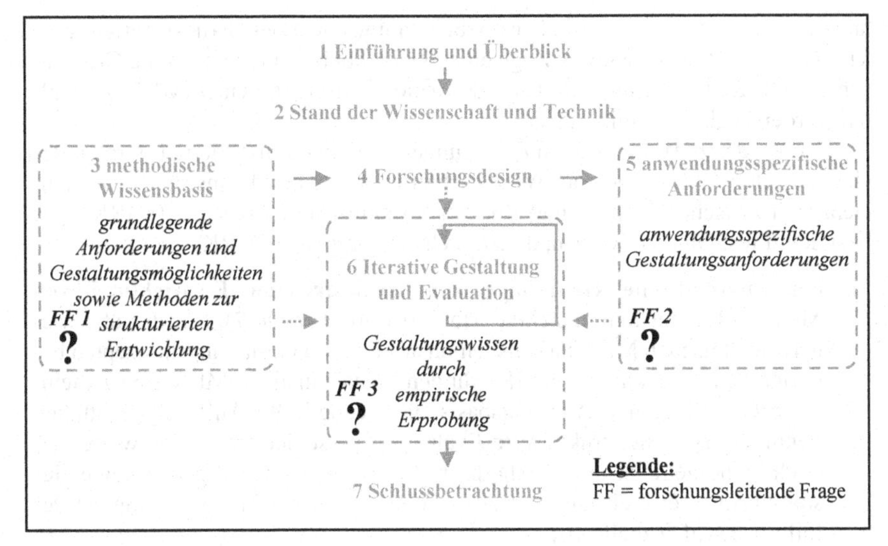

Abbildung 15: **Verortung der forschungsleitenden Fragen in der Arbeit**
Quelle: *eigene Darstellung*

2.4 Fazit aus dem Stand der Wissenschaft und Technik

Der aktuelle Stand der Wissenschaft und Technik zeigt die Forderungen nach der **flexiblen Zusammenarbeit zwischen Mensch und Roboter** an einem Industriearbeitsplatz auf. Ziel ist der wirtschaftliche Einsatz von Robotern in Produktionssystemen hoher Variantenvielfalt bzw. der Losgröße Eins. Aufwändige Rekonfigurationen von Roboteranlagen für neue Rahmenbedingungen sollen durch eine Instruktion vereinfacht werden. Da die Übergabe der dafür notwendigen Informationen über eine Mensch-Roboter-Schnittstelle erfolgt, rückt deren Gestaltung in den Fokus der Forschung (vgl. Abschnitte 2.2.1 und 2.2.2).

Die heutige Normenlage zur Realisierung der direkten Zusammenarbeit zwischen Mensch und Roboter stellt die Kollaborationsart der „**Leistungs- und Kraftbegrenzung**“ als größtes Potential heraus, eine iMRK ggf. in Kombination mit anderen Kollaborationsarten wirtschaftlich umzusetzen. Mensch und Roboter können ohne einen sicherheitsbedingten Halt an einem Arbeitsplatz zusammenarbeiten. Durch eine autonome Abarbeitung der übergebenen Arbeitsaufträge ist der Mensch nach der Interaktion ungebunden und kann sich parallelen Aufgaben widmen. Als sicherheitstechnischen Rahmen fordern Normen den Einsatz sicherer Technik, z.B. Leichtbauroboter der aktuellen Generation sowie die sichere Gestaltung des Roboterwerkzeugs und des Arbeitsraumes. Mit der Berücksichtigung aller möglichen Bewegungen im Zuge einer Risikobeurteilung können die Grundlagen zur CE-Zertifizierung und damit der realen Umsetzung einer iMRK geschaffen werden (vgl. Abschnitt 2.2.3).

Neben den praxisrelevanten Forderungen zeigt der strukturierte Literatur-Review einzelne Forderungen der Wissenschaft in Bezug auf die instruktive Zusammenarbeit zwischen Mensch und Roboter im industriellen Kontext (iMRK). Als Fazit kann festgehalten werden, dass die Umsetzung einer iMRK:

- eine **methodische Grundlage zur strukturierten Entwicklung** von Mensch-Roboter-Schnittstellen erfordert (vgl. Tabelle 7). Mit der überwiegend technischen Machbarkeitsdemonstration von Gestaltungskonzepten benötigt die Entwicklung von MRS für den Einsatz in einer iMRK eine gemeinsame Grundlage und Ausgangsbasis (vgl. Tabelle 9). Auffindbare Studien dokumentieren die strukturierte Evaluation verschiedener MRS, weisen jedoch keine gemeinsame, methodische Grundlage auf und geben keine Gestaltungshinweise zur strukturierten (Weiter-) Entwicklung im Kontext der Industrie (vgl. Tabelle 10).
- die Erhebung von **anwendungs- bzw. domänenspezifischen Anforderungen** potentieller Nutzer erfordert (vgl. Tabelle 7). Eine industriespezifische Auswahl und grundlegende Gestaltung wird innerhalb der verfügbaren Laborstudien nicht berücksichtigt (vgl. Tabelle 9 und Tabelle 10).
- **Gestaltungsempfehlungen für MRS** auf der Basis empirischer Erprobungen erfordert (vgl. Tabelle 7). Mit der überwiegenden Evaluation technischer Lösungen durch nutzungsfremde Personengruppen in Labor-umgebungen fehlt es an validen Erkenntnissen und Implikationen (Gestaltungswissen) aus spezifischen Erprobungen in der Industrie (vgl. Tabelle 9 und Tabelle 10).

Auf Basis der geschilderten Erkenntnisse zum Forschungsbedarf fokussieren die folgenden Abschnitte die strukturierte Schließung der aufgezeigten Forschungslücke. Mit der Darstellung methodischer Grundlagen wird schrittweise das methodische Vorgehen der Arbeit erarbeitet und darauf aufbauend das Forschungsdesign dargelegt. Dies hat die strukturierte und valide Erweiterung des Gestaltungswissens von MRS für iMRK zum Ziel.

3 Methodische Wissensbasis zur Gestaltung von MRS

„Alles Wissen stammt aus der Erfahrung."
Immanuel Kant, Philosoph

3.1 Zielsetzung und Aufbau des Kapitels

Auf Basis des aktuellen Standes der Wissenschaft sowie des erarbeiteten Forschungsbedarfs werden in diesem Kapitel die **Grundlagen für die Gestaltung** gebrauchstauglicher Mensch-Roboter-Schnittstellen zum Einsatz in einer instruktiven Mensch-Roboter-Kollaboration erarbeitet. Dieses Kapitel dokumentiert somit die explizite Aufarbeitung der vorhandenen Wissensbasis zur strukturierten Schließung der Forschungslücke. Zusammenfassende Schlüsse ermöglichen die Wissensanwendung im Zuge des Forschungsvorhabens.

In einem ersten Schritt sollen grundlegende **Gestaltungsanforderungen** an gebrauchstaugliche MRS in einem instruktiven Mensch-Roboter-System aufbereitet werden. Ergänzende funktionale Anforderungen sollen den Einsatz im industriellen Kontext (iMRK) ermöglichen.

Mit der prinzipiell anwendungsspezifischen Gestaltung einer MRS für den Einsatz in einer iMRK sollen in einem zweiten Schritt **Methoden zur Analyse anwendungsspezifischer Anforderungen** unterstützen.

Mit dem Einfluss verschiedener Anforderungskategorien sollen in einem dritten Schritt grundlegende **Gestaltungsmöglichkeiten von MRS** in instruktiven Mensch-Roboter-Systemen dokumentiert und für deren Nutzung in einer iMRK analysiert werden. Verschiedene Kategorien von MRS werden vorgestellt und einander gegenübergestellt. Die Zusammenfassung in einem „MRS-Baukasten" für die potentielle Anwendung in einer iMRK bildet die Basis für die Erprobung, Evaluation und (Weiter-) Entwicklung in variantenreichen Produktionsumgebungen.

In einem vierten Schritt werden **Methoden zur Evaluation** von MRS für den Einsatz in einer iMRK vorgestellt. Die Gegenüberstellung und Auswahl von Evaluationsmethoden zur Weiterentwicklung einer MRS bildet das abschließende Element für ein strukturiertes Entwicklungsvorgehen zur Erarbeitung von Gestaltungswissen.

Zusammenfassend bildet dieses Kapitel die **methodische Grundlage** zur anwendungsspezifischen Auswahl, Gestaltung, Erprobung und Evaluation und damit zur Deckung des Forschungsbedarfs.

T. Schleicher, *Kollaborierende Roboter anweisen*, Gestaltung hybrider Mensch-Maschine-Systeme/Designing Hybrid Societies,
https://doi.org/10.1007/978-3-658-29051-1_3

3.2 Gestaltungsanforderungen an MRS in einer iMRK

Die Herausforderungen, einen Robotereinsatz durch Informationsaustausch über eine MRS flexibel zu gestalten, sind gegenwärtig in verschiedenen Anwendungsdomänen zu finden. **Wissen zur Gestaltung gebrauchstauglicher MRS** in instruktiven Mensch-Roboter-Systemen ist jedoch aktuell überwiegend im Bereich der kommerziellen Servicerobotik vorhanden. Die Gründe hierfür liegen in der besseren Zugänglichkeit zu validen Nutzern und Umgebungen im Vergleich zu Studien im Industriekontext begründet. Die Literatur in einem industriellen Kontext lässt aufgrund von noch ausstehenden Erprobungen deshalb nur eingeschränkt die Ableitung von Gestaltungsempfehlungen zu. Zur Schaffung einer gemeinsamen Grundlage wird das hierfür zugängliche Wissen aufgearbeitet. Dazu dienen die zur Erarbeitung der Grundlagen separierten Literaturstellen (vgl. Abbildung 11).

3.2.1 *Grundlegende Anforderungen an MRS*

Vor dem Hintergrund des wirtschaftlichen Einsatzes von Robotern in einem Produktionssystem für die Losgröße Eins hat die effiziente, fehlerfreie sowie flexible Nutzung von Roboterfähigkeiten einen hohen Stellenwert. Um die Bedienbarkeit eines kollaborierenden Roboters über eine Mensch-Roboter-Schnittstelle so gebrauchstauglich wie möglich zu gestalten, dienen bereits existierende Gestaltungsanforderungen. Mit aktuell fehlenden Gestaltungsanforderungen an MRS für den Einsatz in einem industriellen Kontext (iMRK), stammt das bestehende Wissen aus der Anwendungsdomäne der Servicerobotik.[7] Tabelle 11 zeigt eine Zusammenfassung grundlegender Gestaltungsanforderungen an MRS für den Einsatz in instruktiven Mensch-Roboter-Systemen.

Tabelle 11: **Allgemeine Gestaltungsanforderungen an MRS in instruktiven Mensch-Roboter-Systemen**

Quelle: *eigene Darstellung*

Gestaltungs-anforderung	Erläuterung	Quellen
Sichtbarkeit des Systemstatus	Statusinformation zur Förderung des Situationsbewusstseins	Goodrich und Olsen (2003) Drury et al. (2003; 2004) Marble et al. (2004) Clarkson und Arkin (2007)

[7] Die entsprechenden Literaturquellen stammen aus der Datengrundlage D1A und den entsprechend extrahierten Grundlagen, in diesem Falle „Gestaltungsanforderungen an MRS in kommerziellen, instruktiven Systemen“, vgl. Abbildung 11.

Gestaltungs-anforderung	Erläuterung	Quellen
verständliche Informations-präsentation / Standardisierung von Inhalten	einfache und verständliche Darstellung (minimaler Lernaufwand) / geringe kognitive Anstrengung	Kawamura et al. (1995) Mayora-Ibarra et al. (2003) Drury et al. (2004) Clarkson und Arkin (2007)
natürliche Interaktionsmöglichkeiten zwischen der systemischen und realen Welt	intuitive Interaktion auf vertraute Art und Weise (Wörter, Skizzen,…) / natürliche und logische Abfolge der Interaktion	Kawamura et al. (1995) Goodrich und Olsen (2003) Mayora-Ibarra et al. (2003) Clarkson und Arkin (2007)
nutzer-freundliche Unterstützung bei der Bedienung	effiziente, effektive und zufriedenstellende Kommunikation / Unterstützung durch Anzeige möglicher Aktionen / Dokumentation und Systemhilfen zur Erleichterung des Anlernens / übersichtliche Gestaltung (z.B. Vermeidung von vielen Fenstern in einer Benutzeroberfläche)	Goodrich und Olsen (2003) Mayora-Ibarra et al. (2003) Drury et al. (2004) Clarkson und Arkin (2007)
Unterstützung Bei der Fehler-beseitigung	Unterstützung bei der Fehlererkennung, Diagnose und Behebung / Integration von Zurück-, Stopp- und weiteren Kommandos	Goodrich und Olsen (2003) Mayora-Ibarra et al. (2003) Clarkson und Arkin (2007)
hinreichende Informations-darstellung	Vermeidung von Informationsüberflutung / Überlagerung von realer und systemischer Information / (z.B. Kamerasicht überlagert mit Trajektorien und Zielpositionen)	Goodrich und Olsen (2003) Clarkson und Arkin (2007)
Flexibilität der Interaktions-architektur	robuste Gestaltung gegenüber äußeren Veränderungen / Berücksichtigung individueller Präferenzen und Kenntnisstände / Möglichkeit der Veränderung der Bedienmöglichkeiten	Kawamura et al. (1995) Goodrich und Olsen (2003) Mayora-Ibarra et al. (2003) Clarkson und Arkin (2007)
	Multimodalität zur Erweiterung bzw. Flexibilisierung und Absicherung der Kommunikation	Oviatt (1999) Rigoll (2015)
ästhetisches und minimalistisches Design	Gestaltung in einer für den Nutzer angenehmen Art und Weise / Ausblendung von nur selten benötigten Informationen	Mayora-Ibarra et al. (2003) Clarkson und Arkin (2007)
direkte Manipulation der Umgebung	Bevorzugung der direkten Manipulation der Umgebung im Gegensatz zur direkten Steuerung des Roboters (Roboterkenntnisse erforderlich)	Goodrich und Olsen (2003)

Die gelisteten Erkenntnisse zur Gestaltung gebrauchstauglicher MRS sind generisch formuliert und lassen sich somit in die technische Gestaltung einer neuartigen MRS integrieren. Für den weiteren Verlauf der Forschungsarbeit dienen sie daher als grundlegende Anhaltspunkte zur Gestaltung von MRS für den Einsatz in einer iMRK.

3.2.2 *Funktionale Anforderungen an MRS*

Die Übergabe von Informationen zur Durchführung einer Aufgabe ist die Kernanforderung an MRS in instruktiven Mensch-Roboter-Systemen. Im Allgemeinen gilt: Je autonomer ein Robotersystem, desto weniger Informationen sind für dessen produktiven Einsatz über eine MRS zuzuführen. Die Autonomie bzw. Selbstständigkeit eines Robotersystems kann gesteigert werden, indem z.B. dem Roboter Informationen zur Umgebung bereits bekannt sind bzw. diese selbstständig durch Sensorik erfasst werden können. Im Kontext der Industrie bedeutet dies: Je spezifischer die Kenntnis eines Roboters über Bauteilverhalten und Struktur eines Arbeitsplatzes, desto weniger Information muss von außen zur Erledigung einer Aufgabe über eine MRS herangetragen werden. Je geringer der notwendige Informationsgehalt, desto einfacher kann die entsprechende Mensch-Roboter-Schnittstelle gestaltet werden. Die Herausforderung einer flexiblen Roboternutzung besteht somit in der **Balance zwischen Autonomie und Interaktion** (Längle und Wörn 2001; Suomela und Halme 2004). Als Autonomie werden in diesem Zusammenhang vorhandene Roboterfähigkeiten verstanden, z.B. die kollisionsfreie Bewegung von Punkt zu Punkt. Die Roboterbewegungen müssen dadurch nicht kontinuierlich gesteuert und der notwendige Informationsgehalt einer Interaktion kann reduziert werden.

Ein vollautomatisiertes Robotersystem ist in der Regel für einen spezifischen Einsatzzweck ausgelegt, z.B. Schweiß-, Lackier- oder Materialbearbeitungsroboter. Alle dafür notwendigen Informationen werden in das Roboterprogramm eingearbeitet (Hägele et al. 2008). Einerseits ergibt sich dadurch ein hochproduktiver Einsatz, andererseits ist dieser unflexibel. Änderungen müssen aufwändig einprogrammiert und getestet werden. Diesem Umstand werden instruktive Systeme durch die einfache Eingabe von fehlenden Informationen gerecht. Ziel des wirtschaftlichen Einsatzes einer instruktiven Mensch-Roboter-Kollaboration soll es daher sein, diese **so autonom wie möglich und so flexibel wie nötig** zu gestalten. Dadurch kann der zu übermittelnde Informationsgehalt zur Übergabe einer Aufgabe so gering wie möglich gehalten werden, schematisch gezeigt in Abbildung 16.

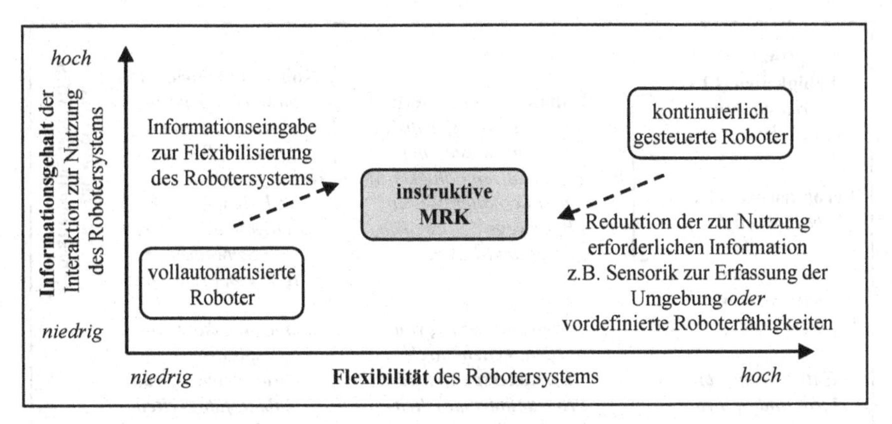

Abbildung 16: Informationsgehalt zur Nutzung eines instruktiven Mensch-Roboter-Systems in Abhängigkeit der Flexibilität

Quelle: eigene Darstellung

Eine Möglichkeit, bereits vorprogrammierte Fähigkeiten eines Roboters für die Durchführung einer neuen Aufgabe zu nutzen, liefert die **aufgaben- oder fähigkeitsbasierte Programmierung** (engl.: task/skill-based-programming / task/skill-level-programming). Die Programmierung neuer Roboteraufgaben erfolgt, indem der Aufgabeninhalt über Fähigkeitsbibliotheken zusammengestellt wird. Der Einsatz solcher Systeme ist speziell in flexiblen Umgebungen geeignet (Bänziger et al. 2017; Michalos et al. 2014; Pedersen et al. 2016). Durch den hohen Abstraktionsgrad einer Tätigkeitsbeschreibung für einen Roboter erfolgt die Befehlseingabe auf eine einfache Art und Weise. Dies ist vor allem in der Produktion hoher Variantenvielfalt zur wechselnden Abstimmung auf neue Bedingungen gut geeignet (Materna et al. 2016; Perzylo et al. 2016; Profanter et al. 2015). Im Kontext der Problemstellung, der einfachen und schnellen Anpassung von Roboteraufgaben an neue Rahmenbedingungen, bietet sich das Prinzip der aufgabenbasierten Programmierung durch die Nutzung gebrauchstauglicher Mensch-Roboter-Schnittstellen an, wie in Abbildung 17 gezeigt.

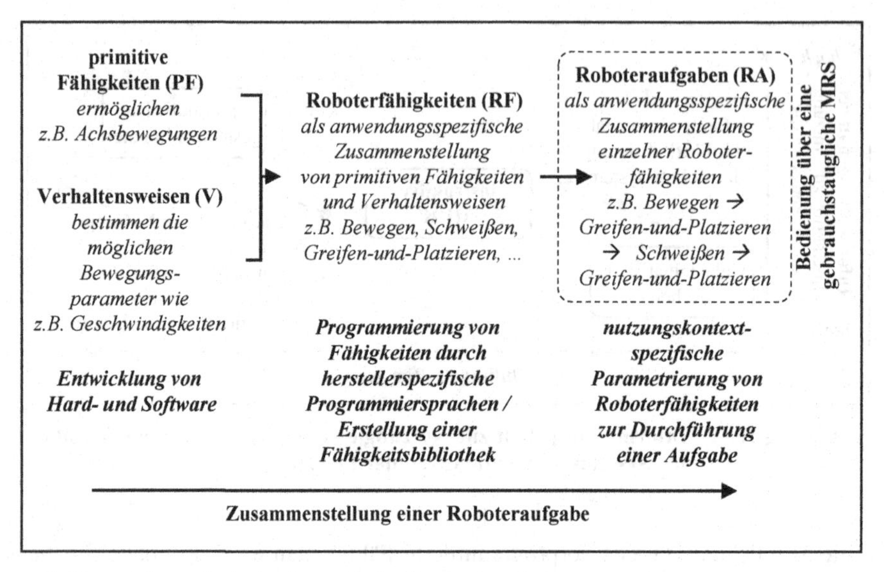

Abbildung 17: **Prinzip der aufgabenbasierten Programmierung**
Quelle: *in Anlehnung an Schou et al. (2013), Michalos et al. (2014), Pedersen et al. (2016) und Bänziger et al. (2017)*

Roboterfunktionalitäten bzw. bereits generierte Fähigkeiten können in Abhängigkeit neuer Rahmenbedingungen und in einer für den Nutzer passenden Art und Weise, z.B. über eine gebrauchstaugliche MRS, nutzbar gemacht werden (Ehrenmann et al. 2002). Unter dieser Voraussetzung besteht die Möglichkeit zur **High-Level-Programmierung durch Anweisen** (vgl. Abbildung 14). Die dafür notwendigen MRS können durch die Reduktion des zu übermittelnden Informationsgehaltes stark vereinfacht gestaltet werden:

- **Die Umgebungsbedingungen sind dem Roboter bekannt**, wodurch eine autonome Bewegung in einem definierten Umfeld ermöglicht wird. Die Vorgabe von Trajektorien (Bewegungsbahnen) kann entfallen. Die CE-Zertifizierung in Form einer iMRK wird durch feste Umgebungsbedingungen unterstützt (Risikobeurteilung des Gefahrenraums, vgl. Abschnitt 2.2.3).
- **Der Roboter besitzt vordefinierte Fähigkeiten**, wodurch Roboterbewegungen nicht explizit während der Nutzung spezifiziert werden müssen. Vordefinierte Abläufe werden kontextspezifisch parametriert. Durch die Vorgabe von Abläufen (z.B. Bewegungsgeschwindigkeiten und Wartepositionen) wird die Flexibilität auf ein notwendiges Maß eingegrenzt. Durch die damit bekannten Gefahrenstellen wird eine Risikobeurteilung potentieller Gefahren im Rahmen der CE-Zertifizierung ermöglicht (vgl. Abschnitt 2.2.3).

- **Der über eine MRS übertragbare Informationsgehalt entspricht den notwendigen Informationen zur Übergabe einer Aufgabe**. Die MRS ist in der Lage, alle durch den Nutzer zu übergebenden Informationen in einer effizienten und möglichst fehlerfreien Art und Weise zu übermitteln (vgl. Tabelle 10).

Mit der Definition notwendiger Rahmenbedingungen zur Programmierung eines kollaborierenden Roboters durch Anweisen folgt in den weiteren Abschnitten die Analyse des **minimalen Informationsgehaltes zur Übergabe einer Aufgabe**. Dies verfolgt das Ziel, die MRS für den Einsatz in einer iMRK so einfach wie möglich zu gestalten und damit grundlegende Voraussetzungen für deren Gebrauchstauglichkeit zu schaffen. In Anlehnung an Längle und Wörn (2001) kann eine Roboteraufgabe wie folgt unterteilt werden:

- **Verortung** einer durchzuführenden Aufgabe im Arbeitsraum des Roboters (z.B. Angabe eines handzuhabenden Objektes und Ablageortes)
- **Spezifikation** der Art und Weise einer durchzuführenden Aufgabe (z.B. Angabe der Greifrichtung und Bewegungsgeschwindigkeiten)

Die Angabe konkreter Bewegungsbahnen geht über in Ortsangaben: Punkte von Interesse (engl.: points of interest [POI]). Die Befehlsübergabe wandelt sich dadurch von einem niedrigen zu einem hohen Abstraktionsgrad. Die MRS kann vereinfacht gestaltet werden (Guerin et al. 2014). Zusammenfassend kann die flexible Nutzung vordefinierter Fähigkeiten durch eine Verortung im Arbeitsraum (**Positionierung**) und der Spezifikation der Art und Weise (**Parametrierung**) erfolgen, genauer spezifiziert in den folgenden Abschnitten.

Positionierung zur Verortung von Roboteraufgaben im Arbeitsraum

Die Positionierung bildet die Grundlage für eine Aufgabenübergabe mit der Angabe einer für die Aufgabenerfüllung notwendigen Position. Dies ist entweder die Angabe eines Ortes im freien Raum, auf Oberflächen oder von ganzen Referenzgegenständen, vgl. Tabelle 12.

Tabelle 12: **Positionierung zur Verortung von Aufgaben**
Quelle: *eigene Darstellung*

Domäne	Quellen	Verortung einer Aufgabe durch:	Angabe von:
Service-robotik	Skubic et al. (2007)	Skizzieren von Zielen mobiler Roboter	Punkten auf Ebene
	Nguyen et al. (2008)	Laser-Markierung von Gegenständen zur Übergabe	Referenzobjekten

Domäne	Quellen	Verortung einer Aufgabe durch:	Angabe von:
	Sakamoto et al. (2009)	Skizzieren von Arbeitsorten eines Staubsaugers	Punkten auf Ebene
	Correa et al. (2010)	Markierung von Gegenständen für einen Stapler	Referenzobjekten
	Hayes et al. (2010)	Markierung von Zielen mobiler Roboter	Punkten auf Ebene
	Negulescu und Inamura (2011)	Skizzieren von Zielen mobiler Roboter	Punkten auf Ebene
	Yoshida et al. (2011)	Zeigegeste zur Zielangabe für mobiler Roboter	Punkten auf Ebene
	Boboc et al. (2015)	Zeigegeste zur Objektangabe für mobile Roboter	Referenzobjekten
	Frank et al. (2016)	Markierung zur Objektmanipulation	Referenzobjekten
Industrierobotik	Schou et al. (2013)	Handführung zur Eingabe von Zielpositionen	Punkten im Raum
	Profanter et al. (2015)	Studie zur Angabe von Arbeitsobjekten und -orten	Referenzobjekten, Punkten auf Objekten
	Materna et al. (2016)	Studie zur Angabe von Arbeitsobjekten und -orten	Referenzobjekten, Punkten auf Objekten
	Rohde et al. (2012)	Auswahl von Handhabungsobjekten	Referenzobjekten
	Sobaszek und Gola (2015)	Auswahl von Handhabungsobjekten	Referenzobjekten
	Maurtua, Fernandez et al. (2016)	Übergabe von Arbeitspositionen	Punkten im Raum, Referenzflächen

Übertragen auf die Industrierobotik spezifiziert die Positionierung einen Punkt von Interesse durch eine Position bzw. auch Fläche auf einem Bauteil, ein Bauteil selbst oder die Zielposition des robotergeführten Werkzeugs mit oder ohne gegriffenem Bauteil. Die **Eingabe einer Position**, also Geometriedaten oder Objektreferenzen, bildet damit ein grundlegendes Element zur Verortung einer Aufgabe. Die freie Spezifikation einer Position im Raum stellt jedoch aufgrund der hohen Anzahl an Freiheitsgraden eine Herausforderung für den Menschen dar (Bubb 1993). Das bedeutet, dass im Falle einer sechsdimensionalen Eingabe die Angabe der Raumkoordinaten X, Y und Z inklusive der Verdrehwinkel α, β und γ um die jeweiligen Koordinatenachsen zur Ausrichtung des Roboterwerkzeuges herausfordernder zu werten ist als die Angabe eines Punktes auf einem Bauteil oder lediglich die Angabe eines Referenzobjektes. Die Wahl der Eingabetechnologie (MRS) wird dadurch direkt beeinflusst (Casals et al. 2006; Herbst 2015). Diese Tatsache bietet die Möglichkeit der Informationseingabekategorisierung und entsprechenden MRS-Zuordnung. Je nach Roboterautonomie bzw. Roboterflexibilität stellt sich die Informationseingabe für den Menschen unterschiedlich komplex dar, vgl. Abbildung 18.

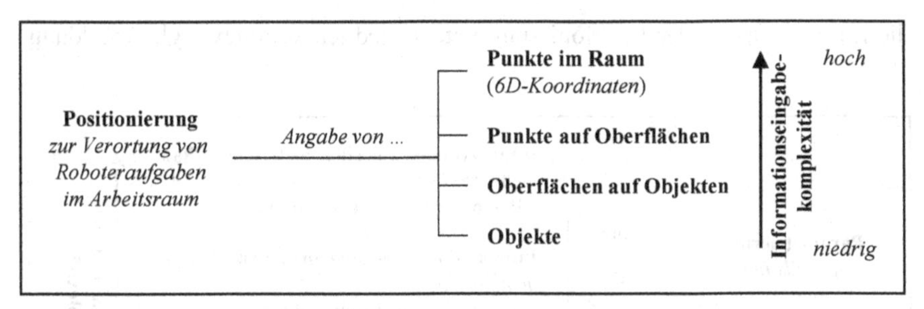

Abbildung 18: Informationseingabekomplexität einer Positionierung
Quelle: eigene Darstellung

Parametrierung zur Spezifikation der Durchführung von Roboteraufgaben

Zusätzlich zu einem Zielpunkt oder Referenzobjekt können Aufgabenparameter im Rahmen der Parametrierung spezifiziert werden. Dies kann beispielsweise die Angabe einer gewünschten Bewegungsgeschwindigkeit oder Bewegungsart sein, wie Tabelle 13 beispielhaft zeigt.

Tabelle 13: Parametrierung von Aufgaben
Quelle: eigene Darstellung

Domäne	Quellen	Parametrierung einer Aufgabe durch:	Angabe von:
Service-robotik	Nguyen et al. (2008)	Spezifikation des Verhaltens anhand des Interaktionsobjektes	Arbeitsobjekt definiert, ob es gedrückt (z.B. Lichtschalter) oder gegriffen (z.B. Gegenstand) werden kann
	Broad et al. (2017)	Auswahl der Greifrichtung eines Gegenstandes	Greifrichtungen (z.B. von oben/links/rechts), Greifgeschwindigkeitskategorien (z.B. schnell/langsam)
Industrie-robotik	Schou et al. (2013)	Geschwindigkeits- und Bewegungsartangabe	Bewegungsgeschwindigkeiten in mm/s, Bewegungssperren (z.B. Blockieren einer Rotation)
	Bänziger et al. (2017)	Geschwindigkeits- und Bewegungsartangabe	Geschwindigkeitskategorien (z.B. schnell/langsam), Bewegungsarten (z.B. lineare Bewegung)

Ähnlich der Positionsangabe kann auch die Eingabe von Parametern für den Menschen unterschiedlich komplex ausfallen. So gestaltet sich die Eingabe von metrischen Datentypen unterschiedlich zur Eingabe von nominalen oder sogar ordinalen Datentypen. Metrische Datentypen repräsentieren absolute Werte, nominale Datentypen repräsentieren Wertekategorien in keiner bestimmten Reihenfolge und ordinale Datentypen repräsentieren Wertekategorien in einer bestimmten Reihenfolge (Döring und Bortz 2016). Je nach zu übergebender Information gestaltet sich die Eingabe analog der Positionierung unterschiedlich komplex, vgl. Abbildung 19.

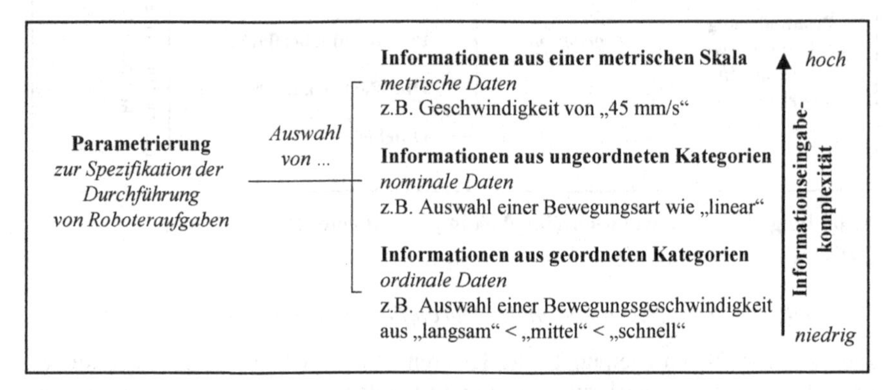

Abbildung 19: Informationseingabekomplexität einer Parametrierung
Quelle: eigene Darstellung

Zusammenführung der Positionierung und Parametrierung über eine MRS

Zusammenfassend können anwendungs-, werkzeug- oder roboterspezifische Fähigkeiten in zwei Informationseingabekategorien eingeteilt werden. Die Information zur Positionierung dient der Zielübergabe bzw. der Sollposition des Werkzeugmittelpunktes eines Industrieroboters. Die Information zur Parametrierung dient der Feinjustierung von Roboteraufgaben, sofern diese notwendig ist. Zum besseren Verständnis zeigt Tabelle 14 einige selbsterdachte Beispiele zur Nutzung von Roboterfähigkeiten in einer iMRK in variantenreichen Produktionsumgebungen. Zur Kategorisierung dient die Einteilung der Fertigungsverfahren nach DIN 8580.

Tabelle 14: Beispiele von Informationseingaben zur Übergabe einer Aufgabe
Quelle: eigene Darstellung und Beispiele in Anlehnung an die Kategorisierung der Fertigungsverfahren nach DIN 8580

Fertigungsverfahren nach DIN 8580		Roboterfähigkeit	Ergänzende Fähigkeit zur Informationsreduktion	Information zur Positionierung	Information zur Parametrierung
Beschichten	Beschichten durch Schweißen	Schmelzauftragsschweißen	kollisionsfreie Anfahrt und Ausrichtung zu einer Objektoberfläche	Objektoberfläche	Auftragsgeschwindigkeit, Güte, stechend/ziehend, …

Fertigungsverfahren nach DIN 8580		Roboterfähigkeit	Ergänzende Fähigkeit zur Informationsreduktion	Information zur Positionierung	Information zur Parametrierung
Fügen	An- und Einpressen	Schrauben	kollisionsfreie Anfahrt und Ausrichtung zu einer Schraubachse	Punkt auf Objektoberfläche bzw. Referenzschraubloch	Anzugsmoment, …
Fügen	Fügen durch Schweißen	Schweißen	kollisionsfreie Anfahrt und Ausrichtung zu einem Schweißstoß	Start- und Endpunkt auf Schweißstoß	Auftragsgeschwindigkeit, Güte, stechend/ziehend, …
Fügen	Füllen	Einfüllen	kollisionsfreie Anfahrt und Ausrichtung zu einer Einfüllmöglichkeit	Einfüllmöglichkeit bzw. Referenzobjekt	Soll-Füllstand, Einfüllgeschwindigkeit, …
Trennen	Spanen mit geom. best. Schneiden	Bohren	kollisionsfreie Anfahrt und Ausrichtung zu einer Objektoberfläche	Punkt auf Objektoberfläche	Lochdurchmesser, Oberflächengüte, Senkloch, …
Trennen		Sägen	kollisionsfreie Anfahrt und Ausrichtung zu einer Schnittfläche	Start- und Endpunkt, ggf. Schnittführung	Schnittgeschwindigkeit, …
Trennen	Spanen mit geom. unbest. Schneiden	Schleifen mit rotierendem Werkzeug	kollisionsfreie Anfahrt und Ausrichtung zu einer Oberfläche	Punkt auf Objektoberfläche bzw. Fläche auf Objekt	Bewegungsmuster, Anpressdruck, Geschwindigkeit, …
Trennen	Reinigen	mechan. Reinigen	Anfahrt und Ausrichtung zu einer Objektoberfläche	Punkt auf Objektoberfläche bzw. Fläche auf Objekt	Bewegungsmuster, Reinigungsintensität, …

Die reale Umsetzung dieser Beispiele erfordert eine MRK-gerechte Ausführung der Roboterwerkzeuge. In Zusammenhang mit der notwendigen Sicherheitstechnik ist das Gesamtsystem so auszuführen, dass in Form einer Mensch-Roboter-Kollaboration kein Sicherheitsrisiko für den Menschen besteht (vgl. Abschnitt 2.2.3)[8]. Im Falle einer Umsetzung der genannten Beispiele in Tabelle 14 in Form einer iMRK bedient sich der Mensch an den jeweils vordefinierten Fähigkeiten eines Roboters. Diese können durch eine Instruktion flexibel eingesetzt und damit jederzeit an neue Gegebenheiten angepasst werden. Mit den Eigenschaften Ge-

[8] Die allgemeine MRK-gerechte Konstruktion von Roboterwerkzeugen und Auslegung entsprechender Sicherheitstechnik ist nicht Bestandteil dieser Arbeit. Es sei jedoch auf geltende Normen und Richtlinien in Abschnitt 2.2.3 hingewiesen.

schwindigkeit, Ausdauer und Präzision eines Roboters können sich dadurch Qualitätspotentiale ergeben. Durch die Übernahme von für den Menschen belastenden Tätigkeiten ergeben sich neben Effizienzpotentialen auch Ergonomiepotentiale. Die zu übertragende Information ist abhängig vom Umfang der vordefinierten Fähigkeiten bzw. von der gewünschten Flexibilität der Fähigkeitsnutzung, bspw. können Anzugsmomente der Fähigkeit „Schrauben" bereits vordefiniert sein. Der Nutzer muss keine Parametrierung mehr vornehmen. Im Sinne eines möglichst effizienten Einsatzes einer iMRK ist die Flexibilität daher auf ein notwendiges Maß zu begrenzen. Zusammenfassend ergeben sich mit der minimal zu übertragenden Information die funktionalen Anforderungen an eine MRS. Neben diesen überwiegend prozessabhängigen Anforderungen haben auch anwendungsspezifische Anforderungen einen Einfluss auf die Gestaltung von MRS. Methoden zu deren Analyse werden im Nachgang vorgestellt.

3.3 Methoden zur Analyse anwendungsspezifischer Anforderungen

Das Ziel, gebrauchstaugliche MRS für eine iMRK zu gestalten, erfordert die Abstimmung technischer Gestaltungsmöglichkeiten auf die organisatorischen und nutzerspezifischen Anforderungen, vgl. Abbildung 20.

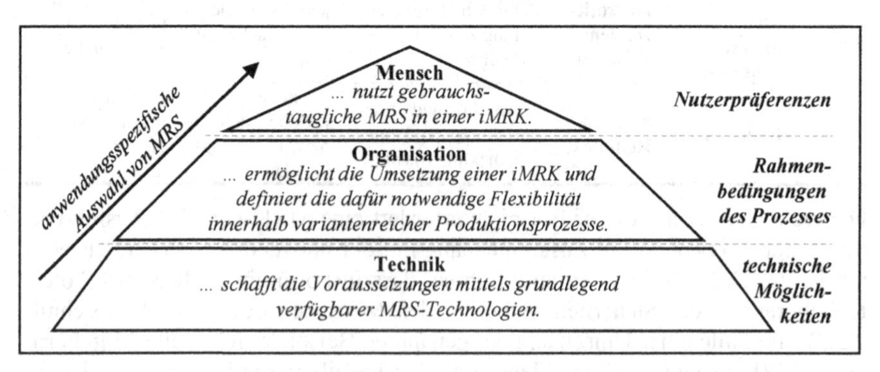

Abbildung 20: Einfluss anwendungsspezifischer Anforderungen auf die Auswahl von MRS-Technologien

Quelle: eigene Darstellung

Durch prozessuale Rahmenbedingungen einer Organisation, z.B. Arbeitsplatzgestaltung und Prozessinhalte, wird das notwendige Maß an Flexibilität eines kollaborierenden Roboters definiert. Diese soll in Abhängigkeit der zu übertragenden

Informationskomplexität durch die grundlegende Wahl an MRS-Technologien sichergestellt werden. Die Gestaltungslösung soll zusätzlich anwenderspezifische Anforderungen erfüllen, um als gebrauchstauglich zu gelten. Als bereits vorhandene Grundlagen dienen hierfür die allgemeinen Anforderungen an die Gestaltung gebrauchstauglicher MRS in instruktiven Mensch-Roboter-Systemen (vgl. Abschnitt 3.2.1) und aufgearbeitete, funktionale Anforderungen an MRS für den Einsatz in einer iMRK (vgl. Abschnitt 3.2.2). Die darauf aufbauende, zielgerichtete und anwendungsspezifische Auswahl sowie weitere Gestaltung einer MRS für den Einsatz in einer iMRK erfordert **Methoden zur Analyse des Nutzungskontextes** (organisatorische Anforderungen) und der **Nutzeranforderungen** (anwenderspezifische Anforderungen), vgl. Tabelle 15.

Tabelle 15: **Ziele der Nutzungskontext- und Anforderungsanalyse**
Quelle: *Zusammenfassung nach DIN EN ISO 9241-210:2010*

Analyse	Ziel
Nutzungskontextanalyse	Sammlung und Analyse von Informationen zum aktuellen Kontext (Notwendigkeiten und Probleme) / Beschreibung der Benutzer, sonstiger Interessensgruppen, Arbeitsaufgaben und -ziele sowie der Arbeitsumgebung
Nutzeranforderungsanalyse	Ergänzung von funktionalen Anforderungen an ein Produkt oder System um Nutzungsanforderungen / Beschreibung notwendiger Änderungen der Organisation oder Arbeitsweisen zur möglichen Optimierung

Mit den dokumentierten Herausforderungen der Informationsgewinnung innerhalb der Industrie, im Speziellen im Rahmen der Befragung von potentiellen Nutzern von interaktiven Mensch-Roboter-Systemen (vgl. Buchner et al. 2012 und Weiss et al. 2016), ist eine möglichst **ressourcenschonende Informationsgewinnung** anzustreben. Dies bedeutet die möglichst geringe bzw. skalierbare Bindung von unternehmensinternen Ressourcen in Form von Zeit, Geld und Personal (DIN SPEC 91328). In der praktischen Anwendung zeigt sich, dass bestimmte Methoden besonders gut für einen ressourcenschonenden Einsatz geeignet sind, vgl. Tabelle 16.

Tabelle 16: **Methoden zur Nutzungskontext- und Nutzeranforderungsanalyse**
Quelle: *eigene Darstellung / Auswahl in Anlehnung an DIN SPEC 91328, Dittrich (2015), Wächter (2018) und Zühlke (2012)*

Methode	Kurzbeschreibung
Dokumentenanalyse	Die Analyse von zur Verfügung stehenden Dokumenten, wie Handbüchern, Schulungsunterlagen, Tätigkeits- und Prozessbeschreibungen, liefert Erkenntnisse im Hinblick auf Funktionalitäten, Aufgaben und Abläufe der untersuchten Tätigkeiten. Eine Vollständigkeit der Informationen ist in vielen Fällen jedoch unwahrscheinlich (Döring und Bortz 2016; Röse 2003; Sarodnick und Brau 2006). Die vollständige Durchführung einer Dokumentenanalyse durch eine explorative Recherche in Unternehmensquellen ist zudem zeitaufwändig, wodurch eine ressourcenschonende Anwendung nur bedingt möglich ist (Wächter 2018).

Methode	Kurzbeschreibung
Beobachtung und kontextuelles Interview	Die Beobachtung umfasst eine direkte oder indirekte Observation des Verhaltens potentieller Nutzer im Anwendungsfeld. Die direkte Beobachtung erfordert die Anwesenheit des Beobachters, während die indirekte Beobachtung über Videoaufnahmen erfolgen kann. Die teilnehmende Beobachtung oder auch das kontextuelle Interview (engl.: contextual inquiry) ermöglicht zusätzliches Nachfragen. Abläufe werden dadurch verändert (DIN SPEC 91328; Sarodnick und Brau 2006), personelle Hemmschwellen jedoch abgebaut. Wichtig ist die Wahrung der Objektivität der Beobachtungen (Preece et al. 2015; Zühlke 2012).
Interview	Interviews sind unstrukturierte, halbstrukturierte oder vollstrukturierte Einzel-/Gruppenbefragungen zu einem Untersuchungsgegenstand. Während das unstrukturierte Interview auf keinem Instrument basiert und aus offenen Fragen besteht, orientiert sich das halbstrukturierte Interview an einem Leitfaden. Das vollstrukturierte Interview bedient sich einem standardisierten Fragebogen (Döring und Bortz 2016). Vollstrukturierte Interviews benötigen eine intensive Vorbereitung, wohingegen unstrukturierte Interviews mehr Ressourcen bei der Auswertung benötigen. Einen Kompromiss stellen halbstrukturierte Interviews dar. Sie bedienen sich sowohl offener als auch geschlossener Fragen und eignen sich zur Aufnahme von Aufgaben, Anforderungen, Verbesserungsvorschlägen sowie auch zur Gewinnung erster Eindrücke bzw. Gewichtung der Funktionen eines interaktiven Systems (Preece et al. 2015; Stanton et al. 2005; Zühlke 2012). Einen möglichen Interview-Leitfaden zur Erfassung des Nutzungskontextes und der Nutzeranforderungen präsentiert die Deutsche Akkreditierungsstelle GmbH (2010). Um einen Kontext neu zu erkunden und womöglich bislang unentdeckte Aspekte aufzudecken, wird die Anwendung der Grounded-Theory-Methodologie nach Glaser und Strauss (1967) empfohlen (Döring und Bortz 2016).
Fragebogen	Fragebögen stellen eine besondere Variante eines Interviews dar (DIN SPEC 91328). Sie bieten die Möglichkeit einer breiteren Erfassung von Informationen, da mehrere Personen gleichzeitig befragt werden können. Geschlossene Fragen ermöglichen die Erfassung objektiver und statistisch vergleichbarer Daten. Eine hohe Aussagekraft erfordert jedoch eine hohe Teilnehmerzahl (Röse 2003). Neben standardisierten und vielfach erprobten Fragebögen im Feld der Mensch-Maschine-Interaktion präsentieren Guo und Sharlin (2008), Yoshida et al. (2011) und Profanter et al. (2015) Likert-Skala-basierte Abfragen zur Nutzerpräferenz verschiedener MRS.
Aufgabenanalyse	Die Aufgabenanalyse untersucht die typischen Aufgaben und Aktionen der Nutzer während der Verwendung eines Systems. Im Kern steht die Zerlegung einer Hauptaufgabe in Teilaufgaben. In diesem Zuge erfolgt die entsprechende Darlegung der Aufgabenziele, Reihenfolgen sowie dafür benötigte Informationen. Bestehende Arbeitsabläufe werden in der natürlichen Nutzungsumgebung erfasst und im Nachgang (typischerweise in einer Fokusgruppe) analysiert und diskutiert. Zur grundlegenden Erfassung dienen beispielsweise Beobachtungen und Befragungen (DIN SPEC 91328; Diaper und Stanton 2004; Preece et al. 2015; Röse 2003; Stanton et al. 2005).
Nutzungsszenario	Ein Nutzungsszenario beschreibt geplante Interaktionen eines potentiellen Nutzers mit einem interaktiven System. Der Fokus liegt dabei auf den Handlungszielen und -aufgaben des Nutzers und nicht auf konkreten technischen Lösungen. Die Methode des Nutzungsszenarios ist geeignet, um Anforderungsspezifikationen iterativ zu verfeinern sowie Gestaltungslösungen zu konkretisieren und auf deren Anwendbarkeit im frühen Stadium zu überprüfen. Eine geeignete Darstellungsform des Nutzungsszenarios ermöglicht die Prüfung der Validität von Anforderungen sowie die Beurteilung der Plausibilität möglicher technischer Lösungen (DIN SPEC 91328).

Die vorgestellten Methoden zur Analyse von Anforderungen unterscheiden sich primär in ihrem Fokus. Nur vereinzelt lässt die **Methodenwahl** eine kombinierte Erfassung des Nutzungskontextes, der Nutzeranforderungen sowie potentieller Gestaltungsmöglichkeiten zu. Zusätzlich dazu besitzen die einzelnen Verfahren unterschiedliche Eigenschaften, welche die Anwendbarkeit in der ausgewählten Anwendungsdomäne der vorliegenden Arbeit, der industriellen Automobilproduktion, maßgeblich beeinflussen. Im Vordergrund steht dabei die Ressourcenschonung im Hinblick auf zeitliche Ressourcen und Personen. Die Bewertung der Ressourcenschonung in Bezug auf Zeit beschreibt die Zeiteffizienz zur Durchführung einer Methode. Die Ressourcenschonung in Bezug auf Personen meint die Notwendigkeit einer nur geringen Personenbindung, wie es zum Beispiel bei einer Dokumentenanalyse durch eine einzige Person der Fall ist. Tabelle 17 stellt die aufgezeigten Methoden in einer vergleichenden Bewertung dar und diskutiert deren Anwendung zur Gestaltung gebrauchstauglicher MRS für eine iMRK.

Tabelle 17: Gegenüberstellung der Methoden zur Analyse des Nutzungskontextes und der Nutzeranforderungen

Quelle: eigene Darstellung

		Erfassung von			Ressourcenschonung in Bezug auf			
Methode	**Ausprägung**	**Nutzungskontext**	**Nutzeranforderungen**	**Gestaltungsmöglichkeiten**	**Zeit**	**Personen**	**Zeit und Personen**	**Anwendung zur Gestaltung gebrauchstauglicher MRS für den Einsatz in einer iMRK**
Dokumentenanalyse		◑	○	○	○	●	◑	Die Analyse von ausgewählten Dokumenten, wie bspw. Prozessbeschreibungen und Arbeitsanweisungen, liefert die Grundlage für spezifische, tiefergreifende Analysen eines Prozesses.
teilnehmende Beobachtung		●	◑	◑	◑	●	●	Die teilnehmende Beobachtung kann eine fundierte Basis für ein gezieltes Interview oder auch eine Aufgabenanalyse bilden.
Befragung	Interview	●	●	◑	◑	◑	◑	Ein halbstrukturiertes Einzelinterview bietet eine Möglichkeit zur Erhebung des Nutzungskontextes und der Nutzeranforderungen. Ein zusätzlicher Fragebogen ermöglicht bspw. eine Abschätzung zum favorisierten Einsatz verfügbarer MRS. Dies kann Anhalte für die Entwicklung eines ersten Prototyps liefern.
	Fragebogen	◑	◑	◑	●	◑	●	

Methode	Ausprägung	Erfassung von: Nutzungskontext	Erfassung von: Nutzeranforderungen	Erfassung von: Gestaltungsmöglichkeiten	Ressourcenschonung in Bezug auf: Zeit	Ressourcenschonung in Bezug auf: Personen	Ressourcenschonung in Bezug auf: Zeit und Personen	Anwendung zur Gestaltung gebrauchstauglicher MRS für den Einsatz in einer iMRK
Aufgabenanalyse	Fokusgruppe	●	○	○	●	○	◑	Die Aufgabenanalyse bildet eine Grundlage für die potentielle Aufteilung in manuelle und roboterassistierte Prozesse.
Nutzungsszenario	Fokusgruppe	◑	○	●	●	○	◑	Auf Basis der Aufgabenanalyse können technische Gestaltungsmöglichkeiten auf die organisatorischen und anwenderspezifischen Anforderungen abgestimmt werden.

Legende: ○ trifft nicht zu ◑ trifft teilweise zu ● trifft voll zu

Die Erfassung des Nutzungskontextes, der Nutzeranforderungen sowie möglicher Gestaltungslösungen erfordert demnach eine **Methodenkombination**. Mit der ausgewogenen Erfassung beider Dimensionen, des Nutzungskontextes sowie der Nutzeranforderungen, stellt die Befragung durch ein Interview eine umfassende Analyse dar. Sie bietet zusätzlich dazu auch die Möglichkeit der Erfassung potentieller Gestaltungsmöglichkeiten. Mit dem erhöhten Zeitaufwand zur Durchführung sind Interview-Iterationen im Kontext einer möglichst ressourcenschonenden Erhebung zu vermeiden. Dies fordert eine ausreichende Vorbereitung der Leitfäden und Fragebögen durch grundlegende Prozesskenntnisse. Dafür können existierende Fragebögen herangezogen, z.B. der Leitfaden Usability (Deutsche Akkreditierungsstelle GmbH 2010) sowie eine Dokumentenanalyse und eine teilnehmende Beobachtung durchgeführt werden. Die Zusammenführung der erhobenen organisatorischen und anwenderspezifischen Anforderungen kann in einer Aufgabenanalyse in Kombination mit der Definition eines Nutzungsszenarios erfolgen. Die Erhebung der anwendungsspezifischen Anforderungen bildet zusammenfassend die methodische Grundlage zur prototypischen Gestaltung und aufbauenden empirischen Evaluation.

3.4 Grundlegende Gestaltung von MRS in einer iMRK

Unterschiedliche Anwendungsfälle erfordern eine unterschiedliche Gestaltung der MRS, vgl. Erkenntnisse aus Stollnberger et al. 2013a, Stollnberger et al. (2013b), Profanter et al. (2015) und Materna et al. (2016). Mit der Schlussfolgerung, dass die Informationseingabekomplexität in Abhängigkeit des Anwendungsfalls die Gebrauchstauglichkeit und damit die Wahl einer MRS wesentlich beeinflusst, bietet eine Kategorisierung nach diesem Kriterium Potential für eine grundlegende Auswahl (vgl. Abbildung 18 und Abbildung 19). Die MRS soll in Summe verschiedene Anforderungskategorien erfüllen, vgl. Abbildung 21.

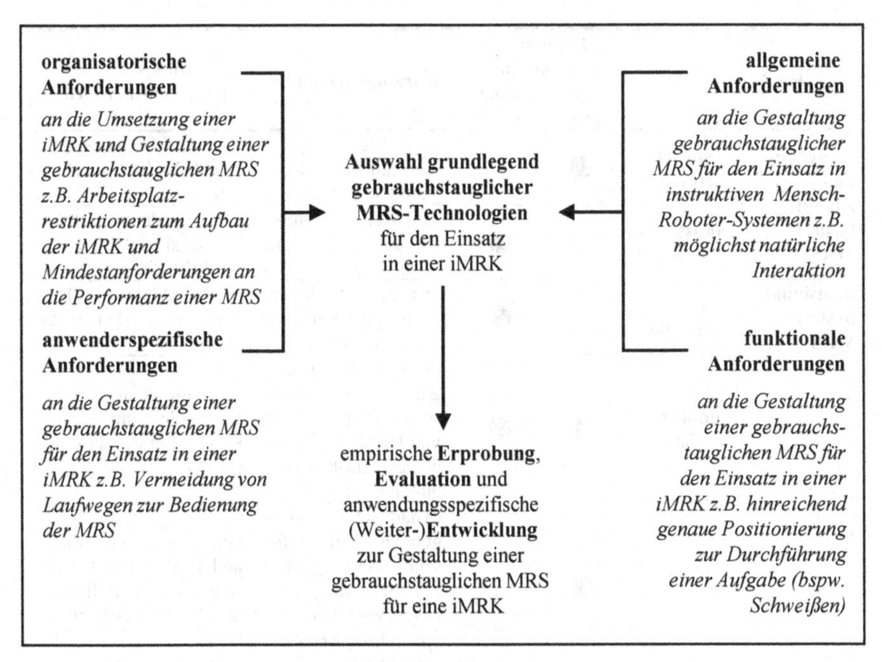

Abbildung 21: Einflüsse verschiedener Anforderungskategorien auf die Gestaltung einer MRS für den Einsatz in einer iMRK

Quelle: eigene Darstellung

Zur Erfüllung möglichst vieler Anforderungen und Erreichung einer hohen Gebrauchstauglichkeit bietet sich eine Technologiekombination von MRS an. Die multimodale Gestaltung ist aufgrund der unterschiedlichen Eigenschaften der MRS vorteilhaft (vgl. Tabelle 10, Tabelle 11und Ergebnisse von Profanter et al.

2015). Vor dem Hintergrund der strukturierten Gestaltung einer MRS für den Einsatz in einer iMRK sollen zunächst grundlegende Gestaltungsmöglichkeiten und deren Eigenschaften im Hinblick auf den übertragbaren Informationsgehalt analysiert werden. Die Wissensgrundlage hierfür liefern die im Zuge des Literatur-Reviews recherchierten und entsprechend kategorisierten Gestaltungs- und Erprobungsbeispiele (vgl. Abbildung 11). Eine für die Aufgabenstellung relevante Kategorisierung ist die Einteilung von MRS-Technologien zur Informationseingabe bzw. Informationsausgabe, vgl. Tabelle 18.

Tabelle 18: **Grundlegende Gestaltungsmöglichkeiten einer MRS**
Quelle: *eigene Darstellung*

MRS-Technologie		**Eignung für Informations- -eingabe**	**Eignung für Informations- -ausgabe**	**Kurzbeschreibung**	**Gestaltungs-/ Erprobungsbeispiele**
sprachen- und akustik-basierte MRS	**Sprach-eingabe**	●	○	Sprachsteuerungen zur natürlichen Eingabe von Befehlen	Pires (2005), Akan et al. (2008; 2010), Rosa et al. (2016)
	akustische Signale	○	●	akustische Signale zur Systemrückmeldung	Cha und Mataric (2016), Cha et al. (2016), Torta et al. (2015)
lichtsignal-basierte MRS	**Licht-signale**	○	●	visuelle Signale in Form von blinkenden Leuchten	Cha und Mataric (2016), Cha et al. (2016), Torta et al. (2015)
gesten-basierte MRS	**unmittel-bar**	●	●	dynamische Bewegungen und statische Posen in Form von Hand- und Körperzeichen/-bewegungen	Barattini et al. (2012), Sheikholeslami et al. (2017), Lambrecht et al. (2011)
	mittel-bar	●	○	dynamische Bewegungen und statische Posen unter Zuhilfenahme von Eingabegeräten, z.B. Eingabe-/Zeigestifte	Dillmann (2004), Zaeh und Vogl (2006), Pieska et al. (2012), Rohde et al. (2012), Kemp et al. (2008)
taktile MRS	**Berüh-rungen**	●	○	Erteilung von Befehlen durch Berührungen, z.B. Wischen auf taktiler Roboterhaut	Schmid et al. (2007), Schmid (2008)
	Hand-führung	●	○	Führung des Roboters an bestimmte Positionen bzw. Posen	Bdiwi et al. (2017), Švaco et al. (2012), Konietschke et al. (2006), Sekoranja et al. (2015)

MRS-Technologie		Eignung für Informations- -eingabe	Eignung für Informations- -ausgabe	Kurzbeschreibung	Gestaltungs-/ Erprobungsbeispiele
bedien-panelbasierte MRS	Touch (GUI[9])	●	●	Befehlseingabe über ein Bedienterminal (GUI) durch einen Touchscreen	Skubic et al. (2007), Micire et al. (2009), Negulescu und Inamura (2011), Correa et al. (2010), Sakamoto et al. (2009)
	Maus / Tastatur (GUI)	●	●	Befehlseingabe über ein Bedienterminal (GUI) durch Maus- bzw. Tastaturbefehle	Sobaszek und Gola (2015), Adamides et al. (2017), Li et al. (2017)
	Joystick / Gamepad / Teach-pendant	●	◑	Befehlseingabe über ein externes/mobiles Eingabegerät	Guo und Sharlin (2008), Rouanet et al. (2009), Schmidt et al. (2014), Weiss et al. (2016)
kontext-sensititve MRS	Kontext-Sensitivität	●	○	Veränderung des Umfeldes (Kontextes) zur Befehlseingabe, z.B. Markieren oder Anheben von Gegenständen	Kobayashi und Yamada (2004; 2010), Bard et al. (2016), Solvang et al. (2008)
projektionsbasierte MRS	Informationsprojektion	○	●	Projektion von Bewegungsinformationen des Roboters direkt in den Arbeitsraum	Wakita et al. (1998; 2001), Augustsson et al. (2014), Vogel et al. (2011; 2012)
	interaktive Oberflächen	●	●	Projizierte Schaltflächen zur Eingabe einfacher Befehle direkt im Arbeitsraum	Maurtua, Pedrocchi et al. (2016), Sekoranja et al. (2015)
Legende:	○ trifft nicht zu		◑ trifft teilweise zu		● trifft zu

Als grundlegende Eigenschaft beeinflusst die Eignung zur Positionierung und Parametrierung die Wahl einer MRS für den Einsatz in einer iMRK wesentlich. Mit der erforderlichen Analyse für einen Anwendungsfall geeigneter Technologien ist es das Ziel der folgenden Abschnitte, den Einsatz unterschiedlicher MRS für die

[9] Eine Bildschirmanzeige, welche neben Anzeigekomponenten auch interaktive Elemente enthält, mit denen der Benutzer Informationen auswählen oder Systemfunktionen auslösen kann, wird als grafische Benutzerschnittstelle (engl.: graphical user interface [GUI]) bezeichnet (Schlick et al. 2010).

anwendungsspezifische Informationseingabe zu empfehlen. Zum besseren Verständnis der jeweiligen Eigenschaften dient der in Tabelle 19 gezeigte Überblick über Vor- und Nachteile der MRS zur Informationseingabe.

Tabelle 19: Vor- und Nachteile verschiedener MRS-Technologien zur Eingabe von Informationen

Quelle: eigene Darstellung / Quellen der Aussagen sind jeweils vermerkt

MRS	Vorteile	Quellen	Nachteile	Quellen
Sprach-eingabe	freie Hände und natürliche Art der Interaktion	Baerveldt (1992), Pires (2005)	erschwerte Spezifikation von Punktangaben im Arbeitsraum / fehlende Kontrollmöglichkeit der Informationseingabe / Einsatzschwächen in lauten Umgebungen (Produktion)	Profanter et al. (2015), Akan et al. (2010), Krüger et al. (2009), Maurtua, Fernandez et al. (2016), Sheikholeslami et al. (2017)
unmittelbare Gestensteuerung	Robustheit in lauten Umgebungen (Produktion) / intuitive Interaktion	Barattini et al. (2012), Sheikholeslami et al. (2017), Sadik et al. (2017)	ungeeignet für hochpräzise Eingaben von Positionen (6D) / fehlende Kontrollmöglichkeit der Informationseingabe / eindeutiges Vokabular erforderlich	Barbagallo et al. (2016), Materna et al. (2016), Krüger et al. (2009), Barattini et al. (2012)
mittelbare Gestensteuerung	Robustheit in lauten Umgebungen (Produktion) / hochpräzise Eingabe von Positionen im Raum (6D)	Barattini et al. (2012), Sheikholeslami et al. (2017), Zaeh und Vogl (2006)	fehlende Kontrollmöglichkeit der Informationseingabe	Krüger et al. (2009)
Berüh-rungen	intuitive Erweiterung der Handführung um Befehlseingaben	Schmid et al. (2007), Schmid (2008)	teilweise unpräzise Erkennung der Eingaben (eindeutiges Vokabular erforderlich)	Schmid et al. (2007)
Hand-führung	intuitive Interaktion Feinpositionierung	Bauer et al. (2008), Bdiwi et al. (2017), Materna et al. (2016)	ungewohnte („sperrige“) Robotermanipulation	Weiss et al. (2016)

MRS	Vorteile	Quellen	Nachteile	Quellen
Touch (GUI)	GUI als klassische und bekannte Interaktion / einfach zu erlernen / übersichtliche Darstellungsmölichkeit der Funktionalitäten	Ende et al. (2011), Skubic et al. (2007), Sobaszek und Gola (2015)	ggf. Ortsgebundenheit der Eingabe / anstrengendes Halten von mobilen Eingabegeräten / niedrige Präzision bei kleinen Bildschirmgrößen	Hayes et al. (2010), Stollnberger et al. (2013a), Ortiz et al. (2012), Ortiz et al. (2012)
Maus (GUI)	einfache Befehlsauswahl / übersichtliche Darstellungsmöglichkeit der Funktionalitäten	Sobaszek und Gola (2015), Sobaszek und Gola (2015)	ggf. Ortsgebundenheit der Eingabe / niedrige Präzision bei kleinen Bildschirmgrößen	Hayes et al. (2010), Stollnberger et al. (2013a), Ortiz et al. (2012)
sonst. Eingabegeräte	präzise Steuerungs- und Eingabemöglichkeit	Schmidt et al. (2014), Herbst (2015)	ggf. Ortsgebundenheit der Eingabe / anstrengendes Halten von mobilen Eingabegeräten	Hayes et al. (2010), Stollnberger et al. (2013a), Ortiz et al. (2012)
Kontext-sensitivität	einfache Anweisung durch Aktionen / einfache Anweisung durch Markierungen	Kobayashi und Yamada (2010), Pan et al. (2012)	eindeutige Aktion muss möglich sein / ggf. Beschränkung auf Anwendungsfälle mit Kontakt zu einem Werkstück	Kobayashi und Yamada (2010), Pan et al. (2012)
interaktive Oberflächen	Befehlseingabe direkt im Arbeitsbereich / kontextsensitive Orientierung	Sekoranja et al. (2015), Maurtua, Pedrocchi et al. (2016), Sekoranja et al. (2015), Tommaso et al. (2012)	Notwendigkeit von projektionsgeeigneten Oberflächen bzw. Arbeitsplätzen z.B. Tische	Sekoranja et al. (2015), Tommaso et al. (2012)

Die Analyse der einzelnen Eigenschaften unterstützt in weiterer Folge bei der **Auswahl von Technologien zur Gestaltung einer MRS** für den Einsatz in einer iMRK. Dabei ist in Abhängigkeit des Anwendungsfalles, z.B. Schweißen oder Bohren (vgl. Tabelle 14), die grundlegende Erfüllung funktionaler Anforderungen (vgl. Abschnitt 3.2.2) sowie die Eignung für die Produktionsdomäne entscheidend. Als relevante Eigenschaften einer MRS zählen damit die notwendige fehlerfreie und hinreichend genaue Informationsübertragung zur Positionierung und/oder Parametrierung sowie die Einsetzbarkeit in einer lauten und ggf. schmutzigen Produktionsumgebung. Eine entsprechende Übersicht und Auswahl ist in Tabelle 20 dargestellt. Diese Auswahllogik stellt damit einen neuartigen Ansatz zur strukturierten Auswahl von MRS-Technologien für die Gestaltung gebrauchstauglicher MRS für den Einsatz in einer anwendungsspezifischen iMRK dar. Sie ermöglicht die Auswahl in Form eines „MRS-Baukastens“, da Technologiekomponenten für eine konkrete Umsetzung/Gestaltung ausgewählt werden.

Tabelle 20: MRS-Baukasten - Funktionale Eignung von MRS für eine iMRK

Quelle: eigene Darstellung

		Eignung für die									
				Positionierung durch die Angabe von				Parametrierung durch die Auswahl von Informationen aus			
MRS	**Ausprägung**	**Informationseingabe**	**Informationsausgabe**	**Punkten im Raum (6D-Koordinaten)**	**Punkten auf Oberflächen**	**Oberflächen auf Objekten**	**Objekten**	**einer metrischen Skala**	**ungeordneten Kategorien**	**geordneten Kategorien**	**Produktionsdomäne**
sprachen-/akustik-basierte MRS	Spracheingabe	●	○	○	○	◑	●	●	●	●	○
	akustische Signale	○	●	○	○	○	○	○	○	○	●
gesten-basierte MRS	mittelbar	●	○	●	●	●	●	○	◑	◑	◑
	unmittelbar	●	●	◑	●	●	●	○	◑	◑	●
taktile MRS	Berührungen	●	○	○	○	○	○	○	●	●	○
	Handführung	●	○	●	●	●	●	○	◑	◑	●
bedien-panel-basierte MRS	Touch (GUI)	●	●	◑	●	●	●	●	●	●	●
	Maus (GUI)	●	●	◑	●	●	●	●	●	●	●
	Joystick / Gamepad	●	○	●	●	●	●	●	●	●	◑
kontext-basierte MRS	Kontext-sensitivität	●	○	○	●	●	●	○	●	●	●
licht-basierte MRS	Lichtsignale	○	●	○	○	○	○	○	○	○	●
projek-tions-basierte MRS	Informations-projektion	○	●	○	○	○	○	○	○	○	●
	interaktive Oberflächen	●	○	○	○	○	○	◑	●	●	●

Legende: ○ nicht erfüllt ◑ teilweise erfüllt ● voll erfüllt — (grau hinterlegt:) MRS für eine iMRK

Mit der Analyse der Erfüllung funktionaler Anforderungen liefert der „MRS-Baukasten“ in Tabelle 20 eine erste **Grundlage für die strukturierte und anwendungsspezifische Auswahl** und (Weiter-) Entwicklung von Technologien zur Gestaltung von MRS für den Einsatz in einer iMRK. Die zusätzlich geforderte Erfüllung von grundlegenden sowie anwendungsspezifischen Anforderungen (vgl. Abschnitt 3.2.1, 3.2.2 und 3.3) baut die jeweilige Technologie zu einer gebrauchstauglichen MRS aus. Dies kann zu einer Technologiekombination führen, z.B. kann eine Gestensteuerung in Kombination mit einem akustischen Signal Systemstatusänderungen wiedergeben. Dadurch wird das Situationsbewusstsein unterstützt (vgl. Tabelle 11). Zusammenfassend kann die Erfüllung funktionaler Anforderungen als Grundlage für eine Auswahl zur anschließenden anwendungsspezifischen Gestaltung herangezogen werden. In Kombination mit organisatorischen und grundlegenden Anforderungen wird eine erste Auswahl an MRS-Technologien geschaffen, welche iterativ an anwenderspezifische Anforderungen angepasst werden können. Besonders mit dem Ziel, nutzerfreundliche Gestaltungslösungen zu generieren, bietet sich an dieser Stelle methodisch eine „partizipative Entwicklung“ in Kombination mit „Prototyping“ an. Nutzer werden in den Gestaltungsprozess einbezogen und Gestaltungsentscheidungen werden auf Basis von Prototypen besprochen (DIN SPEC 91328; Dittrich 2015; Nielsen 1993). Versteckte Anforderungen und Meinungen des Nutzers werden durch einen geeigneten Methodeneinsatz sichtbar gemacht (Jentsch et al. 2017; Roser et al. 2009). Ein schematischer Ablauf zur Entwicklung gebrauchstauglicher MRS für den Einsatz in einer iMRK ist durch die Anwendung des MRS-Baukastens und partizipativer Entwicklung in Abbildung 22 gezeigt.

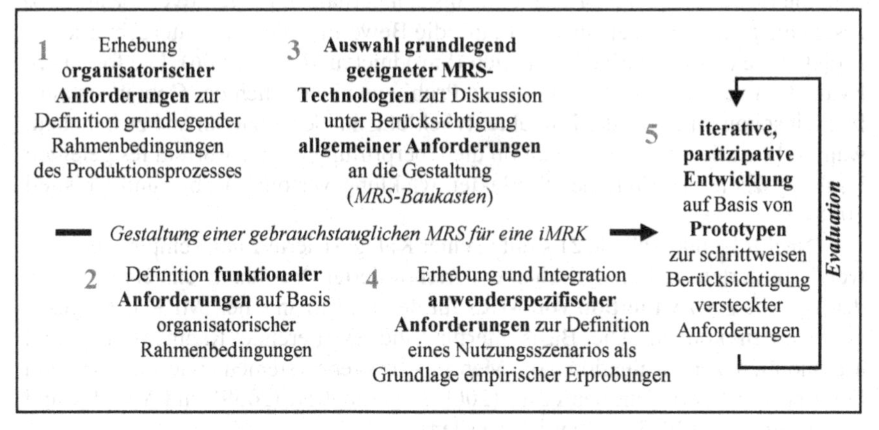

Abbildung 22: Gestaltungsprozess gebrauchstauglicher MRS für iMRK

Quelle: eigene Darstellung

Mit dem Vorhaben der strukturierten (Weiter-) Entwicklung von MRS für den Einsatz in einer iMRK innerhalb einer variantenreichen Serienproduktion analysiert der nachfolgende Abschnitt verschiedene Methoden zu deren umfangreichen Evaluation. Dies soll den (Weiter-) Entwicklungsprozess auf Basis erhobener Daten lenken.

3.5 Methoden zur Evaluation von MRS

Die Evaluation stellt einen wichtigen Aspekt in der Gestaltung von Mensch-Roboter-Systemen dar (Tsarouchi et al. 2016). In Abhängigkeit der Evaluatorengruppe kommen unterschiedliche Methoden zum Einsatz. Eine grobe Einteilung ergibt sich in **anwenderbasierte (empirische)** und **expertenbasierte (analytische) Verfahren**. Der „Usability Test" zählt zu den bekanntesten empirischen Verfahren zur Evaluation der Gebrauchstauglichkeit interaktiver Systeme. Eine Entwicklung wird am Beispiel realistischer Aufgaben empirisch durch potentielle Nutzer getestet und evaluiert. Beobachtungen, Äußerungen sowie auch Messungen führen zu Schlussfolgerungen über Nutzungsprobleme und auch Verbesserungsmöglichkeiten (Dumas und Redish 1999; Sarodnick und Brau 2006). Solche Nutzerstudien werden üblicherweise in einem Laborexperiment, in einer Fall- oder Feldstudie oder in einem Wizard-of-Oz-Experiment durchgeführt. Analytische Verfahren bieten gegenüber aufwändigen, empirischen Verfahren einen Kosten- sowie Effizienzvorteil (Weiss et al. 2009). Je nach zu evaluierendem Entwicklungsstatus wird in eine formative und summative Evaluation unterschieden. Während die Bewertung der Zwischenergebnisse innerhalb eines iterativen Designprozesses als formativ bezeichnet wird, gilt die Bewertung der Gesamtergebnisse am Projektende als summative Evaluation (Sarodnick und Brau 2006). Die formative Evaluation verfolgt das Ziel, mögliche Probleme hinsichtlich der Gebrauchstauglichkeit schon im Laufe der Produktentwicklung zu identifizieren und zu beheben, während eine summative Evaluation die Überprüfung der im Vorfeld festgelegten Usability-Ziele am Ende der Produktentwicklung verfolgt (Rubin und Chisnell 2008).

Nachfolgende Tabelle 21 stellt in einer Kategorisierung nach empirischen/anwenderbasierten und analytischen/expertenbasierten Verfahren einzelne Methoden vor, die zur **Evaluation von MRS** für den Einsatz in einer iMRK herangezogen werden können. Die Basis hierfür sind existierende Rahmenwerke und Taxonomien zur Evaluation von Mensch-Roboter-Systemen, wie sie z.B. von Fong et al. (2006), Turunen et al. (2009), Weiss et al. (2009) und Murphy und Schreckenghost (2013) präsentiert werden.

Tabelle 21: **Methoden zur Evaluation von MRS**
Quelle: *eigene Darstellung*

Methode		**Kurzbeschreibung**
anwenderbasiert / empirisch	**Lautes Denken**	Lautes Denken ermöglicht Einblicke in das Wissen und kognitive Prozesse von Untersuchungsteilnehmern (Nielsen 1993; Someren et al. 1994). Sie werden aufgefordert, alle Gedanken zu den Aktivitäten im Untersuchungskontext in Worte zu fassen (Döring und Bortz 2016). Periaktionales lautes Denken (engl.: concurrent thinking aloud) beschreibt die Artikulation der Gedankengänge während der Interaktion mit einem Testsystem. Beim postaktionalen lauten Denken (engl.: retrospective thinking aloud) teilen Probanden ihre Gedankengänge nach der Interaktion mit (Someren et al. 1994).
	Standardisierte Fragebögen	Der Einsatz standardisierter Fragebögen ermöglicht die Erhebung quantitativer und statistisch analysierbarer Daten. Unterschiedliche Systeme können dadurch miteinander verglichen werden (Sarodnick und Brau 2006; Weiss et al. 2009). Wesentliche Kriterien zur ganzheitlichen Erfassung der Gebrauchstauglichkeit sind die hedonische und pragmatische Qualität eines interaktiven Systems (Hassenzahl et al. 2003).
	Systemleistungsmessung	Effektivität und Effizienz bieten objektiv messbare Systemeigenschaften interaktiver Systeme. Die Effektivität eines Systems ist messbar über die Richtigkeit des zu erzielenden Ergebnisses sowie absolute Häufigkeiten für Erfolg bzw. Misserfolg. Die Effizienz ist messbar über die benötigte Zeit zur Durchführung einer Arbeitsaufgabe sowie die dabei anfallenden Aufwände. In Summe ergibt sich ein objektiver Eindruck der Leistung eines interaktiven Systems (DIN EN ISO 9241-11:2017).
expertenbasiert / analytisch	**Fokusgruppendiskussion**	Im Rahmen einer strukturierten Gruppendiskussion werden unter geringem zeitlichen Ressourceneinsatz gemeinsame Sichtweisen und Widersprüche aufgedeckt (DIN SPEC 91328; Döring und Bortz 2016; Stanton et al. 2005). Die damit erhobenen qualitativen Daten dienen als Eingangsgröße für die Weiterentwicklung von Systemen (Weiss et al. 2009).
	Cognitive Walkthrough	Mittels eines kognitiven Durchgangs (engl.: cognitive walkthrough) können schon frühe oder auch noch nicht existente Systemgestaltungen anhand zuvor definierter Aufgaben bewertet werden (Sarodnick und Brau 2006). Usability-Experten versuchen dabei in ihrer Vorstellung oder einer gespielten Durchführung die Aufgaben so zu lösen, wie es auch ein Nutzer tun würde. Sie bewerten dabei vor allem die Intuitivität von Systemen (Shneiderman und Plaisant 2005; Weiss et al. 2009).
	heuristische Evaluation	Die heuristische Evaluation dient dem Auffinden und Beschreiben von Gebrauchstauglichkeitsproblemen auf der Basis fundamentaler Prinzipien, sogenannter Heuristiken (Nielsen 1992). Sie beschreiben erforderliche Systemeigenschaften, um eine hohe Gebrauchstauglichkeit zu erzielen (vgl. z.B. Abschnitt 3.2.1). Die Bewertung wird von einer kleinen Gruppe an Experten durchgeführt. Das Ergebnis ist eine Liste an zu behebenden Problemen (Nielsen 1993; Weiss et al. 2009).

Ähnlich der verschiedenen Analysemethoden (vgl. Abschnitt 3.3) weisen auch die Evaluationsmethoden jeweils einen unterschiedlichen Fokus auf. Dies betrifft vor allem die verfügbaren und unterschiedlichen, **standardisierten Fragebögen** zur anwenderbasierten Evaluation von Mensch-Roboter-Systemen. Für eine gezielte Auswahl erfolgt die Kategorisierung verfügbarer Methoden in Anlehnung an Fong et al. (2006) sowie Murphy und Schreckenghost (2013) in die Nutzerleistung

(Mensch), die Maschinenleistung (Roboter) und Systemleistung (Interaktion). Zusätzlich werden in Tabelle 22 die Methoden im Hinblick auf deren Eignung zur Evaluation der Gebrauchstauglichkeit bzw. des Bedienerlebnisses bewertet (ergänzend siehe auch Anhang A.2).

Tabelle 22: **Kategorisierung und Eignung von Evaluations-Fragebögen**
Quelle: *eigene Darstellung*

Fragebogen	**Nutzer-leistung**	**System-leistung**	**Maschinen-leistung**	**Bedien-erlebnis & Gebrauchs-tauglichkeit**
AttrakDiff nach Hassenzahl et al. (2003)	○	●	○	●
Godspeed Questionnaire nach Bartneck et al. (2009)	○	○	●	○
meCUEnach Minge et al. (2013; 2017)	○	◑	●	●
NARS nach Nomura et al. (2008)	○	○	●	○
NASA-TLX nach Hart und Staveland (1988)	●	○	○	◑
PANAS nach Watson et al. (1988)	○	○	○	○
SUS nach Brooke (1996)	○	●	○	●
UEQ nach Laugwitz et al. (2008) und Schrepp et al. (2017)	○	●	○	●
USE nach Lund (2001)	○	●	○	●
UTAUT nach Venkatesh et al. (2003)	○	●	○	○
Legende:	○ trifft nicht zu	◑ trifft teilweise zu	● trifft voll zu	Auswahl

Vor dem Hintergrund einer Evaluation innerhalb von Produktionsumgebungen durch Produktionsmitarbeiter ist neben den einzelnen Dimensionen der Gebrauchstauglichkeit auch eine einfache, nachvollziehbare und im Hinblick auf die Durchführungszeit effiziente Anwendung erforderlich. Eine Zusammenfassung und Auswahl verfügbarer Methoden zur Evaluation einer MRS für den Einsatz in einer iMRK ist in Tabelle 23 gezeigt.

Tabelle 23: Kategorisierung und Eignung von Methoden zur Evaluation der Gebrauchstauglichkeit von MRS für den Einsatz in einer iMRK

Quelle: eigene Darstellung

		objektiv messbar		subjektiv erfassbar				
Kategorie	**Evaluations-methode**	**Effektivität**	**Effizienz**	**pragmatische Qualität**	**hedonische Qualität**	**einfache und ressourcen-schonende Durchführung**	**nachvollziehbare Doku-mentation zur Anwendung der Methode**	**Fokus der Evaluationsmethode**
Anwender	Lautes Denken	○	○	●	●	●	●	Stärken und Verbesse-rungspotentiale
	Systemleistungs-messung	●	●	○	○	●	●	kontextspezifische Messungen
	NASA-TLX	○	○	●	○	●	●	Beanspruchung / Aufwände
	SUS	○	○	●	○	●	●	Zufriedenstellung / pragmatisch
	UEQ	○	○	●	●	●	●	Zufriedenstellung / hed. und pragm.
	AttrakDiff	○	○	◑	●	●	◑	Zufriedenstellung / überw. hedonisch
	USE	○	○	●	◑	●	○	Zufriedenstellung / überw. pragmatisch
	meCUE	○	○	●	●	◑	●	Zufriedenstellung / hed. und pragm.
Experten	Fokusgruppe	○	○	●	●	●	●	Stärken und Verbesse-rungspotentiale
	cognitive Walkthrough	○	○	●	●	◑	●	Stärken und Verbesse-rungspotentiale
	heuristische Evaluation	○	○	●	●	◑	○	Stärken und Verbesse-rungspotentiale

Legende: ○ trifft nicht zu; ◑ trifft teilweise zu; ● trifft voll zu; (grau hinterlegt) Auswahl

Mit dem Ziel, die Gebrauchstauglichkeit einer MRS für den Einsatz in einer iMRK ganzheitlich zu erfassen, gestaltet sich auch die Auswahl der Evaluationsmethoden vielschichtig. Im Bereich der **anwenderbasierten Evaluation** der pragmatischen Qualität bietet der SUS eine einfache, schnelle und damit ressourcenschonende Möglichkeit zur Evaluation. Der USE lässt sich ebenfalls überwiegend der Bewertung der pragmatischen Qualität zuordnen und ergänzt daher neben dem etablierten SUS eine Evaluationsmethodik nicht weiter. Der AttrakDiff, UEQ und meCUE bieten in der Dimension der hedonischen Qualität gut dokumentierte und erprobte Werkzeuge. Mit der wünschenswerten Ausgewogenheit zwischen der pragmatischen und hedonischen Qualität grenzt sich die Auswahl auf meCUE und UEQ ein. Eine genauere Analyse der Fragebogenitems zeigt eine stärkere Fokussierung des meCUE auf physische Produkte, z.B. mit der Evaluationsdimension der „Ästhetik". Zusätzlich dazu bildet der UEQ mit nur 26 Fragebogenelementen einen Effizienzvorteil im Gegensatz zu den 34 Elementen des meCUE. Ergänzend zur Erfassung der pragmatischen und hedonischen Qualität mit den gut dokumentierten und etablierten Verfahren des SUS und UEQ, ermöglicht die objektive Erfassung der Systemleistung sowie subjektive Evaluation der Beanspruchung durch den NASA-TLX eine umfassende Datenerfassung zur statistischen Auswertung. Des Weiteren bietet die Anwendung des lauten Denkens eine gute Möglichkeit zur qualitativen Erfassung von Stärken und Verbesserungspotentialen einzelner MRS für den Einsatz in einer iMRK.

Im Bereich der **expertenbasierten Verfahren** bilden die Fokusgruppendiskussion und der cognitive Walkthrough eine Möglichkeit zur methodisch strukturierten Evaluation der Gebrauchstauglichkeit einer MRS. Eine heuristische Evaluation ist aufgrund mangelnder Gestaltungsprinzipien einer MRS für den Einsatz in einer iMRK aktuell nicht möglich. Diese fehlenden spezifischen Richtlinien können jedoch teilweise durch Kenntnisse über grundlegende Gestaltungsaspekte gebrauchstauglicher Systeme einer Evaluatorengruppe an Usability-Experten ergänzt werden, z.B. durch die aufgearbeiteten allgemeinen Gestaltungsanforderungen an MRS in instruktiven Mensch-Roboter-Systemen aus Abschnitt 3.2.1.

3.6 Fazit aus der methodischen Wissensbasis

Die spezifischen Grundlagen zeigen aufbauend auf dem Forschungsbedarf und der Forschungsziele eine Möglichkeit zur **methodischen Schließung der Forschungslücke** auf. Vor dem Hintergrund fehlender Gestaltungsempfehlungen für MRS zum Einsatz in einer iMRK dienen allgemeine Anforderungen zur Gestaltung gebrauchstauglicher MRS zum Einsatz in instruktiven Mensch-Roboter-Systemen im Kontext der Servicerobotik als Basis (vgl. Abschnitt 3.2.1). Mit der Analyse der zu übertragenden Informationen für die Instruktion eines kollaborierenden Roboters können funktionale Anforderungen an MRS für den Einsatz in einer iMRK abgeleitet werden (vgl. Abschnitt 3.2.2). Die zielgerichtete Auswahl grundlegender MRS-Technologien kann dadurch anwendungsspezifisch erfolgen. Der unabdingbare Einfluss von organisatorischen und anwenderspezifischen Anforderungen in die Gestaltung gebrauchstauglicher MRS für den Einsatz in einer iMRK erfordert deren methodische Erhebung und Analyse. Eine für die Anwendung innerhalb der variantenreichen Serienproduktion aufgearbeitete Methodenkombination bietet die hierfür notwendige Grundlage (vgl. Abschnitt 3.3).

Die Kategorisierung verfügbarer MRS-Technologien orientiert sich an der Komplexität der Informationseingabe der für die Verortung einer Roboteraufgabe im Arbeitsraum notwendigen Positionierung und die zur Spezifikation der Durchführung notwendigen Parametrierung. Dies ermöglicht die Zusammenstellung eines neuartigen **„MRS-Baukastens"** (vgl. Tabelle 20) als Grundlage für die anwendungsspezifische Auswahl und Gestaltung von MRS für den Einsatz in einer iMRK (vgl. Abschnitt 3.4). Mit dem Hauptziel der empirischen Erprobung und Evaluation verschiedener MRS zur Ableitung von Gestaltungswissen, ist eine möglichst ganzheitliche Evaluation der Gebrauchstauglichkeit erforderlich. Analog der Anforderungsanalyse bietet eine für die Anwendung innerhalb der Domäne der variantenreichen Serienproduktion aufgearbeitete Methodenkombination die hierfür notwendige Grundlage (vgl. Abschnitt 3.5). Die Wissensbasis im Forschungsfeld der MRI kann dadurch nicht nur aufgearbeitet, sondern auch forschungsspezifisch erweitert werden, vgl. Tabelle 24.

Tabelle 24: Wissensaufarbeitung und -erweiterung der methodischen Grundlagen zur Gestaltung einer MRS für iMRK

Quelle: eigene Darstellung

Kategorie	Kurzbeschreibung	Wissens-auf-arbeitung	Ansätze zur Wissens-er-weiterung
allgemeine Anforderungen (vgl. Abschnitt 3.2.1)	grundlegende Empfehlungen für die Gestaltung von MRS für den Einsatz in einer instruktiven Mensch-Roboter-Kollaboration	●	○
funktionale Anforderungen (vgl. Abschnitt 3.2.2)	Anforderungen an die Informationsübergabe, z.B. Genauigkeit der Positionierung und Parametrierung, beeinflussen die Wahl der MRS für den Einsatz in einer iMRK	●	●
anwendungs-spezifische Anforderungen (vgl. Abschnitt 3.3)	Erhebung und Analyse anwendungsspezifischer (organisatorischer und anwenderspezifischer) Anforderungen als Grundlage für die Erreichung einer hohen Gebrauchstauglichkeit der MRS für eine iMRK und deren methodische Entwicklung	●	○
grundlegende Gestaltung (vgl. Abschnitt 3.4)	Ableitung geeigneter Gestaltungsmöglichkeiten von MRS in einer iMRK als Ausgangspunkt und neuartiger Ansatz der Gestaltung gebrauchstauglicher Systeme	●	●

Kategorie	Kurzbeschreibung	Wissens-auf-arbeitung	Ansätze zur Wissens-er-weiterung
Evaluation der Gebrauchs-tauglichkeit (vgl. Abschnitt 3.5)	strukturierte Aufarbeitung verfügbarer Methoden zur Evaluation als Grundlage für ein methodisches Vorgehen	●	○
Legende:	○ trifft nicht zu	● trifft zu	

Zusammenfassend beschreibt Kapitel 3 mit der Erarbeitung einer methodischen Wissensbasis die Beantwortung der ersten forschungsleitenden Frage. Es kann gezeigt werden, dass die Ableitung von Gestaltungswissen die strukturierte Erprobung und methodische Evaluation innerhalb eines validen Umfeldes mit validen Evaluatoren erfordert. Vorhandene Erkenntnisse zur Gestaltung von MRS in instruktiven Mensch-Roboter-Systemen zeigen zwar eindeutig auf, dass unterschiedliche Anwendungsfälle auch unterschiedliche Gestaltungen der MRS erfordern, gehen jedoch von keiner gemeinsamen Grundlage aus (vgl. Abschnitt 2.3.3). Auf der Basis existierender Studien können keine konkreten Empfehlungen zum Einsatz in bestimmten Anwendungsfällen gegeben werden. Eine begründete Auswahl zur schrittweisen Weiterentwicklung kann zukünftige Entwicklungsvorhaben, wie auch die vorliegende Arbeit, intersubjektiv nachvollziehbar strukturieren. Mit der spezifischen Aufarbeitung der methodischen Wissensbasis zeigt das vorliegende Kapitel damit eine mögliche Ausgangsbasis zur anwendungsspezifischen Gestaltung von gebrauchstauglichen MRS für den Einsatz in einer iMRK auf. Als wesentliche Erkenntnis ist die strukturierte Auswahl auf der Grundlage von funktionalen Anforderungen zu nennen. Dadurch werden lediglich jene Gestaltungsmöglichkeiten in ein konkretes Entwicklungsvorhaben miteinbezogen, welche im Sinne eines gebrauchstauglichen Gesamtsystems grundlegend geeignet sind. Die anwendungsspezifische Anpassung von MRS-Technologien ist von Anwendungsfall zu Anwendungsfall verschieden. Eine Möglichkeit, diese Tatsache in einem Gestaltungsprozess vorzusehen, ist die **partizipative Entwicklung auf Basis von funktionsfähigen Prototypen**. Da die anwendungsspezifische Gestaltung einer MRS für eine iMRK stark durch die organisatorischen und anwenderspezifischen Anforderungen beeinflusst wird, kann im Rahmen dieser Arbeit nicht jede mögliche Ausprägung und Umsetzung einer MRS für eine iMRK berücksichtigt werden. Um jedoch valide Erkenntnisse zu generieren, wird deren Gültigkeit auf Basis der nachfolgenden Erhebungen, Analysen und Studien explizit diskutiert.

4 Forschungsdesign zur Erarbeitung von Gestaltungswissen

„Die Neugier steht immer an erster Stelle eines Problems, das gelöst werden will.“
Galileo Galilei, Universalgelehrter

Ziel dieses Abschnittes ist die Integration der erarbeiteten Grundlagen in ein gestaltungsorientiertes Vorgehen. Dazu müssen die Richtlinien der gestaltungsorientierten Forschung berücksichtigt werden, vgl. Tabelle 25.

Tabelle 25: Umsetzung gestaltungsorientierter Forschung
Quelle: eigene Darstellung

Richtlinie	Beschreibung	Umsetzung
Gestaltung als Artefakt	Gestaltungsorientierte Forschung muss einen praktikablen Artefakt in Form eines Konstruktes, Modells, einer Methode oder Instanziierung hervorbringen.	Die strukturiert zu gestaltende MRS für den Einsatz in einer iMRK leistet einen Beitrag in Form einer Instanziierung.
Problem-relevanz	Das Ziel gestaltungsorientierter Forschung ist die Entwicklung technologiebasierter Lösungen zu relevanten Problemen der Wirtschaft.	MRS für den Einsatz in einer iMRK sollen den Einsatz kollaborierender Roboter flexibilisieren und dadurch die Produktion der Losgröße Eins befähigen (vgl. Abschnitt 1.1).
Evaluation der Gestaltung	Die Nützlichkeit, Qualität und Wirksamkeit eines gestalteten Artefaktes muss stringent demonstriert und mithilfe stringent durchgeführter Evaluationen nachgewiesen werden.	Die Qualität, Wirksamkeit und Erfüllung an das Artefakt gestellte Anforderungen werden iterativ durch anwender- und expertenbasierte Verfahren überprüft, vgl. methodische Grundlagen in Abschnitt 3.4.
Beiträge zur Wissen-schaft	Effektive gestaltungsorientierte Forschung muss klare und verifizierbare Beiträge in den Bereichen des entwickelten Artefaktes, fundierter Gestaltungsgrundlagen und Gestaltungsmethoden bereitstellen.	Durch empirische Erprobungen in einem validen und klar beschriebenen Umfeld werden systematisch und iterativ Gestaltungsempfehlungen erarbeitet. Die methodischen Grundlagen werden explizit für dieses Vorhaben aufgearbeitet.
stringente Anwen-dung wissen-schaftli-cher Methoden	Gestaltungsorientierte Forschung baut auf die Anwendung präziser Methoden, sowohl in der Konstruktion, als auch Evaluation des gestalteten Artefaktes.	Die Gestaltung einer MRS für den Einsatz in einer iMRK beruht auf wissenschaftlichen Grundlagen zur Gestaltung gebrauchstauglicher MRS für instruktive Mensch-Roboter-Systeme im Kontext der Servicerobotik. Die Gestaltung erfolgt darauf aufbauend unter stringenter Anwendung dargelegter Analyse und Evaluationsmethoden (vgl. Abschnitt 3).

T. Schleicher, *Kollaborierende Roboter anweisen*, Gestaltung hybrider Mensch-Maschine-Systeme/Designing Hybrid Societies,
https://doi.org/10.1007/978-3-658-29051-1_4

Richtlinie	Beschreibung	Umsetzung
Gestaltung als Such-prozess	Die Suche nach einem nützlichen Artefakt erfordert die Nutzung verfügbarer Mittel, um gewünschte Ziele unter Zufriedenstellung aller Anforderungen aus der Anwendungsumgebung zu erfüllen.	Die strukturierte Erhebung von Anforderungen aus der Anwendungsdomäne (variantenreiche Automobilproduktion) legt den Rahmen der Gestaltung fest. Empirische Erprobungen unterstützen bei der Formulierung von konkretem Gestaltungswissen zur industriellen Anwendung.
Kommunikation der Ergebnisse	Gestaltungsorientierte Forschung muss sowohl gegenüber technologie- als auch managementorientiertem Publikum effektiv präsentiert werden.	Die Kommunikation der Ergebnisse erfolgt innerhalb der Industrie durch die reale Umsetzung und Diskussion sowie innerhalb der Forschungsgemeinschaft der Arbeitswissenschaft durch deren Veröffentlichung.

Ziel der Arbeit ist demnach die möglichst **ganzheitliche Evaluation der Gebrauchstauglichkeit** von MRS-Technologien für den Einsatz in einer iMRK und die im Zuge dessen erforderliche methodische Gestaltung zur strukturierten Ableitung von Gestaltungswissen. Vor diesem Hintergrund bietet der Rahmen der gestaltungsorientierten Forschung nach Hevner et al. (2004) verschiedene Ausprägungen von anwender- und expertenbasierten Evaluationen von Artefakten, hier eine Instanziierung in Form einer MRS für den Einsatz in einer iMRK, an:

- **analytische Studien** zur Analyse von Struktur, Aufbau und Verhalten eines Artefaktes
- **beschreibende Studien** zum Übertrag von vorhandenem Wissen auf das Artefakt
- **funktionale und strukturelle Tests** zur Überprüfung einzelner Funktionen des Artefaktes
- **experimentelle Studien** in einem kontrollierten Experiment oder einer Simulation
- Forschung auf Grundlage von **Beobachtungen** in Fall- oder Feldstudien

Im Falle von Gebrauchstauglichkeitsuntersuchungen interaktiver Systeme sieht die strukturierte Datenerhebung und Analyse die Anwendung mehrerer Methoden in einem Mix vor (Sarodnick und Brau 2006; Zühlke 2012). Dies dient der Kompensation von Schwächen einzelner Methoden. Nach dem Konzept der **Triangulation** von Denzin (1978) soll eine Untersuchung aus mehreren, jedoch mindestens zwei, Perspektiven erfolgen:

- Die **Triangulation von Daten** bedeutet die Erhebung von Daten aus unterschiedlichen Quellen, zu unterschiedlichen Zeitpunkten, von unterschiedlichen Orten oder von unterschiedlichen Personen.
- Die **Triangulation von Investigatoren** bedeutet die Erfassung von Daten durch unterschiedliche oder mehrere Wissenschaftler (Beobachter, Interviewer, …).

- Die **Triangulation von Theorien** bedeutet die Nutzung unterschiedlicher oder mehrerer theoretischer Rahmenwerke zur Interpretation von Daten.
- Die **methodische Triangulation** beschreibt die Erhebung von Daten durch unterschiedliche Methoden.

Als Grundlage des Forschungsdesigns bieten sich daher sowohl anwender- als auch expertenbasierte Studien an. Neben der Erhebung von Daten unterschiedlicher Personen zieht dies auch einen unterschiedlichen Methodeneinsatz mit sich (vgl. Abschnitt 3.5), womit die Triangulation berücksichtigt wird. Im Sinne der Vergleichbarkeit zu den existierenden Studien im Bereich der MRS Gestaltung für den Einsatz in einer iMRK, konkret Materna et al. (2016) und Profanter et al. (2015) (vgl. Tabelle 10), baut das methodische Vorgehen der vorliegenden Arbeit auf dem dort jeweils verwendeten Rahmenwerk SUXES zur Evaluation interaktiver Systeme nach Turunen et al. (2009) auf, vgl. Abbildung 23.

Phase 1 *Hintergrund*	**Phase 2** *Erwartungen*	**Phase 3** *Experiment*	**Phase 4** *Feedback*
1 Einleitung **2** Erhebung von **Hintergrund-informationen** **3** ggf. **sonstige Erhebung**	**4 Einführung** in den Versuch **5** Befragung zur **Erwartung**	**6 Nutzerstudie** **7** Befragung zur **Erfahrung** aus der Nutzerstudie	**8** Befragung zur **Meinung** bzgl. der Nutzerstudie bzw. Evaluations-gegenstände

Abbildung 23: Anwenderbasierte Evaluation interaktiver Systeme durch SUXES
Quelle: Turunen et al. (2009)

Als Ausgangspunkt der Ausgestaltung dieses Rahmenwerkes dienen die schrittweise erarbeiteten Anforderungen und Grundlagen zur strukturierten Gestaltung von gebrauchstauglichen MRS für den Einsatz in einer iMRK (vgl. Tabelle 24 in Abschnitt 3.6). Analytische und empirische Studien sollen unter Anwendung verschiedener Methoden in das grundsätzlich iterative Vorgehen der gestaltungsorientierten Forschung integriert werden. Wesentlich ist dabei die jeweilige „Vorbereitung“ (Erwartung) eines Nutzertests durch funktionale Tests, welche das Potential zur Behebung von groben Gebrauchstauglichkeitsproblemen hervorbringen. Potentielle Nutzer werden im Nachgang erst mit einem grundsätzlich funktionalen System konfrontiert (Experiment). Eine nachgeschaltete Expertenanalyse ermöglicht die Einflussnahme von Usability-Experten, ohne die Entwicklungen von Beginn an in eine anwenderunspezifische Richtung zu lenken (Feedback). Durch die Iterationen können jeweils Gestaltungsempfehlungen für die MRS abgeleitet und systematisch in die Entwicklung eines Gesamtsystems integriert werden. Zusammenfassend lässt sich zur Schließung der bestehenden Forschungslücke folgendes methodische Vorgehen darlegen, vgl. Abbildung 24.

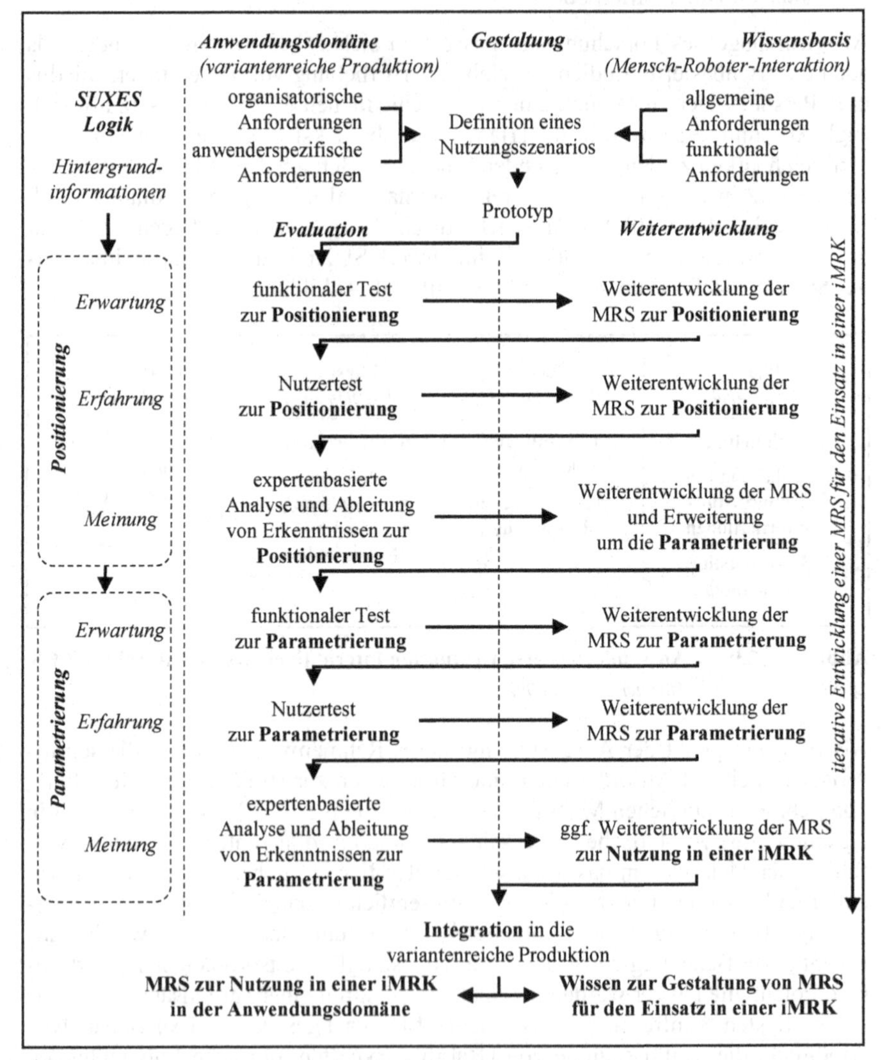

Abbildung 24: Gestaltungsorientiertes Vorgehen zur Entwicklung von MRS für eine iMRK

Quelle: eigene Darstellung

Mit dem übergeordneten Ziel zur Generierung von Gestaltungswissen für MRS in einer iMRK folgt das methodische Vorgehen damit einem iterativen und grundlegend partizipativen Ansatz. Dieses soll die Wissensbasiserweiterung durch Erkenntnisse aus dem Feld ermöglichen.

Im Sinne der Nachvollziehbarkeit und vor allem der Übertragbarkeit der abgeleiteten Erkenntnisse wird beispielhaft ein **Anwendungsfall** ausgewählt, welcher durch eine hohe Variabilität in Bezug auf die Verortung von Arbeitsaufgaben an einem Arbeitsobjekt (Positionierung) sowie die Spezifikation der Durchführung (Parametrierung) gekennzeichnet ist. Entlang der Automobilserienproduktion Presswerk, Karosseriebau, Lackiererei und Montage ist im Allgemeinen die Montage jener Prozessabschnitt mit den größten Herausforderungen in Bezug auf die Variantenvielfalt. Dieser kann jedoch aufgrund diverser Variantenmanagementansätze, wie z.B. Teilefamilien und Modularität, entgegengewirkt werden (ElMaraghy et al. 2013). In Bezug auf das Forschungsvorhaben, der Gestaltung und empirischen Erprobung von MRS in einer iMRK, ist eine größere Prozessvariabilität innerhalb von Nacharbeitsprozessen zu finden. Während ein Montageprozess stets an gleichen Verbauorten erfolgt, verändern sich Arbeitsorte und Inhalte eines Nacharbeitsprozesses in Abhängigkeit des Defektauftrittes und deren Ausprägung. Um die automobilbranchencharakteristische Eigenschaften der getakteten Serienproduktion in das Gestaltungsvorhaben mit einzubeziehen, sind besonders „Inline"-Nacharbeitsprozesse für die Gestaltung einer iMRK interessant. Diese Art ist unter anderem im sogenannten „Lack-Finish" zu finden, der manuellen Nacharbeit von Lackdefekten, wie Staubeinschlüsse oder Lackkrater, direkt nach dem Lackierprozess. Der Lack-Finish-Prozess von Automobilherstellern (O-EMs) unterliegt i.d.R. einer vorgegebenen Taktzeit und bietet aufgrund der aktuell manuellen Durchführung die Möglichkeit zur empirischen Erprobungen einer iMRK unter den Serienproduktionsbedingungen einer hohen Prozessvariabilität. Als Roboterfähigkeit kommt in diesem Falle ein Schleifen und/oder Polieren mit rotierendem Werkzeug zum Einsatz (vgl. Tabelle 14). Für die Positionierung bedeutet dies die Angabe von Punkten auf Werkstückoberflächen sowie für die Parametrierung in Abhängigkeit des Lackdefektes. Unter Berücksichtigung der Übertragbarkeit auf andere Industriezweige werden Arbeitsplätze der Komponentenfertigung vorausgewählt. Diese sind nicht an die Geometrie einer Karosserie gebunden. Die Zusammenführung der methodischen Vorgehensweise zur iterativen Gestaltung, Erprobung und Evaluation von MRS für den Einsatz in einer iMRK mit dem empirischen Anwendungsfall im Bereich des Lack-Finish bei einem deutschen OEM erfolgt im Rahmen des Forschungsdesigns der vorliegenden Arbeit, vgl. Tabelle 26.

Tabelle 26: Forschungsdesign der vorliegenden Arbeit
Quelle: eigene Darstellung

Studie		Methode	Teilnehmer	Ziel
Nutzungskontext- und Anforderungsanalyse	**Erhebung organisatorischer Anforderungen**	Dokumentenanalyse, teiln. Beobachtung	1 PSP 3 PMA	Erhebung detaillierter Prozessinformationen zur Ableitung des Umsetzungspotentials und der notwendigen Flexibilität
	Erhebung anwenderspezifischer Anforderungen	teilstr. Interview, Fragebogen	16 PMA	Erhebung anwenderspezifischer Anforderungen an die Gestaltung einer MRS zur Instruktion eines kollaborierenden Roboters
	Aufgabenanalyse & Nutzungsszenario	Fokusgruppendiskussion	4 UE 1 PSP	Definition eines potentiellen Nutzungsszenarios einer iMRK
Empirische Erprobung von MRS zur Positionierung	**Laborexperiment: Funktionaler Test zur Positionierung**	Systemleistungsmessung, Fragebögen, lautes Denken	20 Studierende	Analyse und Behebung grundlegender Gebrauchstauglichkeitsprobleme verschiedener MRS zur Positionierung
	experimentelle Feldstudie: Nutzertest zur Positionierung	Systemleistungsmessung, Fragebögen, lautes Denken	35 PMA	einsatznahe Evaluation der Gebrauchstauglichkeit verschiedener MRS zur Verortung einer Arbeitsaufgabe / Erkenntnisse zur Weiterentwicklung und Auswahl vorteilhafter Technologiespezifika
	expertenbasierte Analyse	Fokusgruppendiskussion, cognitive Walkthrough	4 UE 1 PSP	expertenbasierte Ableitung von Gestaltungsempfehlungen für zukünftige Gestaltungsvorhaben und die Weiterentwicklungen gebrauchstauglicher MRS.
Empirische Erprobung von MRS zur Parametrierung	**Laborexperiment: Funktionaler Test zur Parametrierung**	Systemleistungsmessung, Fragebögen, lautes Denken	30 Studierende	Analyse und Behebung grundlegender Gebrauchstauglichkeitsprobleme verschiedener MRS zur Positionierung in Kombination mit der Parametrierung
	experimentelle Feldstudie: Nutzertest zur Parametrierung	Systemleistungsmessung, Fragebögen, lautes Denken	24 PMA	einsatznahe Evaluation der Gebrauchstauglichkeit verschiedener MRS zur Verortung in Kombination mit der Spezifizierung von Arbeitsaufgaben im Arbeitsraum / Erkenntnisse zur Weiterentwicklung und Auswahl vorteilhafter Technologiespezifika
	expertenbasierte Analyse	Fokusgruppendiskussion, cognitive Walkthrough	4 UE 1 PSP	expertenbasierte Ableitung von Gestaltungsempfehlungen für zukünftige Gestaltungsvorhaben und die Weiterentwicklungen gebrauchstauglicher MRS

Legende: PMA = Produktionsmitarbeiter / PSP = Produktionsspezialist / UE = Usability Experte

Die unterschiedliche Teilnehmerzahl der einzelnen Studien ist auf die Verfügbarkeit von entsprechenden Studienteilnehmern zurückzuführen. Die konkrete Zusammensetzung sowie Beschreibung der verwendeten Materialien und Versuchsabläufe erfolgt in den jeweiligen Abschnitten. Die Erkenntnisse als Grundlage zur Erweiterung der Wissensbasis werden je Studienabschnitt zusammengefasst. Für die Überprüfung des Forschungsdesigns dienen die von Baxter et al. (2016) erhobenen grundlegenden Anforderungen an empirische Studien im Forschungsfeld der Mensch-Roboter-Interaktion. Die Umsetzung dieser Anforderungen soll vor allem die Validität der eigenen Beiträge zur Wissensbasis sicherstellen, vgl. Tabelle 27.

Tabelle 27: Anforderungen an die Gestaltung von Studien innerhalb des Forschungsfeldes der MRI

Quelle: Baxter et al. (2016)

Anforderung	Erläuterung	Umsetzung im Rahmen der Forschungsarbeit
Klarstellung der Motivation, des Kontextes und des langfristigen Ziels	Spezifikation des Forschungsziels und klare Abgrenzung des Forschungsfeldes, z.B. Therapie, …	Erarbeitung von Gestaltungswissen zur Gestaltung von MRS für den Einsatz in einer iMRK
Spezifikation der Roboterautonomie	Roboterautonomielevel ist klar zu spezifizieren, Wizard-of-Oz-Experimente sind zu vermeiden.	Nutzung realer Systeme: semi- bzw. hochautomatisierte, kollaborierende Roboter für eine iMRK (vgl. Tabelle 5)
Einbeziehung valider Nutzergruppen	Basierend auf dem Forschungsvorhaben sind angemessene Personengruppen einzubeziehen. Einschränkungen sind zu erläutern. Vermeidung von Laborstudien und Bevorzugung von Feldstudien im Forschungsfeld.	Einbeziehung von prozessfremden Personen zur Prüfung der Funktionalität und potentiellen Nutzern zur Evaluation der Gebrauchstauglichkeit (partizipative Entwicklung, Nutzerzentriertheit)
Verwendung von deskriptiver Statistik	Verwendung von Mindestanforderungen, z.B. 95%-Konfidenzintervalle. Diskussion von Ursachen und Vermeidung von Scheinkorrelationen.	Verwendung standardisierter Fragebögen und Systemleistungsmessungen zur statistischen Auswertung. Nutzung qualitativer Daten zur Diskussion von Ursachen.
Langzeitstudien zur Vermeidung eines Neuheitseffektes	Einbeziehung von Metriken zur Erfassung der Neuheit der Mensch-Roboter-Interaktion für die Studienteilnehmer, um den Neuheitseffekt zu charakterisieren.	iterative Entwicklung zur mehrmaligen Integration von potentiellen Nutzern in das Entwicklungsvorhaben (Anforderungsanalyse → Positionierung → Parametrierung)
Unterstützung der Wiederholbarkeit und Reproduzier-Barkeit der Studien	Bereitstellung und Erläuterung der Methoden sowie Angabe von Systemspezifikationen. Publikation von Daten sowie Teil-, Endergebnissen und Analysemitteln.	vollumfängliche Darlegung der Methoden, Daten zu Probanden und des Materials sowie Dokumentation der Ergebnisse im Rahmen der vorliegenden Arbeit

Neben den grundlegenden Anforderungen an gestaltungsorientierte Forschung sowie an Forschungsbeiträge zum Feld der Mensch-Roboter-Interaktion sollen abschließend die Evaluationskriterien des Gestaltungszieles verdeutlicht werden, vgl. Tabelle 28. Die Erfüllung der Evaluationskriterien schließt den Gestaltungsprozess ab.

Tabelle 28: **Evaluationskriterien zur Erreichung des Gestaltungsziels**
Quelle: *eigene Darstellung*

Evaluationskriterium	Sicherstellung	Kurzbeschreibung
Erfüllung allgemeiner Anforderungen an die Gestaltung gebrauchstauglicher MRS	iterative, expertenbasierte Analysen mit UE	Vorhandene Erkenntnisse zur Gestaltung gebrauchstauglicher MRS in instruktiven Mensch-Roboter-Systemen bilden die Grundlage für die Gestaltung gebrauchstauglicher MRS in einer iMRK. Die Prüfung der Übertragbarkeit kann durch empirische Studien erfolgen.
Erfüllung organisatorischer Anforderungen an MRS zur Umsetzung einer iMRK	iterative, expertenbasierte Analysen mit UE	Organisatorische Anforderungen definieren die Rahmenbedingungen und schaffen damit die Grundlage zum Einsatz einer iMRK in einem variantenreichen Produktionsprozess. Sie beeinflussen damit die Wahl zur Verfügung stehender MRS-Technologien.
Erfüllung funktionaler Anforderungen an MRS zur Umsetzung einer iMRK	iterative, expertenbasierte Analysen mit UE	Funktionale Anforderungen ergeben sich aus den organisatorischen Anforderungen. Eine MRS muss damit eine Positionierung und Parametrierung in Abhängigkeit des Anwendungsfalles hinreichend genau ermöglichen.
Erfüllung anwenderspezifischer Anforderungen an MRS für eine iMRK	iterative, expertenbasierte Analysen mit UE	Anwenderspezifische Anforderungen haben direkten Einfluss auf die Gebrauchstauglichkeit einer MRS.
hohe Gebrauchstauglichkeit der MRS in einer iMRK (ggf. Operationalisierung von Anforderungen)	empirische Erprobung in Labor- und Feldstudien	Die möglichst ganzheitliche Evaluation der Gebrauchstauglichkeit erfolgt durch eine strukturierte Methodenkombination innerhalb empirischer Erprobungen. Sie ermöglicht den Vergleich zwischen mehreren MRS und schafft damit die Grundlage von der strukturierten Auswahl bis zur finalen Lösung.

5 Anforderungen an MRS in einer iMRK

„Je mehr Einsicht, desto größere Anforderungen und, werden sie erfüllt, desto mehr Genuss."
Baltasar Gracián, Schriftsteller und Hochschullehrer

5.1 Zielsetzung und Aufbau des Kapitels

Aufbauend auf dem gestaltungsorientierten Forschungsdesign werden in diesem Abschnitt organisatorische und anwenderspezifische Anforderungen an die Gestaltung von MRS in einer iMRK erhoben. Dies soll dem Verständnis dienen, in welcher Art und Weise die Bedienung eines kollaborierenden Roboters in variantenreichen Produktionsprozessen zum Einsatz kommen soll. Um die Charakteristiken der Serienproduktion einer Losgröße Eins zu berücksichtigen, erfolgt die Erhebung im Lack-Finish-Bereich eines OEM. In diesem Produktionsbereich durchzuführende Schleif- und Polierarbeiten variieren in Abhängigkeit einer Lackdefektposition und Lackdefektausprägung. Durch die Übergabe von Aufgaben an einen kollaborierenden Roboter ergibt sich das Potential einer Effizienzsteigerung. Die Voraussetzungen des Lack-Finish-Prozesses bedeuten vor diesem Hintergrund eine stets neue Positionierung und Parametrierung der Schleif- und/ oder Polierfähigkeit eines kollaborierenden Roboters. Zusammenfassend ist es das Ziel dieses Kapitels, eine **Grundlage für die Gestaltung von MRS** für den Einsatz in einer iMRK innerhalb variantenreicher Serienproduktionsprozesse am Beispiel der Automobilbranche zu schaffen. Die Wissensbasis zur Gestaltung von MRS für den Einsatz in einer iMRK soll damit um anwendungs- bzw. domänenspezifische Anforderungen der variantenreichen Serienproduktion ergänzt werden.

In einem ersten Schritt sollen **organisatorische Anforderungen** an die Umsetzung einer iMRK erhoben werden. Dies legt die notwendige Flexibilität der Anlage fest (vgl. Abschnitt 3.3) und spezifiziert die funktionalen Anforderungen an eine MRS. Damit wird der mögliche Gestaltungs- und Erprobungsraum verschiedener MRS definiert (vgl. Abschnitt 3.2.2 und 3.4).

In einem zweiten Schritt sollen grundlegende **anwenderspezifische Anforderungen** an die Gestaltung einer MRS zum flexiblen Einsatz eines kollaborierenden Lack-Finish-Roboters erhoben werden. Nutzeranforderungen und -präferenzen zur Gestaltung bilden die Grundlage für eine empirische Erprobung (vgl. Abschnitt 3.3 und 3.4).

T. Schleicher, *Kollaborierende Roboter anweisen*, Gestaltung hybrider Mensch-Maschine-Systeme/Designing Hybrid Societies,
https://doi.org/10.1007/978-3-658-29051-1_5

In einem dritten Schritt sollen die organisatorischen und anwenderspezifischen Anforderungen durch eine expertenbasierte Aufgabenanalyse in die Definition eines **Nutzungsszenarios** einfließen. Der Gestaltungs- und Erprobungsrahmen zum Einsatz von MRS in einer iMRK wird festgelegt und ein Prototypenbau ermöglicht.

5.2 Analyse des Nutzungskontextes und der Nutzeranforderungen

Die Erhebung von organisatorischen und anwendungsspezifischen Anforderungen beschreibt in Summe den **Nutzungskontext und die Nutzeranforderungen** für den Einsatz einer iMRK. Eine Nutzungskontextanalyse prüft in diesem Falle den möglichen Einsatz einer iMRK in einem ausgewählten, variantenreichen Produktionsprozess. Die Nutzeranforderungsanalyse gibt neben zusätzlichen Einblicken in den konkreten Nutzungskontext auch darüber hinaus Einsichten in Nutzerpräferenzen in Bezug auf die Gestaltung von MRS für eine potentielle iMRK.

5.2.1 *Organisatorische Anforderungen an eine iMRK*

Ziel der nachstehenden Abschnitte ist die Erhebung detaillierter Prozessinformationen zur Ableitung der **notwendigen Flexibilität** eines Lack-Finish-Roboters in Form einer iMRK. Dies beschreibt die organisatorischen Anforderungen. Die Erhebung dafür notwendiger Daten erfolgt durch eine Dokumentenanalyse von Tätigkeits- und Prozessbeschreibungen sowie eine darauf aufbauende teilnehmende Beobachtung im Lack-Finish-Prozess in der Komponentenfertigung von Automobilaußenhautbauteilen, vgl. Tabelle 29 auf Grundlage von Abschnitt 3.3.

Tabelle 29: **Rahmen zur Erhebung organisatorischer Anforderungen**
Quelle: *eigene Darstellung*

Methode	Studienteilnehmer	Grundlagen und Datenerhebungsinstrumente
Dokumenten-analyse	-	firmeninternes Dokumentenmanagement-system (DMS)
teilnehmende Beobachtung	3 männliche Lack-Finish-PMA (M_{ALTER}=35 Jahre; SD_{ALTER}=3,74; $M_{ERFAHRUNG}$=5,67 Jahre; $SD_{ERFAHRUNG}$=3,09)	Vor-Ort-Begehung sowie Beobachtung und Teilnahme an Finish-Prozessen der DLL 1 & 2, unstrukturiertes Interview

Datenerhebung durch Dokumentenanalyse

Zur Untersuchung werden in Form einer Dokumentenanalyse im Juni 2016 offizielle, prozessspezifische Dokumente herangezogen. Diese beschreiben aktuelle Arbeitsinhalte und sind in einem firmeninternen Dokumentenmanagementsystem (DMS) zentral abgelegt. Im Bereich des Lack-Finish-Prozesses der Komponentenfertigung liegen Prüfanweisungen zur visuellen Begutachtung lackierter Bauteile, Standardarbeitsblätter zur Visualisierung von Standardarbeitsabläufen und -zeiten sowie konkrete Arbeitsanweisungen zur detaillierten Beschreibung von Prozessschritten und zu verwendenden Materialien vor. Zur Verfügung stehen diese Dokumente für die Decklacklinie 1 (DLL1) zum Finish von Kunststoffaußenhautbauteilen wie Frontklappen, Stoßfänger, Schweller, Spoiler und Seitenwände sowie für die Decklacklinie 2 (DLL2) zum Finish von Dächern aus Kohlefaserverbundwerkstoff. Die Dokumente dienen neben einer Dokumentation der Prozesslandschaft auch als Anlernhilfe für neue Mitarbeiter und geben deshalb einen verständlichen Einblick. Ein mehrstufiger Freigabeprozess für die Ablage von Dokumenten im DMS überprüft die Richtigkeit und Verständlichkeit der Informationen.

Datenauswertung und -analyse im Rahmen der Dokumentenanalyse

Die offiziellen Prozessdokumente beider Produktionsarbeitsplätze (DLL1 und 2) enthalten eine Fülle von Daten, welche einen guten Einblick in farb- und bauteilspezifische Prozessunterschiede sowie Prozessbesonderheiten geben. Um die Informationen für die Auswertung besser zu strukturieren und um die dafür notwendigen Daten aufzubereiten, sollen im Speziellen gemeinsame Abläufe identifiziert werden, welche auf einen potentiellen Einsatz einer iMRK im Lack-Finish hinweisen. Dies bedeutet die Suche nach prozessspezifischen Abläufen und den damit in Verbindung stehenden Informationen. Diese sollen durch den Menschen erfassbar und für eine sich daraus ergebende Aufgabe an einen Roboter übergeben werden können.

Ergebnisse der Dokumentenanalyse

Als Grundlage zur Ableitung eines iMRK-Potentials dient der gemeinsame Prozessablauf beider Produktionsarbeitsplätze und die zur Durchführung benötigten Informationen, verdeutlicht in Abbildung 25.

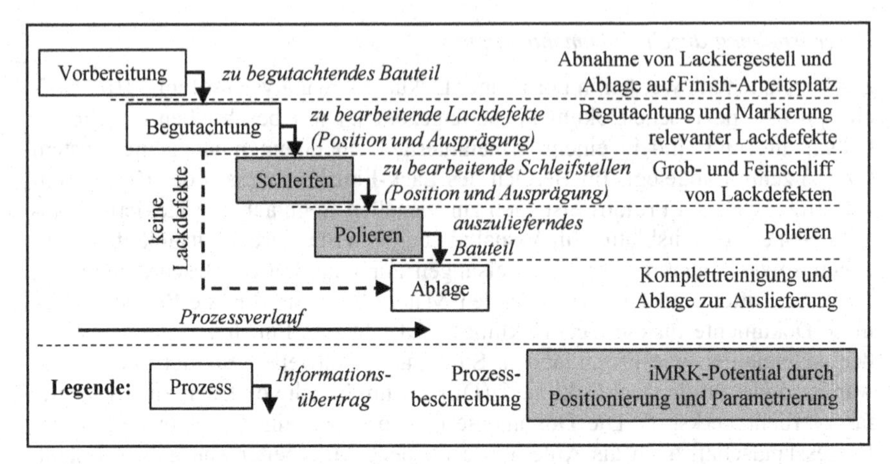

Abbildung 25: iMRK-Potential im Lack-Finish-Prozess der Komponentenfertigung von Automobilaußenhautbauteilen

Quelle: eigene Darstellung auf der Grundlage von BMW Group (2016a; 2016b)

Mit der menschlichen Entscheidung, welcher Defekt in welcher Lage und Ausprägung auf dem Bauteil für eine Auslieferung zu entfernen ist, ergibt sich das grundsätzliche Potential eines iMRK-Einsatzes für die Prozesse „Schleifen" und „Polieren". Beide Prozesse erfahren als Eingangsgröße eine Arbeitsposition. Die Durchführung wird jeweils von verschiedenen Parametern beeinflusst, z.B. der Defektart. Sowohl die Arbeitspositionen als auch die Art und Weise der Abarbeitung basiert aktuell auf menschlichen Entscheidungen und Erfahrungen. Diese Anhalte sollen in einer teilnehmenden Beobachtung genauer analysiert werden. Konkrete Daten aus den Prozessbeschreibungen dienen als Eingangsgrößen für weiterführende Analysen, vgl. Tabelle 30.

Tabelle 30: Ergebnis der Dokumentenanalyse - Eingangsgrößen für weitere Analysen durch teilnehmende Beobachtung

Quelle: eigene Darstellung

Teilprozess Lack-Finish	Arbeitsmittel	Arbeitsbeschreibung	Klärungsbedarf / offene Punkte
Schleifen	vollentsalztes (VE) Wasser, Druckluftblütenschleifer, Schleifblock, Wischtuch	Befeuchten der Arbeitsstelle, ggf. Vorarbeiten durch Schleifblock, senkrechte Bearbeitung in leicht kreisender Bewegung durch Blütenschleifer, anschließende Reinigung	Prozessvariabilität, Bewegungsmuster, Anpressdruck, Prozessdauer, Abhängigkeit von Lackdefekten

Teilprozess Lack-Finish	Arbeitsmittel	Arbeitsbeschreibung	Klärungsbedarf / offene Punkte
Polieren	VE-Wasser, Polierpaste, Druckluftpoliermaschine, Polierexzenter, Wischtuch	Auftrag von Polierpaste auf die Arbeitsstelle, Verteilen der Polierpaste, kreisförmige Bearbeitung mit Poliermaschine (leichter Druck, ca. 3x5 Sekunden), Antihologrammprozess bei dunklen Farben durch Einsatz eines Polierexzenters, anschließende Reinigung und Prüfung mit Hilfe des Lichttunnels („Ausspiegeln"), ggf. Wiederholung der Schleif-/Polierprozesse	Prozessvariabilität, Bewegungsmuster, Anpressdruck, Prozessdauer, Abhängigkeit von Schleifstellen

Die Mitarbeiter tragen während des Prozesses lackverträgliche Arbeitskleidung und Arbeitshandschuhe.

Datenerhebung durch teilnehmende Beobachtung

Zur weiterführenden Analyse und Klärung offener Punkte in Bezug auf die Umsetzung einer iMRK wird eine teilnehmende Beobachtung an beiden Finish-Arbeitsplätzen (DLL 1 und DLL 2) unternommen, vgl. Abbildung 26.

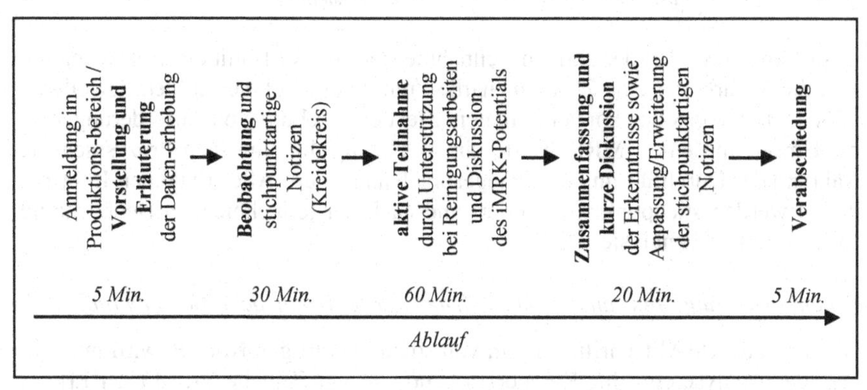

Abbildung 26: Ablauf der teilnehmenden Beobachtung im Lack-Finish
Quelle: eigene Darstellung

In Summe können drei Produktionsmitarbeiter (zwei MA in der DLL 1 und ein MA in der DLL 2) im Juni 2016 in Bezug auf die Arbeitsabläufe beobachtet und den potentiellen Einsatz einer iMRK im Rahmen einer aktiven Teilnahme befragt werden. Der laufende Produktionsprozess wird dabei nicht angehalten. Im Fokus steht die Erfassung von Informationen, welche für die Positionierung und Parametrierung eines kollaborierenden Roboters in Form einer iMRK erforderlich sind. Insbesondere sollen fehlende Informationen aus der Dokumentenanalyse damit erhoben werden, vgl. offene Punkte aus Tabelle 30. Um verschiedene Einflüsse erfassen zu können, erfolgt die teilnehmende Beobachtung an drei verschiedenen Arbeitsplätzen. Diese und deren Unterschiede in Bezug auf Bauteilkomplexität und Arbeitsplatzbeschaffenheit sind in Abbildung 27 gezeigt.

a) Stoßfänger aus Kunststoff Bearbeitung auf Dorn

b) Frontklappe aus Kunststoff Bearbeitung auf gepolstertem Finish-Tisch

c) Dach aus CFK Bearbeitung auf formschlüssiger Auflage

Abbildung 27: Arbeitsplätze der teilnehmenden Beobachtung
Quelle: a-b: BMW Group (2019) / c: eigene Darstellung

Das offene Gespräch der aktiven Teilnahme startet jeweils mit der Befragung, ob sich die Mitarbeiter eine Zusammenarbeit mit einem Roboter an dem jeweiligen Arbeitsplatz vorstellen können. Mit dem Ziel der Erhebung von Anforderungen an die Umsetzung einer iMRK werden im Nachgang die einzelnen Prozessschritte während der Durchführung im Zwiegespräch analysiert. Alle erhaltenen Informationen werden stichpunktartig notiert und nach der teilnehmenden Beobachtung ausgewertet und analysiert.

Datenauswertung und -analyse im Rahmen der teilnehmenden Beobachtung

Die ungeordnete Mitschrift in Form von stichpunktartigen Notizen wird im Rahmen der Analyse einzelne Kategorien geordnet, vgl. Tabelle 31. Mit der Erkundung eines neuen Kontextes und dem Ziel der Aufdeckung neuer Aspekte folgt die Kategorienbildung der Grounded-Theory-Methodologie nach Glaser und Strauss (1967) (vgl. Tabelle 16 in Abschnitt 3.3).

Tabelle 31: Gebildete Kategorien aus den Informationen der teilnehmenden Beobachtung

Quelle: eigene Darstellung

Kategorie	Unterkategorie	Beschreibung
Mensch-Roboter-Kollaboration	MRK (allgemein)	allgemeine Meinung über die Zusammenarbeit mit einem Roboter
	iMRK-kritische Faktoren / iMRK-Potential	subjektive Einschätzungen zum Einsatz eines kollaborierenden Roboters in Form einer iMRK im Lack-Finish und der kritischen Einflüsse darauf
Finish-Prozess	Eingangsgrößen des Prozesses	Prozesseingangsgrößen zur Abschätzung der Anforderungen an die Positionierung und Parametrierung im Rahmen einer iMRK
	Prozessgrößen der Durchführung	Prozesseinflussgrößen während der Durchführung zur Abschätzung einer möglichst standardisierten Durchführung durch einen Roboter

Die Informationen aus den einzelnen Kategorien sollen dabei unterstützen, Begünstigungen und Hemmnisse des Einsatzes eines kollaborierenden Lack-Finish-Roboters in Form einer iMRK aufzudecken. In diesem Zuge werden die Aussagen in den Kategorien zusätzlich mit „Begünstigung" und „Hemmnis" kodiert.

Ergebnisse der teilnehmenden Beobachtung

Nach anfänglichen Ängsten in Bezug auf die Substitution menschlicher Arbeit können die Vorteile eines Assistenzroboters aufgrund von auftretenden Prozessschwankungen, z.B. stark variierende Anzahl an Lackdefekten, deutlich gemacht werden. Die Übergabe von Tätigkeiten und die mögliche parallele Abarbeitung anderer Aufgaben ermöglicht in Summe eine Effizienzsteigerung des Finish-Prozesses. Da aktuell keine Erkenntnisse zum automatisierten Schleifen und Polieren vorliegen, um die Aufgaben innerhalb gegebener Taktzeit und in einer mindestens gleichbleibenden Qualität abzuarbeiten, verfolgt die vorliegende Arbeit die Gestaltung einer MRS mit der allgemeinen **organisatorischen Anforderung**, die Interaktion schnellstmöglich durchzuführen.

Auf Basis der aktiven Teilnahme zeigt sich die Variation und Vielfalt der Prozessparameter des **Schleifprozesses**. Es können keine besonderen Bewegungsmuster des feinfühligen Anschleifens erkannt werden. Die Schleifbewegung wird stets auf das Fehlerbild und dessen Ausprägung, z.B. Lackkrater oder Einschluss, angepasst. Je nach Ausprägung variiert die Schleifbewegung zwischen kreisenden und kreuzgangförmigen Bewegungen. Bei qualitätskritischen Lackdefekten, z.B. starke Veränderungen der Lackoberfläche, erfolgt die Durchführung der Schleifarbeiten in vielen kleinen Schritten mit visuellen Kontrollen zwischendurch. Aufgrund der hohen Prozessvariabilität gestaltet sich die Umsetzung eines Schleifroboters in Form einer iMRK als herausfordernd. Als Schleifergebnis bleibt jedoch immer eine matte, kreisrunde Stelle auf der Lackoberfläche zurück. Je besser die Materialabtragung durch das Schleifen in die Oberfläche eingearbeitet wird (keine scharfen Schleifkanten), desto einfacher und schneller kann der Polierprozess durchgeführt werden.

Die Eingangsvariabilität für den **Polierprozess** ist damit beeinflussbar und für einen Roboter ergibt sich eine annähernd standardisierte Durchführbarkeit. Mit der Möglichkeit der Übergabe der Polieraufgabe entfällt ein Werkzeugwechsel. Schleifarbeiten können mit weniger Zeitstress und damit einem besseren Feingefühl durchgeführt werden. Mit einer „standardisiert aufbereiteten" Schleifstelle sehen die Mitarbeiter umso größeres Potential der qualitativ hochwertigen Durchführung von Polierarbeiten durch einen Polierroboter. Es ist jedoch zu erwähnen, dass nicht immer eine Schleifstelle die Eingangsgröße für den Polierprozess darstellt. Es kommt auch vor, dass leichte „Lackschatten" aufpoliert werden. Als feste Eingangsgröße für den Polierprozess bleibt der Auftrag von Polierpaste an der zu polierenden Stelle. Die Abarbeitung der Polieraufgabe erfolgt kreisförmig mit geringem, jedoch gleichbleibendem Anpressdruck. Lediglich in Kantenbereichen ist aufgrund dünnerer Lackschichtdicken ein höheres Maß an Feinfühligkeit gefordert. Mit dem Ziel einer Effizienzsteigerung ergeben sich damit höhere Potentiale bei möglichst großflächigen, ebenen Bauteilen, z.B. für Dächer und Frontklappen im Vergleich zu kantenreichen Stoßfängern. Das mehrmalige Ab- und Ansetzen (3x5 Sek., vgl. Tabelle 30) dient der Vermeidung einer Überhitzung. Dies kann im Rahmen eines Roboterprozesses berücksichtigt werden.

Bei hohem Defektaufkommen (z.B. mehr als zehn Lackdefekte pro lackiertem Bauteil) kann die Abarbeitung länger als die vorgegebene Taktzeit andauern. Betroffene Bauteile müssen entweder verausschusst oder für Offline-Nacharbeiten gepuffert werden. Übersteigt das Nacharbeitsaufkommen den Wert des Halbfertigzeugs, so wird in der Regel für eine Verausschussung entschieden. Mit der Übergabe von Polieraufgaben an einen Roboter und der damit möglichen parallelen Schleif- und Polierarbeit an einem Bauteil können auch Bauteile mit einem hohen Fehleraufkommen wirtschaftlich nachgearbeitet und vor dem Ausschuss bewahrt werden. Mit dem Einsatz eines Polierroboters ergeben sich somit neben **Ergonomiepotentialen** auch **Effizienz- und Qualitätspotentiale**. Die Zusammenfassung des jeweiligen iMRK-Potentials ist in Tabelle 32 gezeigt.

Tabelle 32: iMRK-Potentiale im Lack-Finish der Komponentenfertigung von Außenhautbauteilen

Quelle: eigene Darstellung

	Begünstigungen der Umsetzung	Hemmnisse der Umsetzung	resultierendes iMRK-Potential
Allgemein	Abnahme von Arbeitsschritten, „Entspannung" des Prozesses, Abarbeitung höherer Defektaufkommen und damit Ausschussreduktion	Angst vor Substitution und Gefahr durch den Roboter, Misstrauen bei der aut. Durchführung komplexer Prozesse (Feingefühl)	-
Schleifen	hochqualitative Durchführung, von Schleifarbeiten bei defektangepasster Abarbeitung (Standardschleifstelle)	hochpräzise Werkzeugausrichtung, Eingangsqualität ist abhängig von Defektausprägung (hohe Variabilität), MRK-gerechte Konstruktion eines Schleifwerkzeuges	**niedrig**, da hochpräzise Positionierung notwendig und hohe Prozessvariabilität in Bezug auf die Parametrierung vorhanden
Polieren	Übernahme von monotonen Tätigkeiten, keine hochgenaue Werkzeugausrichtung notwendig, Eingangsqualität (Schleifstelle) kann kontrolliert werden (geringe Variabilität)	MRK-gerechte Konstruktion eines Polierwerkzeuges	**hoch**, da keine hochpräzise Positionierung notwendig und nur geringe Prozessvariabilität in Bezug auf die Parametrierung vorhanden

Auf Basis der gewonnenen Erkenntnisse ist die Realisierung eines **Polierroboters** zu favorisieren. Für die automatisierte Durchführung von Polierarbeiten innerhalb organisatorischer Rahmenbedingungen soll die Polieraufgabe schnellstmöglich übergeben, flexibel auf dem Bauteil verortet und in einigen wenigen Abstufungen parametriert werden können. Das Ergebnis der Polieraufgabe soll der Auslieferqualität entsprechen. Die Definition der Rahmenbedingungen zur Umsetzung einer iMRK dient als Grundlage für die Erhebung anwenderspezifischer Anforderungen an die Bedienung eines kollaborierenden Polierroboters und beeinflusst die Gestaltung der MRS.

5.2.2 *Anwenderspezifische Anforderungen an MRS*

Ziel der nachstehenden Abschnitte ist die Erhebung von anwenderspezifischen Anforderungen an die Gestaltung von MRS zur Instruktion eines kollaborierenden Polierroboters. Die Erhebung dafür notwendiger Daten erfolgt durch ein halbstrukturiertes Interview, vgl. Tabelle 33 auf Grundlage von Abschnitt 3.3.

Tabelle 33: **Rahmen zur Erhebung anwenderspezifischer Anforderungen**
Quelle: *eigene Darstellung*

Methode	Studienteilnehmer	Grundlagen und Datenerhebungsinstrumente
halb-struktu-riertes Interview	16 männliche Lack-Finish-Produktionsmitarbeiter im Alter zwischen 23 und 55 Jahren (M_{ALTER}=35,12 Jahre; SD_{ALTER}=8,04; $M_{ERFAHRUNG}$=4,52 Jahre; $SD_{ERFAHRUNG}$=2,93)	Interview-Leitfaden zur Erhebung der Usability nach Deutsche Akkreditierungsstelle GmbH (2010), stichpunktartige Notizen, Audioaufnahmen und anschließende Transkription, Likert-Skalen zur Bewertung von Gestaltungsmöglichkeiten nach Guo und Sharlin (2008), Yoshida et al. (2011) und Profanter et al. (2015)

Neben MRS-spezifischen Nutzeranforderungen (Anforderungsanalyse) können dadurch auch spezifische Erkenntnisse zur flexiblen Zusammenarbeit mit einem Roboter erhoben werden (Nutzungskontextanalyse), vgl. Tabelle 17 in Abschnitt 3.3.

Datenerhebung

Zur Erhebung anwenderspezifischer Anforderungen erfolgt eine Befragung von potentiellen Nutzern eines kollaborierenden Polierroboters durch ein **halbstrukturiertes Interview**. Um abermals verschiedene Einflüsse erfassen zu können, erfolgt die Befragung des Personals beider Produktionsbereiche (DLL1 & 2). Die Befragung von in Summe 16 männlichen Finish-Mitarbeitern erfolgt von September bis Dezember 2016 im Rahmen der Früh-, Spät- und Nachtschicht. Für die Zeit der Befragung lösen die jeweiligen Vorarbeiter die einzelnen Mitarbeiter aus den zugewiesenen Arbeitsplätzen als „Springer" ab. Der Produktionsprozess wird dadurch nicht angehalten. Das Interview findet lärmgeschützt im jeweiligen Meisterbüro in direkter Nähe zur Produktionslinie statt. Das wesentliche Teilnahmekriterium ist die mindestens einjährige Erfahrung im Lack-Finish-Bereich. Die Datenerhebung basiert auf dem „Leitfaden-Usability" in drei Abschnitten (Deutsche Akkreditierungsstelle GmbH 2010).

Nach einer kurzen **Vorstellung** werden jedem Gesprächsteilnehmer die Gründe der Datenerhebung und Verfahrensweise der Analyse erläutert. Die Gesprächsteilnehmer werden um Erlaubnis gebeten, das Gespräch für eine spätere Transkription (=wörtliche Verschriftlichung) mit Hilfe eines Diktiergerätes aufzuzeichnen. Während des Gesprächs werden die Teilnehmer gebeten, ihre Tätigkeit im Rahmen der möglichen Zusammenarbeit mit einem Polierroboter zu erläutern. Vor dem Hintergrund des Forschungsgegenstandes wird besonders hohe Aufmerksamkeit auf die mögliche Interaktion mit einem Polierroboter über MRS und vor allem deren Gestaltung gelegt.

In einem ersten Interview-Abschnitt erfolgt die grundlegende Erfassung des aktuellen **Nutzungskontextes**. Dies soll zusätzliche Einblicke in spezifische Eigenschaften des Finish- und im Speziellen des Polierprozesses ermöglichen. Der verwendete Interview-Leitfaden ist in Tabelle 34 gezeigt.

Tabelle 34: **Interview-Leitfaden zur Erfassung des Nutzungskontextes**
Quelle: *Deutsche Akkreditierungsstelle GmbH (2010)*

Abschnitt	Interviewleitfragen
Einleitung	Formulieren Sie Ihre Tätigkeit in einem oder in zwei Sätzen. Aus welchen Aufgaben ist die Tätigkeit zusammengesetzt? Wie ist die Tätigkeit organisiert?
Voraus-setzungen	Welche Qualifikation ist zur Bewältigung der Aufgaben erforderlich? Wer bzw. welches Ereignis bestimmt, was zu tun ist? Welche Hilfsmittel sind erforderlich?
normale Durchführung	Welche Arbeitsschritte sind durchzuführen? Welche Arbeitsschritte kehren häufig wieder? (Automatisierung gewünscht / erforderlich?) Welche Arbeitsschritte werden automatisch durchgeführt? Sind bei automatisierten Arbeitsschritten Einflussmöglichkeiten des Benutzers vorhanden / erlaubt / gewünscht / erforderlich? Kommt es vor, dass mehrere Benutzer gleichzeitig an dem gleichen Objekt arbeiten müssen? Gibt es eine festgelegte Abfolge der Arbeitsschritte und wenn ja, wie sieht diese aus? Welche Ergebnisse / Teilergebnisse entstehen und wie werden diese ggf. verwertet / weitergeführt? Welches Feedback bekommt die befragte Person in Bezug auf die Arbeitsergebnisse und die Wirkung ihrer Arbeit?
Besonderheiten bei der Durchführung	Welche Unterbrechungen gibt es und warum? Welche Störungen treten auf (organisatorisch / sozial / technisch)? Wie werden Fehler zurückgemeldet und behoben (organisatorisch / sozial / technisch)? Welche wichtigen Sonderfälle müssen berücksichtigt werden (z.B. zur Arbeitsteilung / Zusammenarbeit)?
organi-satorische Rahmen-bedingungen	Welche Organisationsziele gibt es im Hinblick auf die Tätigkeit? Gibt es Mechanismen zur Leistungssteuerung / Leistungskontrolle? (Wenn ja, welche? Sind diese erforderlich?) Welchen Überblick hat der Mitarbeiter im Hinblick auf die Gesamttätigkeit? Welche Änderungen, die die Aufgabenbearbeitung beeinflussen, sind zu erwarten oder werden gewünscht? Welche Vorschläge hat der/die Befragte dazu? Von welchen Arbeitsergebnissen / Arbeitsschritten sind Dritte (z.B. Kunden) direkt betroffen? Und was folgt daraus? Welche Stressfaktoren gibt es und wie wird damit umgegangen?

In einem zweiten Interviewabschnitt werden konkrete **Nutzeranforderungen** an die Interaktion mit einem Polierroboter sowie **Nutzerpräferenzen** zur Gestaltung von Mensch-Roboter-Schnittstellen erfragt. Die Erstellung der Leitfragen basiert auf den Klassen von Anforderungen nach Deutsche Akkreditierungsstelle GmbH (2010):

- Anforderungen an die Gestaltung der Arbeitsaufgabe (**Aufgabenerfordernisse**)
- Anforderungen an den Durchführungsrahmen der Arbeitsaufgabe (**Organisationserfordernisse**)

- Anforderungen an die vom Benutzer ausgeübte Tätigkeit (**Kognitionserfordernisse**)
- Anforderungen an das Dialogsystem (hier eine MRS, **Dialog- oder Produktanforderungen**)

Die Erhebung der anwenderspezifischen Anforderungen in Form von Leitfragen ist in Tabelle 35 gezeigt.

Tabelle 35: **Interviewleitfaden zur Erfassung der Nutzeranforderungen**
Quelle: *in Anlehnung an die in Deutsche Akkreditierungsstelle GmbH (2010) formulierten Leitfragen zur Gestaltung von Software*

Abschnitt	Interviewleitfragen
Aufgaben-erfordernisse	Welche offensichtlichen Nutzungsanforderungen ergeben sich aus den besonderen Gegebenheiten des Nutzungskontextes an die Zusammenarbeit mit einem Polierroboter?
Organisations-erforderniss	Wie kann die Zusammenarbeit mit einem Polierroboter innerhalb geltender organisatorischer Rahmenbedingungen gestaltet sein?
Kognitions-erfordernisse	Welche Informationen müssen Sie einem Polierroboter für die Erledigung einer Polieraufgabe übermitteln? Welche Einfluss-/Steuerungs-/Unterbrechungsmöglichkeiten sind erforderlich? Welche Anforderungen haben Sie an die Interaktion?
Dialog- oder Produkt-anforderungen	Welche besonderen Erfordernisse ergeben sich an die Interaktion mit einem Polierroboter? Wie würden Sie die Interaktion mit dem Polierroboter gestalten? Über welche Schnittstellen wünschen Sie sich eine Interaktion?
Allgemeines	Welche Vor- und Nachteile sehen Sie in Bezug auf einen solchen Assistenzroboter?

Zur Erfassung und Verdeutlichung von Nutzerpräferenzen werden die Interviewteilnehmer zusätzlich zur Einschätzung der Eignung von Gestaltungsvorschlägen gebeten. Dies erfolgt unter Zuhilfenahme einer siebenstufigen Likert-Skala analog den Beispielen von Guo und Sharlin (2008), Yoshida et al. (2011) und Profanter et al. (2015), vgl. Tabelle 36. Zusätzlich wird um die Begründung der Auswahl gebeten. Diese Beschreibungen liefern wesentliche Einblicke in die Nutzeranforderungen zur Gestaltung.

Tabelle 36: Likert-Skala-Fragebogen zur Abschätzung von Nutzerpräferenzen in Bezug auf Gestaltungslösungen

Quelle: Skalen in Anlehnung an an Guo und Sharlin (2008), Yoshida et al. (2011) und Profanter et al. (2015) / Auswahl der MRS in Anlehnung an MRS-Baukasten in Tabelle 20

	MRS-Kategorie	Ausprägung	sehr ungeeignet 0	1	2	3	4	5	sehr geeignet 6
Positionierung	bedienpanel-basierte MRS	Smartwatch							
		Tablet							
		festes Bedienpanel							
		Pfeiltasten/Joystick							
	taktile MRS	Handführung							
	gestenbasierte MRS	Gestensteuerung							
	kontextsensitive MRS	Markerdetektion							
Parametrierung	bedienpanel-basierte MRS	Smartwatch							
		Tablet							
		festes Bedienpanel							
	gestenbasierte MRS	Gestensteuerung							
	projektionsbasierte MRS	interaktive Oberfläche							
	kontextsensitive MRS	Markerdetektion							
Rückmeldung	bedienpanel-basierte MRS	Smartwatch							
		Tablet							
		festes Bedienpanel							
	projektionsbasierte MRS	Informationsprojektion							
	gestenbasierte MRS	Home-Position							
	lichtsignalbasierte MRS	Leuchten							
	akustikbasierte MRS	Akustiksignal							

In einem abschließenden dritten Interviewabschnitt werden demografische Daten und allgemeine Einschätzungen zur Zusammenarbeit mit einem Roboter erhoben. Die diesbezüglichen Leitfragen sind in Tabelle 37 gezeigt.

Tabelle 37: Interviewleitfaden zur Erfassung demografischer Daten und Einstellung ggü. einer Roboterzusammenarbeit

Quelle: eigene Darstellung / Erhebung der Erfahrung und Aufgeschlossenheit ggü. iMRK nach Forderungen von Baxter et al. (2016)

Abschnitt	Interviewleitfragen
Personendaten	Welche Position üben Sie aus? Wie alt sind Sie?
Erfahrung	Wie lange arbeiten Sie bereits im Finish-Bereich? Wie erfahren sind Sie in Bezug auf die Zusammenarbeit mit einem Roboter? (erhoben auf einer siebenstufigen Likert-Skala, 0-6, 0 = sehr unerfahren, 6 = sehr erfahren)
Aufgeschlossenheit	Wie aufgeschlossen sind Sie in Bezug auf die Zusammenarbeit mit einem Roboter? (erhoben auf einer siebenstufigen Likert-Skala, 0-6, 0 = sehr verschlossen, 6 = sehr aufgeschlossen)

Abschnitt	Interviewleitfragen
partizipative Entwicklung	Für wie wichtig halten Sie die Einbeziehung der Mitarbeiter bei der Entwicklung eines Assistenzroboters zur Unterstützung Ihrer Arbeit? (erhoben auf einer siebenstufigen Likert-Skala, 0-6, 0 = sehr unwichtig, 6 = sehr wichtig)
Anmerkungen	Haben Sie sonstige Anmerkungen?

Die Dauer der einzelnen Interviews ist in Tabelle 38 gezeigt. Die Tonaufnahmen von „Finish-Mitarbeiter 11" sind aufgrund permanenter Wechselwirkungsgeräusche mit einem Mobiltelefon für eine Transkription nicht geeignet und damit unbrauchbar. In diesem Fall wird auf stichpunktartige Notizen zurückgegriffen.

Tabelle 38: **Übersicht über die abgehaltenen Interviews**
Quelle: *eigene Darstellung*

Interview-teilnehmer	Datum	Dauer (Σ) [hh:mm:ss]	Nutzungs-kontext-analyse [hh:mm:ss]	Anforderungs-analyse [hh:mm:ss]	demo-grafische Daten [hh:mm:ss]
Mitarbeiter 1	06.10.2016	01:25:53	00:35:10	00:42:55	00:07:48
Mitarbeiter 2	06.10.2016	01:38:31	00:37:25	00:54:12	00:06:54
Mitarbeiter 3	29.09.2016	01:45:45	00:51:17	00:48:13	00:06:15
Mitarbeiter 4	05.10.2016	01:55:36	01:01:38	00:48:22	00:05:36
Mitarbeiter 5	29.09.2016	01:43:51	00:49:15	00:51:05	00:03:31
Mitarbeiter 6	23.09.2016	01:37:41	00:42:00	00:48:10	00:07:31
Mitarbeiter 7	05.10.2016	01:18:43	00:37:05	00:33:15	00:08:23
Mitarbeiter 8	23.09.2016	01:40:35	00:43:00	00:51:45	00:05:50
Mitarbeiter 9	13.10.2016	03:52:37	02:13:48	01:19:00	00:19:49
Mitarbeiter 10	25.10.2016	01:30:36	00:39:04	00:43:40	00:07:52
Mitarbeiter 11	29.11.2016	-	-	-	-
Mitarbeiter 12	25.10.2016	01:36:41	00:53:36	00:33:24	00:09:41
Mitarbeiter 13	01.12.2016	00:59:03	00:27:27	00:26:20	00:05:16
Mitarbeiter 14	01.12.2016	00:58:13	00:25:34	00:27:40	00:04:59
Mitarbeiter 15	01.12.2016	01:15:53	00:30:05	00:42:05	00:03:43
Mitarbeiter 16	01.12.2016	01:24:25	00:36:20	00:40:10	00:07:55
Σ		**24:44:03**	**11:42:44**	**11:10:16**	**1:51:03**

Datenauswertung und -analyse

Die Auswertung und Analyse der vorliegenden Tonaufnahmen erfolgt durch eine Verschriftlichung (Transkription). Vor dem Hintergrund des Forschungsvorhabens genügt die Verschriftlichung zur Analyse der semantischen Gesprächsinhalte im Zuge einer **„einfachen Transkription"**. Im Gegenzug zu einem „Feintranskript" erfolgt die Verschriftlichung wortwörtlich, ohne dabei Stimmlagen, Gesprächspausen und Betonungen zu berücksichtigen (Dresing und Pehl 2013). Die Gesprächsabschriften werden mit Hilfe der Software MaxQDA einzeln und wiederkehrend analysiert sowie kodiert.

Die Hauptaufgabe der qualitativen Datenanalyse liegt dabei im Auffinden von Mustern und der Erklärung dieser (Brunner 2015; Creswell 2009; Miles und Huberman 1994). Im Zuge dessen wird der Versuch unternommen, wesentliche Einflussfaktoren auf die Gestaltung gebrauchstauglicher MRS für den Einsatz in einer iMRK zu identifizieren. Dazu werden die einzelnen Gesprächsabschriften wiederholt analysiert und abschnittsweise in Kategorien eingeordnet. Im Falle von Unklarheiten dienen die Tonaufnahmen sowie persönliche, spezifische Rückfragen zur Klärung. Als Vorlage, sofern zutreffend, werden bereits vorhandene bzw. aufgearbeitete Anforderungen herangezogen (vgl. Abschnitt 3.2.1, 3.2.2, 3.4 und 5.2.1). Mit dem Ziel, neues Wissen zur Gestaltung gebrauchstauglicher MRS für den Einsatz in einer iMRK zu generieren, erfolgt im Falle keiner Zuordnungsmöglichkeit einer Aussage zu vorhandenen Kategorien eine Kategorieneubildung. Diese folgt der Grounded-Theory-Methodologie nach Glaser und Strauss (1967), um bislang unentdeckte Aspekte aufzudecken (vgl. Tabelle 16). Der schematische Ablauf der Auswertung und Analyse ist in Tabelle 28 gezeigt.

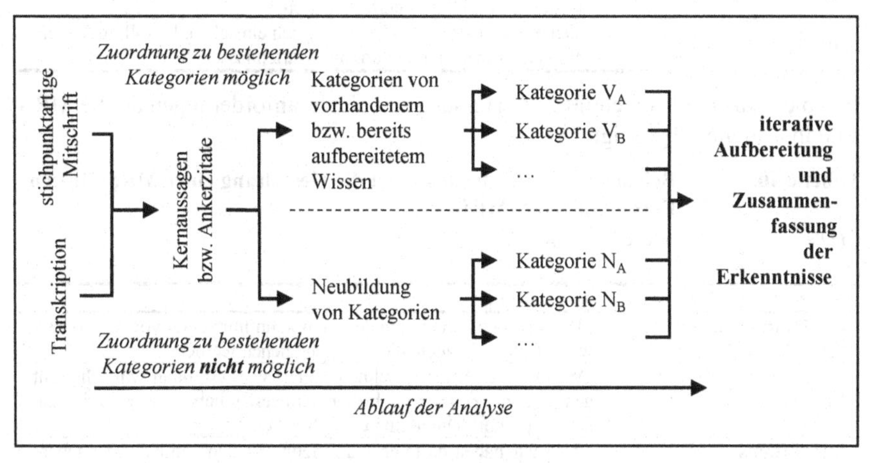

Abbildung 28: Schematischer Ablauf der qualitativen Analyse der transkribierten Interviews und Mitschriften

Quelle: eigene Darstellung / Bsp. in Anlehnung an Tabelle 11

Aufgrund des umfangreichen Datenmaterials (vgl. Tabelle 38), werden an dieser Stelle nur einige beispielhafte Kategorisierungen schematisch gezeigt, vgl. Tabelle 39 für Beispiele der Anforderungen an die iMRK.

Tabelle 39: **Beispiele zur Anforderungen an die Umsetzung einer iMRK**
Quelle: *eigene Darstellung*

Kategorie	ID	Ankerzitat
Sicherheits-empfinden	03	„Die Meisten kennen nur diese großen Industrieroboter, und da wissen wir ja, die halten so schnell nicht an."
	07	„Man muss uns schon die Sicherheit geben, dass wir mit dem Ding auch zusammenarbeiten können."
optionale Nutzung	09	„Wenn ich das Gefühl habe, dass ich das besser kann, dann will ich das schon selber machen. Wenn ich aber mal Zeitstress kriege, dann kann der mich ruhig unterstützen."
Einschränkungs-freiheit	02	„Wenn der mit mir die Arbeit machen soll, dann darf der mir nicht im Weg rumstehen."
Kontrollempfinden und Steuerbarkeit	05	„Der Mitarbeiter muss das Gefühl haben den Roboter anzuweisen und nicht umgekehrt."
	03	„Ich bin derjenige, der das Steuer in der Hand hat, also ich kann ihm sagen: Du arbeitest bitte so, wie ich das möchte."
Robustheit	12	„Der soll sein Ding machen. Ich will den nicht die ganze Zeit kontrollieren oder dem hinterherarbeiten."
Arbeitsrhythmus	10	„Der Roboter soll sich schon auf mich einstellen. Er soll mich nicht stressen, aber auch nicht unnötig warten lassen."

Beispiele aus dem Abschnitt zur Erfassung der Nutzeranforderungen an die MRS sind in Tabelle 40 gezeigt.

Tabelle 40: **Beispiele zu Anforderungen an die Gestaltung einer MRS für den Einsatz in einer iMRK**
Quelle: *eigene Darstellung*

Kategorie	ID	Ankerzitat
Flexibilität der Interaktion	05	„Jeder von uns arbeitet anders. Ich kann mir schon vorstellen, dass wir den Roboter auch alle anders bedienen würden."
Effizienz	08	„Wenn der Roboter so schnell poliert wie wir, dann will ich nicht genau so viel Zeit vertun, bis ich dem gesagt habe, was er zu tun hat. Das soll schon schnell und einfach gehen."
Integrations-möglichkeit in den Produktions-prozess	01	„Also wir haben da ja eh jede Menge Bedienterminals rumstehen. Wir nutzen die aktuell zur Dokumentation, was wir genau an dem Bauteil gemacht haben. Ich würde es schön finden, wenn wir da nur einmal ranmüssen und zwei Fliegen mit einer Klappe schlagen."
Erhalt der Funktionsfähig-keit	07	„So mobile und bewegliche Teile wie Zeigestifte und so ein Zeug kann man echt mal verlegen. Da muss ich dann wieder herumlaufen und suchen, denn ohne dem Bediengerät geht ja dann nichts und der Robi soll ja machen."
	10	„Wenn ich das Ding bedienen kann, ohne dass ich etwas brauche, was kaputt gehen kann, was verschmutzen kann, was verloren gehen kann, dann wäre das was, was ich favorisieren würde."
Zufriedenstellung	02	„Die Handhabung muss eigentlich simpel sein, einfach sein."
	05	„Wo ich jetzt nicht unbedingt noch extra alles einstellen muss, oder hundert Knöpfe drücken muss."

Zur Abschätzung der Relevanz der einzelnen Aussagen bzw. der daraus gebildeten Kategorien werden diese im Zuge der Ergebnisdarstellung mit der Häufigkeit der Nennung versehen, vgl. Tabelle 41.

Tabelle 41: Bewertung der Relevanz der Aussagen bzw. daraus gebildeter Anforderungskategorien

Quelle: eigene Darstellung

Relevanz		Anmerkungen zu entsprechender Kategorie von x% der Interviewteilnehmer	Anmerkungen zu entsprechender Kategorie von
++	**hoch**	>80%	mehr als 12 Interviewteilnehmern
+	**mittel**	21-79%	4 bis 12 Interviewteilnehmern
o	**niedrig**	≤ 20	1 bis 3 Interviewteilnehmern

Die erhobenen **quantitativen Einschätzungen** der Eignung verschiedener MRS für die Positionierung, Parametrierung und Rückmeldung werden aufgrund des geringen Stichprobenumfangs lediglich in Form eines Box-Plots aufbereitet und unter Zuhilfenahme der Transkripte und Mitschriften diskutiert.

Ergebnisse

Wichtig für die Interpretation der Ergebnisse sind Aussagen über die **Erfahrung und Aufgeschlossenheit** gegenüber der Zusammenarbeit mit einem Roboter. Dies geschieht in Anlehnung an Baxter et al. (2016) zur ersten Abschätzung des Neuheitseffektes, welcher einen Einfluss auf die Evaluation haben kann. Auf einer siebenstufigen Likert-Skala (0=sehr unerfahren; 6=sehr erfahren) zeigen die Befragten eine mittlere Erfahrung in der Zusammenarbeit mit einem Roboter ($M_{Erfahrung}$=2,88; $SD_{Erfahrung}$=1,97). Ebenfalls auf einer siebenstufigen Likert-Skala (0 = sehr verschlossen; 6 = sehr aufgeschlossen) zeigen die Befragten eine sehr große Aufgeschlossenheit gegenüber der Zusammenarbeit mit einem Roboter ($M_{Aufg.}$=5,67; $SD_{Aufg.}$=0,79). Dies unterstreicht einerseits die Vorstellungskraft der direkten Zusammenarbeit mit einem Roboter und andererseits die dieser gegenüberstehenden Aufgeschlossenheit. Es wird daher davon ausgegangen, dass Finish-Mitarbeiter der Zusammenarbeit mit einem Polierroboter in Form einer iMRK wohlwollend gegenüberstehen. Eine zusätzliche Befragung zur **Wichtigkeit der Einbeziehung von Mitarbeitern** in die Entwicklung eines Assistenzroboters, ebenfalls erhoben mittels eine siebenstufigen Likert-Skala (0=sehr unwichtig; 6=sehr wichtig), deutet mit einem Mittelwert von $M_{Wichtigkeit}$=5,81 ($SD_{Wichtigkeit}$=0,39) auf ein großes Interesse für die Entwicklung gebrauchstauglicher Systeme hin.

Auf Basis der Einstellung der Mitarbeiter ggü. dem Entwicklungsvorhaben ermöglicht die mit Hilfe der Kodierung der Gesprächsabschriften gebildeten Kategorien die Ableitung relevanter Anforderungen an:

- die Gestaltung einer **instruktiven Mensch-Roboter-Kollaboration** für den Einsatz in variantenreichen Produktionsprozessen sowie
- die Gestaltung von **Mensch-Roboter-Schnittstellen** zur Instruktion eines kollaborierenden Roboters.

Obwohl die Befragung zum aktuellen Nutzungskontext prozessuale Missstände und Verbesserungspotentiale innerhalb des Polierprozesses aufzeigt, ist aus der Auswertung nur ein geringer Erkenntnisgewinn für die Umsetzung einer iMRK zu ziehen. Die Informationen sind größtenteils deckungsgleich zu den Informationen aus der Erhebung der organisatorischen Anforderungen (vgl. Abschnitt 5.2.1). Erst die expliziten Fragen zur Umsetzung einer iMRK geben tiefere Einblicke und führen zur Extraktion von Anforderungen an die Systemgestaltung. Dies betrifft die Erhebung der Aufgaben- und Organisationserfordernisse, vgl. Tabelle 35. Die Erkenntnisse aus diesen Fragen sind in Tabelle 42 zusammengefasst.

Tabelle 42: Anforderungen an die Gestaltung einer iMRK in variantenreichen Produktionsprozessen

Quelle: eigene Darstellung

	Kategorie	Relevanz	Erläuterung
Prozessverbesserung (Umsetzungsgründe)	Ergonomie	+	„Unangenehme" Aufgaben sollen an einen Roboter übergeben werden. Die Abgabe von „unangenehmen" Aufgaben steigert das **Wohlbefinden** bei der Arbeit. Durch Technikeinsatz können ggf. zusätzlich negative Gegebenheiten gemindert werden, z.B. die Minderung der Staub- und Lärmentwicklung beim Polieren.
	Qualität	o	Standardisierte Prozessdurchführungen sollen die Qualität durch **geringe Schwankungen** positiv beeinflussen. Der Ressourcenverbrauch (Material und Zeit) soll in besserer Qualität planbar sein.
	Effizienz	++	Die Übergabe von Unterstützungsaufgaben soll **freie Kapazitäten** für die Mitarbeiter schaffen. Kernaufgaben können unter einem geringeren Zeitdruck und höherer Achtsamkeit durchgeführt werden.
Umsetzungsanforderungen (Funktionalitäten)	Sicherheitsempfinden	++	Mitarbeiter benötigen während der Zusammenarbeit mit dem Roboter ein uneingeschränktes **Sicherheitsgefühl**. Roboterbewegungen sollen für den Mitarbeiter zu erahnen bzw. vorhersehbar sein, z.B. durch bewusste Startsignale und Anzeige des Systemstatus.
	optionale Nutzung	o	Die Nutzung einer iMRK soll prinzipiell nicht zwingend vorgegeben und damit optional sein. Mitarbeiter wollen keine Fertigkeiten abgeben, sondern eine **optionale Unterstützung** erhalten.
	Einschränkungsfreiheit	+	Ein kollaborierender Roboter darf die Mitarbeiter bei der **Arbeit nicht behindern**. Der Roboter darf nicht im Weg stehen und die Durchführung paralleler Arbeiten nicht einschränken.

Kategorie	Relevanz	Erläuterung
Kontroll-empfinden und Steuerbarkeit	++	Mitarbeiter fordern das **Gefühl der Kontrolle** über das Assistenzsystem. Explizite Kommandos sollen die Durchführung von Aufgaben auslösen. Der Roboter soll zu jeder Zeit vom Mitarbeiter gesteuert werden können, z.B. Prozessstopp oder Anlegen eines Arbeitsvorrates für weitere Aufgaben.
Robustheit	++	Mitarbeiter erwarten eine vollständige Funktionsfähigkeit des Systems in Bezug auf die Polieraufgaben (**Verlässlichkeit**). Eine Kontrolle der Roboterabläufe soll nicht notwendig sein.
Arbeits-rhythmus	o	Die **Arbeitsgeschwindigkeit** des Roboters soll in gewissem Maße **an die der Mitarbeiter angepasst** werden können. Das Gefühl von Stress soll genauso wie Wartezeiten vermieden werden.

Mit der alleinigen Basis des Interviewabschnittes betreffend den Nutzungskontext sowie den Aufgaben- und Organisationserfordernissen lassen sich nur sehr **unspezifische Erkenntnisse** in Bezug auf die Ausgestaltung von Mensch-Roboter-Schnittstellen ableiten. Eine Ausnahme bildet die große Skepsis gegenüber einer Sprachsteuerung aufgrund von Dialekten, diversen Beschallungsanlagen (z.B. Radios) und der generell lauten Produktionsumgebung.

Zur Ableitung von Anforderungen an die Gestaltung von MRS zur Instruktion eines kollaborierenden Roboters in Form einer iMRK dient im Speziellen die Erhebung der **Kognitionserfordernisse** und der **Dialog- und Produktanforderungen** (vgl. Tabelle 35). Zusätzlich dazu dienen Einblicke durch die Erhebung von **Nutzerpräferenzen** in Bezug auf Gestaltungslösungen (vgl. Tabelle 36). Als Grundlage für die Auswahl und vor allem zum besseren Verständnis dessen dienen die grundlegenden funktionalen Anforderungen an MRS für die Gestaltung einer iMRK in der Form eines Polierroboters, vgl. Tabelle 43.

Tabelle 43: Funktionale Anforderungen an eine MRS für die Gestaltung einer iMRK in Form eines Polierroboters

Quelle: eigene Darstellung

Kategorie	funktionale Anforderung	Kurzbeschreibung
Positionierung	**Angabe der Position**	Übergabe der Arbeitsposition als Angabe eines Arbeitspunktes auf der Bauteiloberfläche
	Positionsgenauigkeit	Genauigkeit der Angabe der Arbeitsposition in einem Kreis von 3 cm Durchmesser, da ein Polierwerkzeug selbst mit einem kleinen Versatz zum Schleifmittelpunkt bei „prozessüblicher“ Schleifgröße den ganzen Schleiffleck überdeckt und bearbeitet / aufpoliert werden kann

Kategorie	funktionale Anforderung	Kurzbeschreibung
Parametrierung	**Parameteranzahl**	Abhängigkeit des Polierprozesses von der Schleifstelle bzw. zu polierender Stelle (Lackschatten oder leichte Rückstände) → geringe Vielfalt an notwendigen Polierparametern → Auswahl eines Polierprogrammes aus drei zur Verfügung stehenden Programmen, je nach notwendiger Intensität (leichte, standardmäßige und intensive Polierarbeiten)
Rückmeldung	**Wahrnehmbarkeit**	wahrnehmbares Signal in lauter Produktionsumgebung durch Radio und Produktionsanlagen, ggf. auch aus einiger Entfernung ohne Sichtkontakt (z.B. Fertigstellung der übergebenen Arbeit)

Die funktionalen Anforderungen bilden damit die Grundlage für eine Bewertung der Eignung verschiedener MRS zur Ausgestaltung einer iMRK in Form eines Polierroboters. Die Ergebnisse der Einschätzungen auf Basis einer Likert-Skala (vgl. Tabelle 36) sind in Abbildung 29 in Form von Box-Plots gezeigt. Mit dem Ziel, die Begründung der Auswahl zu analysieren, ist dies die Basis für qualitative Aussagen und nicht für statistische Auswertungen.

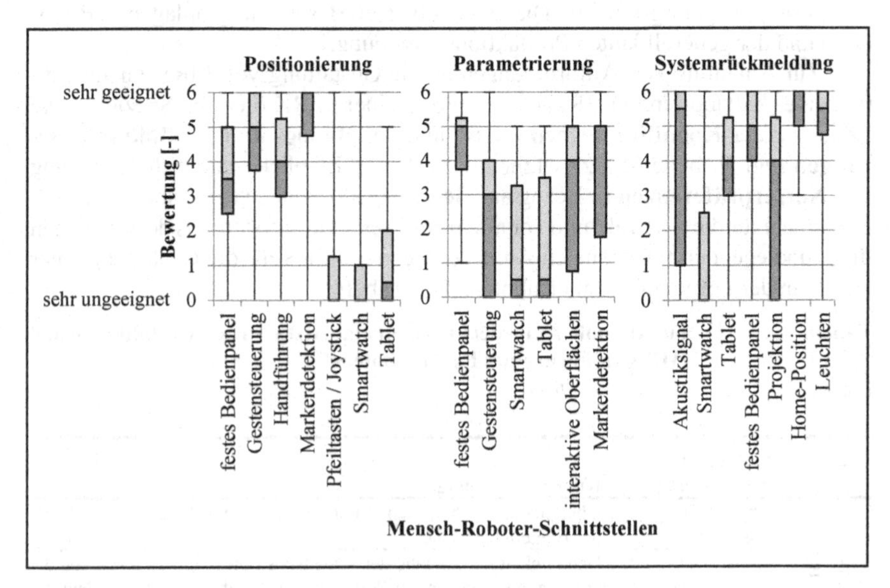

Abbildung 29: Nutzerpräferenzen zur MRS-Gestaltung einer iMRK
Quelle: eigene Darstellung

Mit Hilfe von Aussagen zu den einzelnen Bewertungen lassen sich erste Erkenntnisse zur Gestaltung von MRS in variantenreichen Produktionsprozessen ableiten.

Anwenderspezifische Anforderungen sind in Zusammenhang mit der jeweils von den Interviewteilnehmern kommentierten MRS-Technologie erläutert, vgl. Tabelle 44. Dabei können jeweils positive („+“) als auch negative („–“) Bezüge zu den MRS ausschlaggebend sein. Dies meint, dass eine Anforderung von einer MRS aus Sicht potentieller Nutzer erfüllt wird oder nicht.

Tabelle 44: Erhobene Anforderungen auf Basis von Nutzerpräferenzen zur Gestaltung der MRS eines Polierroboters

Quelle: eigene Darstellung

Anforderung	Erläuterung	bezugnehmende MRS positiv (+) negativ (-)	Bezug auf: Positionierung	Parametrierung	Rückmeldung
Zufrieden-stellung	keine komplizierten Kommandos (z.B. Gesten- oder Zeichen-vokabulare: Handzeichen, geometrische Formen und Farben) zur einfachen und schnellen Erlernbarkeit	Gestensteuerung (-) Markerdetektion (-)	○	●	○
Effizienz	schnelle und einfache Steuerung ohne kontinuierliche Bindung	Joysticks (-) Pfeiltasten (-)	●	○	○
	Minderung von Aufwänden durch geringe Wege und keine redundante Erfassung von Informationen	Markerdetektion (+) interaktive Oberflächen (+)	●	●	○
	universelle Zugänglichkeit ohne Ortsbindung, um Laufwege zu reduzieren	Handführung (+) Gestensteuerung (+) festes Bedienpanel (-) Markerdetektion (+) interaktive Oberflächen (+)	●	●	○
Effektivität	hinreichend genaue Informationseingabe	Smartwatch (-) festes Bedienpanel (+)	●	○	○
	Möglichkeit der Einbringung menschlicher Erfahrungen und Entscheidungen, z.B. durch Bestimmung von Abarbeitungsreihenfolgen	Markerdetektion (-)	●	●	○
direkte und natürliche Manipulation	Interaktion mit dem Bearbeitungsobjekt statt mit einem Bedienterminal / Interaktion in möglichst natürlicher Art und Weise, bspw. Markieren, Zeigen, Berühren, Hinführen,…	Handführung (+) Gestensteuerung (+) Markerdetektion (+) interaktive Oberflächen (+) festes Bedienpanel (-)	●	●	○

Anforderung	Erläuterung	bezugnehmende MRS positiv (+) negativ (-)	Bezug auf: Positionierung	Bezug auf: Parametrierung	Bezug auf: Rückmeldung
hinreichende Informationsdarstellung	übersichtliche Darstellung von Informationen / entsprechende Anzeigegröße / Anzeige von lediglich notwendigen Informationen	Smartwatch (-) festes Bedienpanel (+)	●	○	○
Sichtbarkeit / Wahrnehmbarkeit des Systemstatus	Vermeidung der Verwirrung bei möglichen unterschiedlichen Bedeutungen von Signalen, z.B. Akustik- oder Lichtsignale zur Anzeige von Störungen oder Betriebsbereitschaften / Wahrnehmung eines Signals aus einem größeren Umkreis in einer lauten Produktionsumgebung	Akustiksignale (+/-) Lichtsignale (+/-) Home-Position (+/-) Smartwatch (+)	○	○	●
Integrationsmöglichkeit in den Produktionsprozess	Eingabemöglichkeit durch prozessbedingte Markierungen (bspw. Auftragen von Polierpaste)	Markerdetektion (+)	●	○	○
	Nutzung von vorhandenem Equipment (z.B. Bedienterminals zur Bedienung produktionsrelevanter Systeme) / keine zusätzlichen Bediengeräte / Projektion von interaktiven Oberflächen auf den Arbeitsplatz	festes Bedienpanel (+) interaktive Oberflächen (+)	●	●	●
Erhalt der Funktionsfähigkeit	Gefahr des Verschwindens von mobilen Arbeitsgeräten	Tablet (-)	●	●	●
	Gefahr von leeren Akkus bei batteriebetriebenen Endgeräten	Smartwatch (-) Tablet (-) festes Bedienpanel (+)	●	●	●

Legende: ○ trifft nicht zu ● trifft zu

Im Sinne eines besseren Verständnisses sind die einzelnen Aussagen der Mitarbeiter im Zuge der Einschätzung von Nutzerpräferenzen für eine iMRK-spezifische Umsetzung allgemein aufbereitet und in Tabelle 45 zusammengefasst. Sofern möglich, ist eine Verbindung zu bereits aufgearbeiteten allgemeinen Gestaltungsanforderungen hergestellt (vgl. Tabelle 11).

Tabelle 45: Anforderungen an die Gestaltung einer MRS für die Instruktion eines kollaborierenden Roboters

Quelle: eigene Darstellung

Kategorie	Relevanz	Erläuterung der iMRK-spezifischen Umsetzung
Effizienz (vgl. „nutzerfreundliche Unterstützung in Tabelle 11)	++	Die Bedienung eines kollaborierenden Roboters soll nur eine **geringe Zeit** in Anspruch nehmen und unter **geringem Aufwand** möglich sein, z.B. geringe Laufwege zu einem Bedienterminal und schnellstmögliche Eingabe der notwendigen Informationen.
Effektivität (vgl. „nutzerfreundliche Unterstützung in Tabelle 11)	++	Die Eingabe von Informationen soll die Übergabe von Aufgaben innerhalb definierter funktionaler Anforderungen ermöglichen (vgl. Tabelle 43). Die MRS soll demnach eine Positionsangabe mit der **Genauigkeit** von drei Zentimetern und eine **Auswahl** aus drei Polierprogrammen ermöglichen.
Zufriedenstellung (vgl. „nutzerfr. Unterstützung" in Tabelle 11)	++	Im Zuge der hohen Personalfluktuation an den Arbeitsplätzen soll eine **schnelle Erlernbarkeit** aufgrund einer möglichst „selbsterklärenden" Bedienung möglich sein.
natürliche Interaktion (vgl. Tabelle 11)	++	Die Interaktion mit dem Roboter soll in einer **gewohnten Art und Weise** durchführbar sein. Hierzu zählen bspw. Vorgänge wie „Zeigen", „Deuten", „Markieren" und „Hinführen".
direkte Manipulation (vgl. Tabelle 11)	+	Die Instruktion eines Roboters soll nach Möglichkeit in **direktem Zusammenhang mit dem Arbeitsobjekt** stehen. Vorteilhaft sind daher direktes Markieren, Zeigen oder Hinführen.
Hinreichende Informationsdarstellung & minimalistisches Design (vgl. Tabelle 11)	0	Um die Gebrauchstauglichkeit einer MRS sicherzustellen, sollen nur so viele Einstellungen wie unbedingt notwendig verfügbar sein. Die Funktionalität wird damit auf das **Wesentliche** begrenzt und Bedienfehler aufgrund falscher Eingaben möglichst ausgeschlossen.
Sichtbarkeit / Wahrnehmbarkeit des Systemstatus (vgl. Tabelle 11)	++	Die Erkennbarkeit des Systemstatus und zukünftiger Roboterbewegungen soll das Situationsbewusstsein der Mitarbeiter in der **Produktionsumgebung** unterstützen, um ein **Sicherheitsgefühl** zu erzeugen und bessere **Planbarkeit** zukünftiger Aufgaben zu ermöglichen.
Flexibilität der Interaktion (vgl. Tabelle 11)	0	Verschiedene Nutzerpräferenzen sollen in einer finalen MRS-Gestaltung durch **verschiedenartige Bedienmöglichkeiten** berücksichtigt werden.
Erhalt der Funktionsfähigkeit	++	Die MRS soll über eine **permanente Funktionsfähigkeit** für den Verlauf einer Produktionsschicht verfügen. Batteriebetriebene oder kleine, mobile Geräte, welche entweder ihre Stromversorgung verlieren oder als Ganzes verloren gehen können, sind für den Einsatz ungeeignet.

Kategorie	Relevanz	Erläuterung der iMRK-spezifischen Umsetzung
Wiederholbarkeit	+	Im Falle einer fehlerhaften Abarbeitung durch den Roboter soll der Arbeitsgang mit den gleichen Einstellungen einfach und schnell wiederholbar sein (**Nacharbeit**).
Integrationsmöglichkeit in den Produktionsprozess	++	Die MRS soll nach Möglichkeit **vorhandene Ausrüstung** des Produktionsprozesses nutzen und sich in **gegebene Abläufe** integrieren lassen. Mehraufwände sollen möglichst reduziert werden.

Die identifizierten Anforderungen aus der Befragung bilden die Grundlage für die Ausgestaltung der iMRK mit einer **Auswahl von favorisierten Mensch-Roboter-Schnittstellen.** Diese sollen auf Basis einer expertenbasierten Aufgabenanalyse und Definition eines potentiellen Nutzungsszenarios in einen prototypischen, kollaborierenden Polierroboter zur empirischen Erprobung und Evaluation integriert werden.

5.2.3 *Nutzungsszenario zur empirischen MRS-Erprobung*

Ziel der nachstehenden Abschnitte ist die expertenbasierte Definition eines Nutzungsszenarios zur empirischen Erprobung und Evaluation geeigneter MRS unter der Berücksichtigung erhobener Anforderungen in Form einer Fokusgruppe. Zur zusätzlichen Berücksichtigung der prozessbedingten Gegebenheiten vor Ort nimmt neben Usability-Experten auch ein Produktionsspezialist teil, vgl. Tabelle 46.

Tabelle 46: Rahmen zur expertenbasierten Definition eines Nutzungsszenarios eines Polierroboters

Quelle: eigene Darstellung

Methode	Studienteilnehmer	Grundlagen und Datenerhebungsinstrumente
Fokusgruppe und cognitive Walkthrough	4 Usability-Experten (M_{ALTER}=34 Jahre; SD_{ALTER}=6,04; $M_{ERFAHRUNG}$=4,5 Jahre; $SD_{ERFAHRUNG}$=1,12) 1 PSP (Alter=30 Jahre, Erfahrung=2 Jahre)	organisatorische Anforderungen, anwenderspezifische Anforderungen, MRS-Baukasten (vgl. Tabelle 20), Aufgabenanalyse, Nutzungsszenario

Datenerhebung

Die Datenerhebung für die Definition eines Nutzungsszenarios erfolgt auf Basis einer zweistündigen, moderierten Gruppendiskussion (Fokusgruppe) innerhalb der Räumlichkeiten der Technischen Universität Chemnitz im September 2016. Die Moderation erfolgt durch einen erfahrenen wissenschaftlichen Mitarbeiter im

Bereich des „Industrial Engineerings“ zur Gestaltung gebrauchstauglicher Assistenzsysteme in der Produktion. Die Wissensgrundlage basiert auf bereits erhobenen organisatorischen und anwenderspezifischen Anforderungen sowie der möglichen Auswahl an grundlegenden MRS-Technologien aus dem MRS-Baukasten (vgl. Tabelle 20). Verschiedene Gestaltungsmöglichkeiten der MRS eines Polierroboters werden unter Berücksichtigung erhobener Anforderungen und dem Einsatz unter gegebenen Rahmenbedingungen vor Ort diskutiert. Für die mögliche und vergleichbare Ausgestaltung der Interaktion mittels den MRS-Technologien dient ein cognitive Walkthrough.

Datenauswertung und -analyse

Als Diskussionsgrundlage dient das gemeinsame Verständnis zum Einsatz eines Polierroboters auf Basis einer zusammenfassenden Darstellung der Dokumentenanalyse und teilnehmenden Beobachtung (vgl. Abschnitt 5.2.1) sowie der Nutzerbefragung (vgl. Abschnitt 5.2.2). Ein Vergleich der prozessualen Abläufe des Finish-Prozesses in ursprünglicher und iMRK-Ausprägung ist auf Basis einer Aufgabenanalyse in Abbildung 30 gezeigt.

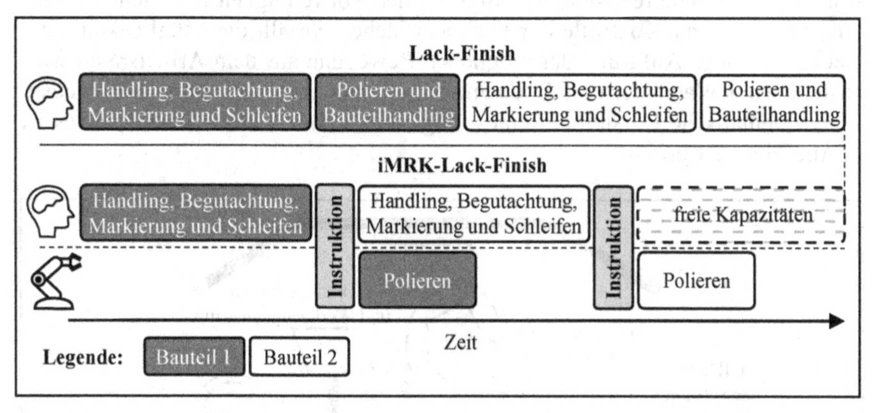

Abbildung 30: Prozessualer Ablauf des Polierprozesses als iMRK im Vergleich zum ursprünglichen Finish-Prozess

Quelle: eigene Darstellung

Der Einsatz eines Polierroboters in Form einer iMRK ermöglicht die Übergabe der im Gegensatz zum Schleifen monotonen Tätigkeit des Polierens an einen Roboter. Dadurch ergibt sich eine parallele Arbeit von Mensch und Roboter und in Summe eine Effizienzsteigerung. Dies wirkt sich besonders bei der Abarbeitung einer hohen Anzahl von Defekten aus. Eine wirtschaftliche Nacharbeit wird selbst bei hohem Fehleraufkommen möglich. Mit dem Ziel, den Lack-Finish-Prozess effizienter zu gestalten, werden je Gestaltungslösung verschiedene Gestaltungsaspekte auf einem White-Board für alle Teilnehmer ersichtlich dokumentiert. Dies dient als gemeinsames Protokoll zur Auswertung und Analyse von Gestaltungsmöglichkeiten sowie deren Eignung für den Einsatz in einem potentiellen Nutzungsszenario. Die Vergleichbarkeit der Gestaltungslösungen soll durch einen cognitive Walkthrough der Nutzung der einzelnen MRS-Technologien grundlegend sichergestellt werden.

Ergebnisse

Um Wege zum Roboter bzw. zum Bedienterminal so gering wie möglich zu halten, empfiehlt sich eine Nutzung des Roboters direkt am Finish-Arbeitsplatz. Mit der Ausstattung der Arbeitsplätze durch Finish-Tische inklusive Bedienterminals zur Ein- und Ausgabe prozessrelevanter Daten lässt sich dies insbesondere an den Finish-Arbeitsplätzen für größere und ebene Bauteile im Vergleich zu komplexeren Geometrien umsetzen (vgl. Abbildung 27). Eine mögliche Ausstattung der Finish-Tische mit einem kollaborierenden Polierroboter ist auf Basis MRK-fähiger Robotertechnologie realisierbar. Aufgrund der Notwendigkeit der Lichteinstrahlung von oben zur Kontrolle der Lackoberflächen entfällt die Möglichkeit einer Deckenmontage. Aufgrund der möglichen Bewegung aus dem Arbeitsraum wird anstelle einer Wand- für eine Bodenmontage direkt auf Arbeitshöhe entschieden. Eine schematische Darstellung eines möglichen iMRK-Finish-Arbeitsplatzes ist in Abbildung 31 gezeigt.

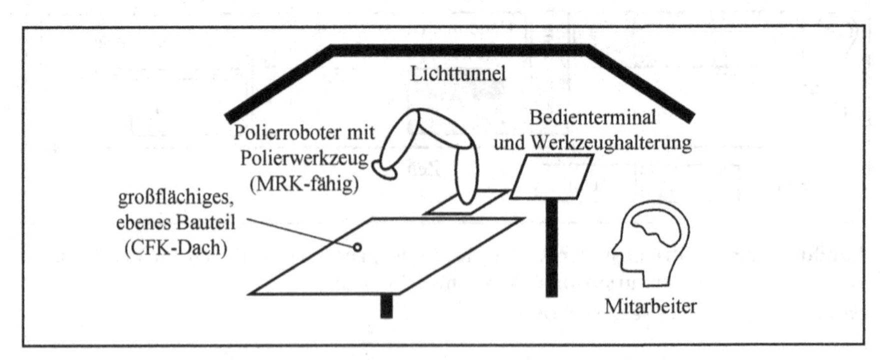

Abbildung 31: Schematische Darstellung des Nutzungsszenarios eines kollaborierenden Polierroboters

Quelle: eigene Darstellung

Die Auflage der Bauteile auf Bauteilträger (definierte Bauteilposition) kann den zu übermittelnden Informationsgehalt einschränken (vgl. Abschnitt 3.2.2). Zu

Gunsten einer einfachen und schnellen Informationseingabe kann bei bekannter bzw. erfassbarer Bauteillage eine hochpräzise Eingabe der Positionsdaten mittels 6D-Koordinaten entfallen. Der zu übermittelnde Informationsgehalt beinhaltet damit die Positionsangabe auf dem zu bearbeitenden Bauteil (Positionierung) in einer Genauigkeit von ca. drei Zentimetern sowie der weiteren Spezifikation der durchzuführenden Polieraufgabe (Parametrierung) durch die Auswahl von einem aus drei Polierprogrammen (vgl. Tabelle 43). Unter der Berücksichtigung bereits vorhandener formschlüssiger Auflagen zum **Finish von CFK-Dächern** in der Decklacklinie 2 (vgl. Abbildung 27), wird der Aufbau zur Evaluation für diesen Bereich favorisiert.

Eine eindeutige Favorisierung einer einzelnen MRS lässt sich auf Basis der erhobenen Daten und daraus abgeleiteten Informationen nicht feststellen. Jede MRS zeigt jedoch aufgrund ihrer Eigenschaften unterschiedliche Vor- und Nachteile (vgl. Tabelle 44). Diese werden auf Basis eines cognitive Walkthroughs der einzelnen Interaktionen erfasst. Die Auswahl an vergleichbaren MRS-Technologien bildet die Grundlage zur **Durchführung von empirischen Studien** auf Basis des definierten Nutzungsszenarios, vgl. Tabelle 47.

Tabelle 47: Gestaltung der MRS eines Polierroboters als Grundlage der empirischen Evaluation

Quelle: eigene Darstellung

MRS	Begründung der Auswahl (Anforderungen aus Tabelle 44)	Auswahl für: Positionierung	Auswahl für: Parametrierung
Handführung	direkte und natürliche Interaktion intuitive und einfache Gestaltung (Zufriedenstellung) universelle Zugänglichkeit (Effizienz)	●	○
festes Bedienpanel (Maus & Touch)	Integrationsmöglichkeit in den Produktionsprozess hinreichende Informationsdarstellung Gewährleistung der Funktionsfähigkeit	●	●
Gestensteuerung	direkte und natürliche Interaktion intuitive und einfache Gestaltung (Zufriedenstellung) universelle Zugänglichkeit (Effizienz)	●	○
Markerdetektion	Integrationsmöglichkeit in den Produktionsprozess direkte und natürliche Interaktion intuitive und einfache Gestaltung (Zufriedenstellung) Effizienz durch den Entfall von weiteren Schritten universelle Zugänglichkeit (Effizienz)	●	○
interaktive Oberflächen	Integrationsmöglichkeit in den Produktionsprozess direkte und natürliche Interaktion universelle Zugänglichkeit (Effizienz)	○	●

Legende: ○ trifft nicht zu ● trifft zu

Die Erhebung und Analyse anwendungsspezifischer Anforderungen unterstreicht in Summe das Potential einer **iMRK in Form eines Polierroboters**. Eine technische Machbarkeitsstudie in Kooperation mit der Firma Visomax Coating GmbH und der Arbeitssicherheit des OEM hat unter Nutzung kraftsensitiver und MRK-fähiger Robotik, konkret ein Kuka LBR iiwa 14 R820, erste positive Ergebnisse zur möglichen Realisierung gezeigt. Eine Beratung mit MRK-Experten der Firma Pilz GmbH & Co. KG sowie Kuka AG lässt auf Möglichkeit der Umsetzung eines kollaborierenden Polierroboters und dessen Betrieb in der Leistungs- und Kraftbegrenzung schließen. Auf dieser Grundlage und mit der Aussicht auf eine reale Umsetzung erfolgen im nächsten Hauptkapitel erste empirische Untersuchungen und Analysen zur Gestaltung von MRS für den Einsatz in einer iMRK.

5.3 Fazit aus den anwendungsspezifischen Anforderungen

Die Erhebung und Analyse von anwendungsspezifischen Anforderungen an die Gestaltung von MRS für den Einsatz in einer iMRK erfolgt am Beispiel eines **Lack-Finish-Prozesses in der Automobilkomponentenfertigung** eines OEMs. Dieser Prozess zeigt hohe Variabilität in Bezug auf die Verortung von Arbeitsaufgaben (Positionierung) und dessen Durchführungsart (Parametrierung) und eignet sich daher für die Erhebung konkreter Anforderungen an die Gestaltung von MRS zur Instruktion eines kollaborierenden Roboters, in diesem Fall ein Polierroboter. Dadurch können die Rahmenbedingungen für den Aufbau einer prozessspezifischen iMRK sowie prototypischer MRS zur realitätsnahen Erprobung und Evaluation festgelegt werden.

Die schrittweise Erarbeitung von organisatorischen Rahmenbedingungen ermöglicht eine detaillierte Beschreibung des aktuellen Nutzungskontextes und lässt Schlüsse für den zukünftigen Aufbau einer iMRK zu. Vor dem Hintergrund einer getakteten Serienproduktion kann zur maximalen Effizienzsteigerung die **schnellstmögliche Übergabe von Informationen** an einen Roboter als wesentliche Anforderung der Organisation identifiziert werden. Für die Übergabe von Arbeitsaufgaben im Lack-Finish eignet sich besonders der Polierprozess. Dies liegt in der notwendigen Feinfühligkeit des Schleifprozesses begründet, wohingegen der Polierprozess im Verhältnis nur gering in seiner Ausführung variiert. Polieraufgaben sollen auf einem Bauteil frei positioniert und anhand einer Polierprogrammauswahl parametriert werden können. Durch die Übergabe von Aufgaben an einen Roboter sollen neben dem Effizienzpotential auch Ergonomie- und Qualitätsverbesserungen ermöglicht werden. Letztere sind auf den Entfall von Werkzeugwechsel und Polieraufgaben sowie auf die standardisierbare und wiederholgenaue Aufgabendurchführung eines Roboters bezogen.

Die zusätzliche **Befragung von potentiellen Nutzern** einer iMRK ermöglicht die Erhebung konkreter Anforderungen an die Gestaltung von MRS zur Instruktion eines kollaborierenden Roboters am Arbeitsplatz. Neben grundlegenden Anforderungen an die iMRK, wie z.B. dessen Robustheit durch eine zuverlässige Abarbeitung der übergebenen Aufgaben, liefert dies detailliertere funktionale Anforderungen an die MRS-Gestaltung, z.B. die notwendige Positioniergenauigkeit und Vielfalt sowie Art der Parameterauswahl. Am Beispiel eines Polierroboters sind dies die geforderte Genauigkeit der Positionierung innerhalb eines Kreises von 3 cm Durchmesser um den Schleifstellenmittelpunkt sowie die Auswahl aus einer Liste von drei Polierprogrammen zur Parametrierung unterschiedlicher Polierintensitäten. Dies lässt direkte Schlüsse auf geeignete MRS zu. In Summe zeigen die Ergebnisse die Forderung nach einer möglichst genauen, fehlerfreien, einfachen und schnellen Bedienung. Konkret soll die Erlernbarkeit erleichtert und die Möglichkeit der Fehlbedienung auf ein Minimum reduziert werden. Im besten Falle lässt sich die Bedienung der MRS direkt in den Prozessablauf integrieren. Ein Mehraufwand soll dadurch vermieden werden und bereits zu tätigende Handgriffe nach Möglichkeit als Informationseingabe für die Instruktion eines Polierroboters genutzt werden können. Dies meint z.B. die Eingabe von Informationen zur Positionierung durch bereits durchzuführende Handgriffe am Bauteil, oder über das vorhandene Bedienterminal am Arbeitsplatz. Als weiteres Kriterium kann der Erhalt der Funktionsfähigkeit über den Zeitraum einer Schicht identifiziert werden. Kleine Teile, welche verschwinden können, oder batteriebetriebene Geräte, welche ihre Stromversorgung verlieren können, sind daher nur bedingt für die Gestaltung einer MRS in einer iMRK geeignet. Durch die schrittweise Erhebung von Anforderungen an die Gestaltung können dadurch bereits bestehende Anforderungen an MRS in instruktiven Systemen (vgl. Abschnitt 3.2.1) auf eine iMRK übertragen werden. Zur Erweiterung der Wissensbasis tragen drei iMRK-spezifische Anforderungen bei, da die entsprechenden Aussagen keiner bestehenden Anforderungskategorie zugeordnet werden können (vgl. Tabelle 45).

Die anforderungsgerechte Auswahl von MRS erfolgt unter der Einbeziehung von **Usability-Experten** im Bereich des Industrial Engineering. Die Ergebnisse zeigen, dass dadurch fünf verschiedene, jedoch vergleichbare MRS für eine Erprobung und Evaluation zur Instruktion eines kollaborierenden Roboters ausgewählt werden können. Neben der konkreten Ausgestaltung der iMRK im Lack-Finish soll die Verschiedenartigkeit der MRS zu einem weiteren Wissenszuwachs durch die Erhebung „versteckter Anforderungen“ in realitätsnahen Nutzertests führen. Konkret umfasst dies für die Erprobung der Positionierung die Bedienung über eine Handführung, ein festes Bedienpanel (Maus- und Touchbedienung), eine Gestensteuerung und eine Markerdetektion.

Zusammenfassend ist festzuhalten, dass grundlegende Anforderungen an die Gestaltung von MRS auch im Rahmen einer iMRK ihre Gültigkeit behalten. **Zusätzlich erhobene Anforderungen** sollen die robuste Funktion und Instruktion sicherstellen sowie einen Mehraufwand ggü. aktueller Arbeitsprozesse für die Nutzer verhindern. Durch die allgemeine Formulierung der Anforderungen ist eine Übertragbarkeit auf weitere iMRK-Anwendungsfälle in der industriellen Praxis prinzipiell möglich.

Zur **Überprüfung der Erreichung des Gestaltungsziels** listet Tabelle 48 die erhobenen Gestaltungsanforderungen an eine MRS für eine iMRK zusammenfassend auf. Verschiedene Anforderungen werden entweder durch eine Funktion integriert („vorhanden/nicht vorhanden") oder müssen durch Erhebungen operationalisiert werden.

Tabelle 48: Zusammenfassung der Anforderungen an eine MRS zur Überprüfung der Erreichung des Gestaltungsziels

Quelle: eigene Darstellung

Kategorie	allgemein	organisatorisch	funktional	anwenderspezifisch	Operationalisierung
Unterstützung bei der Fehlerbeseitigung	●	○	○	○	technische Funktion, z.B. GUI (v./n.v.), qualitative Befragung, z.B. lautes Denken
schnellstmögliche Interaktion (Effizienz) / nutzerfreundliche Unterstützung bei der Bedienung	●	●	○	●	Systemleistungsmessungen (Bedienzeitenvergleich)
Positionsgenauigkeit (Effektivität) / nutzerfreundliche Unterstützung bei der Bedienung	●	○	●	●	Systemleistungsmessungen (Genauigkeit), Evaluation der Gebrauchstauglichkeit (Methodenmix)
Parameterauswahl (Effektivität) / nutzerfreundliche Unterstützung bei der Bedienung	●	○	●	●	technische Funktion (v./n.v.), Evaluation der Gebrauchstauglichkeit (Methodenmix)
Sichtbarkeit/Wahrnehmbarkeit des Systemstatus	●	○	○	●	technische Funktion einer MRS, z.B. GUI (v./n.v.), qualitative Befragung, z.B. lautes Denken
Zufriedenstellung / nutzerfreundliche Unterstützung bei der Bedienung	●	○	○	●	Evaluation der Gebrauchstauglichkeit, z.B. Fragebögen wie SUS

Kategorie	allgemein	organisatorisch	funktional	anwenderspezifisch	Operationalisierung
natürliche Interaktionsmöglichkeiten zwischen der systemischen und realen Welt	●	○	○	●	qualitative Befragung, z.B. lautes Denken
direkte Interaktion / direkte Manipulation der Umgebung	●	○	○	●	qualitative Befragung, z.B. lautes Denken
hinreichende / verständliche Informationsdarstellung und minimalistisches Design	●	○	○	●	Evaluation der Gebrauchstauglichkeit, z.B. SUS, qualitative Befragung, z.B. lautes Denken
Flexibilität der Interaktion bzw. der Interaktionsarchitektur	●	○	○	●	technische Funktion (v./n.v.)
Erhalt der Funktionsfähigkeit	○	○	○	●	technische Funktion (v./n.v.)
Wiederholbarkeit	○	○	○	●	technische Funktion (v./n.v.)
Integrationsmöglichkeit in den Produktionsprozess	○	○	○	●	qualitative Befragung, z.B. lautes Denken

Legende: ○ trifft nicht zu ● trifft zu v./n.v. = vorhanden oder nicht vorhanden

Der allgemeinen Anforderung „Unterstützung bei der Fehlerbeseitigung" kann keine Erkenntnis bzw. Aussage aus der Erhebung der anwendungsspezifischen Anforderungen zugeordnet werden. Dies liegt darin begründet, dass sich „Fehler" im behandelten Anwendungsfall einer iMRK lediglich als nicht durchführbare Aufgaben bemerkbar machen, z.B. zu geringe Reichweite des Roboters. Dieser Tatsache kann durch die Sichtbarkeit des Systemstatus bzw. transparente Darstellung der Systemmöglichkeiten entgegengewirkt werden. Die Zusammenstellung der Anforderungen in diversen Anforderungskategorien schließt damit auch die Beantwortung der zweiten forschungsleitenden Frage ab (vgl. Abschnitt 2.3.3).

In den weiteren Abschnitten erfolgt die konkrete Gestaltung, Erprobung und Evaluation einzelner Gestaltungslösungen. Mit dem hier definierten Nutzungsszenario ist die **Übertragbarkeit der weiteren Erkenntnisse** auf die Zusammenarbeit an einem Arbeitsplatz an größtenteils ebenen und großflächigen Bauteilen beschränkt, z.B. Tischlerarbeiten an Brettern der Losgröße Eins. Die Übertragbarkeit auf weitere Nutzungsszenarien ist im Speziellen zu prüfen.

6 Iterative Gestaltung und Evaluation von MRS

„The knowledge of the world is only to be acquired in the world, and not in a closet."
Philip Stanhope, britischer Staatsmann

6.1 Zielsetzung und Aufbau des Kapitels

Aufbauend auf der methodischen Wissensbasis sowie den anwendungsspezifischen Anforderungen zur Gestaltung von MRS für den Einsatz in einer iMRK in variantenreichen Produktionsprozessen erfolgt in diesem Kapitel die empirische Erprobung, Evaluation und Weiterentwicklung von gebrauchstauglichen Gestaltungslösungen. Ziel dieses Kapitels ist deren umfangreiche Evaluation in einem industriellen Umfeld zur **Ableitung von validen Gestaltungsempfehlungen**. Aufgrund der Gegebenheiten des empirischen Anwendungsfalls gilt dies insbesondere für die Positionierung auf großflächigen, nahezu ebenen Bauteilen und für die Parametrierung als Auswahl aus einigen wenigen, geordneten Parameterkategorien. Die Erweiterung der Wissensbasis ist daher auf Basis dieser Rahmenbedingungen eingeschränkt. Ein Übertrag auf Arbeitsobjekte komplexerer Geometrie und komplexere Parametrierung ist im Einzelfall zu prüfen.

In einem ersten Schritt sollen auf Basis eines funktionsfähigen Prototypen verschiedene Gestaltungslösungen zur **Positionierung** erprobt, evaluiert, weiterentwickelt und für den realen Einsatz ausgewählt werden.

In einem zweiten Schritt sollen auf Basis ausgewählter Gestaltungslösungen zur Positionierung Technologien zur **Parametrierung** integriert werden. Aufgrund von empirischen Erprobungen und Evaluation sollen die einzelnen Gestaltungslösungen weitentwickelt und für eine finale Ausgestaltung ausgewählt werden.

Im Rahmen einer iterativen Vorgehensweise folgen auf funktionale Tests jeweils anwender- und expertenbasierte Studien. Qualitative sowie quantitative Datenerhebungen unterstützen bei der Ableitung von **Empfehlungen für die Gestaltung von MRS in einer iMRK**.

T. Schleicher, *Kollaborierende Roboter anweisen*, Gestaltung hybrider Mensch-Maschine-Systeme/Designing Hybrid Societies,
https://doi.org/10.1007/978-3-658-29051-1_6

6.2 MRS zur Positionierung

Die Gestaltung und Evaluation von MRS zur Positionierung fußt auf den erhobenen Anforderungen zur möglichst effizienten, effektiven und für den Nutzer zufriedenstellenden Instruktion eines kollaborierenden Roboters ohne wesentliche Anpassungen des Produktionsprozesses. Geeignete MRS können bereits durch die Definition eines Nutzungsszenarios ausgewählt werden (vgl. Abschnitt 5.2.3). Deren konkrete Umsetzung zur Positionierung eines Polierroboters auf einem ebenen, großflächigen Bauteil ist im nachfolgenden Abschnitt beschrieben.

6.2.1 *Prototypische Gestaltung*

Bereits erfolgte Anforderungserhebungen und Analysen schränken den möglichen Gestaltungsraum auf fünf verschiedene MRS-Technologien zur Informationseingabe ein. Eine Beschreibung der prototypischen Umsetzung sowie der entsprechenden Systemrückmeldung ist in Tabelle 49 gezeigt. Existierende Gestaltungs- und Erprobungsbeispiele dienen als konkrete Gestaltungsvorlage. Die Verweise darauf sind explizit genannt.

Tabelle 49: Detaillierte Beschreibung der prototypisch gestalteten MRS zur Positionierung

Quelle: eigene Darstellung

MRS		Beschreibung	Systemrückmeldung der Eingabe	Gestaltung in Anlehnung an
taktil	**Handführung (HF)**	Handführung des Roboters an die einzelnen Arbeitsstellen (beweglicher Impedanzmodus „Zero-Gravity“) → Speichern der Punkte durch Antasten des Roboterwerkzeugs an die Oberfläche → Startsignal durch Bewegung des Roboterwerkzeugs über eine gewisse Höhe oberhalb der Werkstückoberfläche (30 cm)	haptisches Feedback durch Antasten	Konietschke et al. (2006) Sekoranja et al. (2015) Materna et al. (2016)
bedienpanelbasiert	**Touchbedienung (TB)**	Antasten eines Kamera-Live-Bildes erzeugt zum Finger versetzte Punktevorschau (Punkt ist nicht durch Finger verdeckt) → Verschieben des Punktes an gewünschtes Ziel → Speichern des Punktes erfolgt durch Abheben des Fingers → Startsignal durch Drücken des Startknopfes	optische Darstellung der gewählten Punkte auf dem Display	Sakamoto et al. (2009) Correa et al. (2010) Barbagallo et al. (2016) Breuninger und Popova-Dlugosch (2017)

MRS		Beschreibung	Systemrückmeldung der Eingabe	Gestaltung in Anlehnung an
	Mausbedienung (MB)	Speicherung der Punkte durch Mausklick an entsprechender Stelle auf dem Kamera-Live-Bild → Start durch Klick auf den Startknopf	optische Darstellung der gewählten Punkte auf dem Display	Sakamoto et al. (2009) Correa et al. (2010)
gestenbasiert	Gestensteuerung (GS)	Speicherung der Punkte durch einsekündiges Auflegen des Zeigfingers (mit optischem Marker) → Startsignal durch Verdecken des Markers gegenüber der Kamera bzw. Wegziehen des Markers aus dem Kamerabild	akustische Rückmeldung durch Signalton	Kemp et al. (2008) Nguyen et al. (2008) Vallee et al. (2009) Lambrecht (2014) Barbagallo et al. (2016)
kontextbasiert	Markerdetektion (MD)	Markierung der gewünschten Punkte durch einen Marker → Speicherung der Punkte durch Betätigung von „Auswahl übernehmen“ → Startsignal durch Betätigung des Startknopfes	optische Darstellung der gewählten Punkte auf dem Display	Kobayashi und Yamada (2004; 2010) Pan et al. (2012)

Abbildung 32 liefert eine schematische Beschreibung der Positionierung über die ausgewählten MRS.

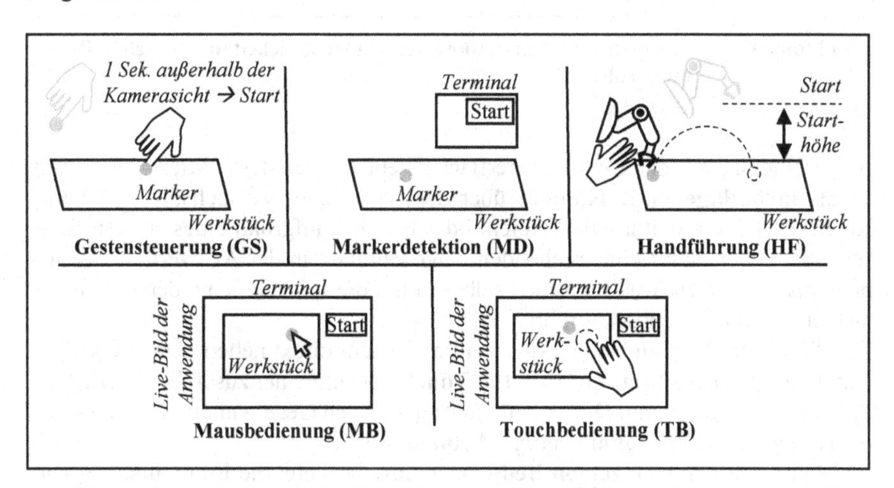

Abbildung 32: Schematische Darstellung der Positionierung über die ausgewählten MRS

Quelle: *eigene Darstellung*

Die angeführten Mensch-Roboter-Schnittstellen werden mit Hilfe der Nutzung eines Kuka LBR iiwa 14 R820 in einer prototypischen iMRK implementiert. Zur Bedienung der bedienpanelbasierten MRS, der Maus- (MB) und Touchbedienung

(TB) wird eine eigenentwickelte grafische Benutzeroberfläche verwendet. Sie berücksichtigt die recherchierten Gestaltungsprinzipien (vgl. Tabelle 11). Die Oberfläche bietet damit die Überlagerung von realen und systemischen Informationen, weist die notwendigen Befehle und Übersichten in einer industrienahen Maskendarstellung auf und besitzt Hilfeeinblendungen zur Erklärung der einzelnen Befehle, vgl. Abbildung 33.

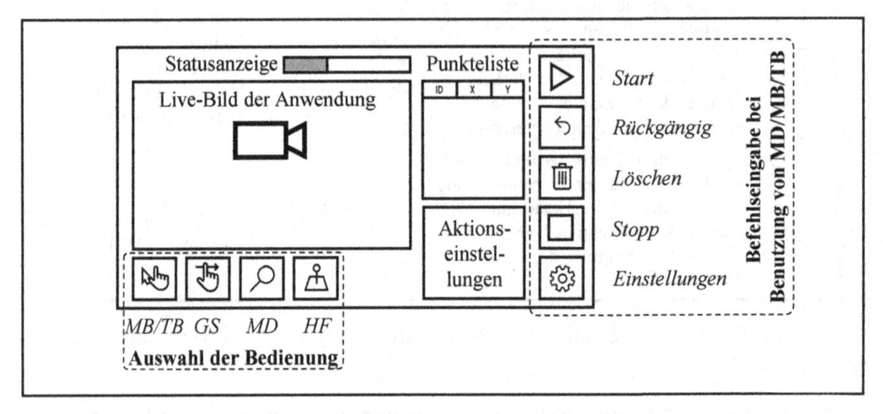

Abbildung 33: **Schematische Darstellung der selbstentwickelten grafischen Benutzeroberfläche**

Quelle: *eigene Darstellung*

In Verbindung mit der Benutzeroberfläche steht eine ortsfeste Microsoft Kinect v1 als **farbbildgebende Kamera** über dem jeweiligen Versuchsobjekt (Werkstück). Eine Verarbeitung des Tiefenbildes hat sich aufgrund eines starken Rauschens und der damit einhergehenden Ungenauigkeit in der Auswertung als unbrauchbar erwiesen. Das Rauschen selbst ist auf die spiegelnden Oberflächen der lackierten Bauteile zurückzuführen.

Das Programm zur Interaktion läuft auf einem direkt neben dem Werkstück platzierten **Siemens Simatic HMI 19" Touch IPC** mit einer zusätzlichen Auflage für eine Mausbedienung. Dieser Aufbau ist den realen Gegebenheiten des Produktionsprozesses nachempfunden (vgl. Abbildung 31).

Die **Größe der einzelnen Bedienelemente** beachtet die Empfehlungen von Hwang et al. (2005) mit einer Mindestgröße von 75 x 75 Pixel für eine Touchbedienung. Dies entspricht auf einem Bildschirm mit 72 dpi einer Größe von 2,65 x 2,65 cm.

Die Gestensteuerung (GS) sowie auch Markerdetektion (MD) basieren auf einem **Farberkennungsalgorithmus** in Anlehnung an Sekoranja et al. (2015). Alle Pixel in einem definierten Bildausschnitt werden nach einer Referenzfarbe durchsucht und bei annähernd gleicher farblicher Ausprägung zu einer zusammenhängenden Pixelansammlung (Blob) zusammengefasst. Erreicht ein Blob eine gewisse Größe, so interpretiert der Algorithmus eine Markererkennung. Die Farberkennung selbst verläuft mittels der Umrechnung in einen HSV-Farbwert. In dieser Skala können im Gegensatz zur RGB-Skala Farbabweichungen prozentual bestimmt werden.

Das Gesamtsystem basiert auf der Kommunikation eines Bedienterminals und einem kollaborierenden Roboter mittels einer **TCP/IP-Verbindung**. Das Bedienterminal sendet einen Arbeitsvorrat bestehend aus einer Liste an Punkten. Die Liste spezifiziert jeweils die Identifikationsnummer sowie die X- und Y-Koordinaten der Arbeitspunkte, bereits umgerechnet in das Koordinatensystem des Roboters. Das Kamerasystem ist so kalibriert, dass die Pixelkoordinaten mittels einfacher Koordinatentransformation in das Koordinatensystem überführt werden können. Die Kalibrierung selbst erfolgt über ortsfeste und ausgemessene Markierungen im Kamerabild.

6.2.2 *Funktionaler Test*

Die nachstehenden Abschnitte beschreiben den funktionalen Test zur Verortung von Roboteraufgaben auf einer ebenen Arbeitsfläche. Um wesentliche Funktionsfehler der einzelnen Systeme aufzudecken, wird die Versuchsaufgabe vom eigentlichen Polierprozess entkoppelt und abstrahiert dargestellt. Die Erprobung findet im Rahmen eines Usability-Tests unter Laborbedingungen statt. Studienteilnehmer sind prozessfremde Personen (Studierende), nachfolgend „Novizen“ genannt. Die Auswahl der Novizen ist auf keine weiteren Merkmale eingeschränkt. Der Rahmen der Erhebung ist in Tabelle 50 auf der Grundlage von Abschnitt 3.5 und 4 abgesteckt.

Tabelle 50: Rahmen zur Erhebung funktionaler Schwächen der MRS auf der Basis eines Laborexperiments

Quelle: eigene Darstellung

Methode	Studienteilnehmer	Grundlagen und Datenerhebungsinstrumente
Usability Test (Labor)	13 männliche und 7 weibliche, rechtshändige Studierende im Alter zwischen 19 und 37 Jahren (M_{ALTER}=25,1 Jahre; SD_{ALTER}=2,81)	Systemleistungsmessung standardisierter Fragebogen (SUS) periaktionales lautes Denken

Datenerhebung

Die Datenerhebung erfolgt von November bis Dezember 2016 unter Zuhilfenahme eines funktionsfähigen Prototyps in einem produktionsabgeschiedenen Bereich am Werksgelände des OEM. Der Prototyp soll die Instruktion eines kollaborierenden Polierroboters in abstrahierter Form erlebbar und damit bewertbar machen. Die Überführung der Polieraufgabe in den funktionalen Test ist in Tabelle 51 dargestellt.

Tabelle 51: Überführung realer Gegebenheiten in einen funktionalen Test der Positionierung unter Laborbedingungen

Quelle: eigene Darstellung

Kategorie	Gegebenheiten innerhalb des realen Prozesses	Gegebenheiten innerhalb des funktionalen Tests	Erläuterung
Werkstück	ebenes Bauteil (CFK-Dach)	ebene, magnetische Platte	ebene Tischplatte zur Simulation der geometrischen Eigenschaften des realen Bauteils
Werkzeug	Poliermaschine	Stift	robotergeführter Stift zur Kontrolle der Positionsgenauigkeit
Arbeitsposition	Schleifstellen	magnetische Papier-Zielscheiben	frei positionierbare Zielscheiben mit einem Mittelkreisdurchmesser von drei Zentimetern (3 cm) zur Überprüfung der Genauigkeitsanforderungen

Der **prototypische Aufbau** der iMRK erfolgt in Anlehnung an einen „Finish-Tisch" und das beistehende Bedienterminal auf jeweils einem verschiebbaren Wagen. Dies soll in einem späteren Stadium den Transport und die Integration in die Produktionsumgebung für einen realitätsnahen Test ermöglichen.

Das Ziel ist jeweils die Positionierung der Aufgabe „Antasten" auf manuell gelegte Ziele auf der Versuchsoberfläche. Durch das **Antasten von Zielscheiben** soll die Genauigkeitsanforderung an die MRS überprüft werden können. Die Ziele werden durch Magneten unter den Zielscheiben ortsfest platziert. Der Roboter führt einen Stift zur Markierung der übergebenen Arbeitsposition. Die Zielscheiben sind mit einem Innendurchmesser („Bulls Eye") von drei Zentimetern ausgeführt (vgl. Genauigkeitsanforderungen aus Tabelle 43).

Aufgrund der Tatsache, dass die zu bearbeitenden Lackdefekte im realen Nutzungskontext in ihrer Anzahl variieren, sieht das **Versuchsdesign** Messungen für das Positionieren auf einem bzw. fünf Zielen vor. Dies berücksichtigt somit die Positionierung auf einzelnen Stellen bzw. den Einsatz bei höherem Lackdefektaufkommen. Die Position und Reihenfolge der Zielscheibenplatzierungen ist aus Gründen der Vergleichbarkeit vorgegeben und bleibt konstant. Dazu wird ein symmetrisches Zick-Zack-Muster bestehend aus fünf Punkten verwendet. Die Außenmaße betragen 50 x 25 Zentimeter. Die Höhe der Versuchsoberfläche beträgt aus Gründen der Vergleichbarkeit zu einem Finish-Tisch 100 cm. Der erste Punkt des Zick-Zack-Musters startet mit einem Abstand von zehn Zentimetern von der personennahen Kante. Der Versuchsaufbau selbst ist in Abbildung 34 gezeigt.

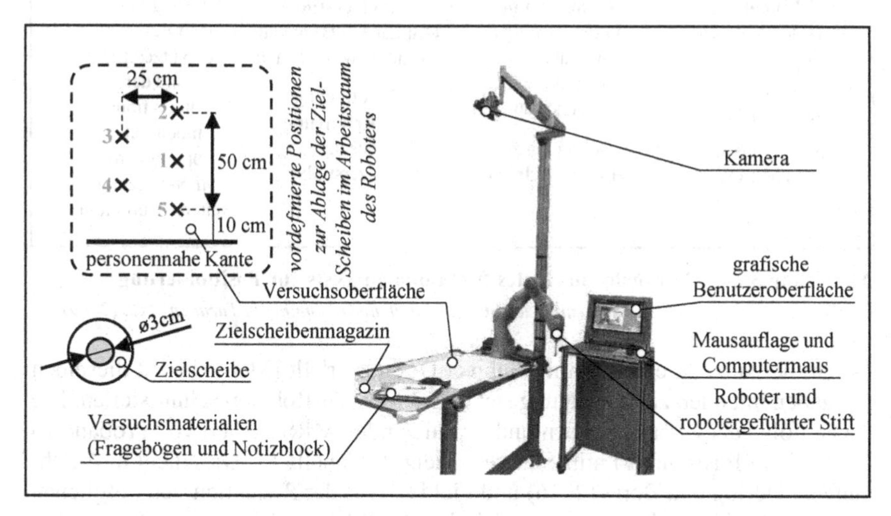

Abbildung 34: Versuchsaufbau des funktionalen Tests zur Positionierung
Quelle: eigene Darstellung

Die Instruktion des Roboters zum Antasten der gelegten Ziele startet entweder nach dem Platzieren der ersten (Positionierung auf einer Arbeitsposition) bzw. der fünften Zielscheibe (Positionierung auf fünf Arbeitspositionen) in zwei aufeinanderfolgenden Versuchsdurchläufen. Der Versuchsablauf orientiert sich an der den gleichartigen Studien zugrundeliegenden SUXES-Logik (vgl. Abbildung 23), gezeigt in Abbildung 35.

Phase 1 *Hintergrund*	Phase 2 *Erwartungen*	Phase 3 *Experiment*	Phase 4 *Feedback*
1 Einleitung in den Versuch **2** Erhebung von **Hintergrund-Informationen** **3** ggf. **sonstige Erhebung**	**4 Einführung** in die jeweilige Interaktions-modalität inkl. freies Ausprobieren **5** Befragung zum **ersten Eindruck**	**6 Nutzerstudie** (Aufgabe in Bezug auf ein Ziel bzw. fünf Ziele) **7** Befragung zur **Erfahrung** aus der Nutzerstudie	**8** Befragung zur **Meinung** bzgl. der Nutzerstudie und der Interaktions-modalitäten (optional mit MRS-Nutzung / weiterer Durchlauf)

Abbildung 35: Versuchsablauf des funktionalen Tests zur Positionierung
Quelle: eigene Umsetzung der SUXES-Logik in Anlehnung an Turunen et al. (2009)

Durch die Nutzung eines Within-Subject Designs erhält jeder Proband dieselben Aufgaben mit allen zur Verfügung stehenden Mensch-Roboter-Schnittstellen. Die Reihenfolge der zu erprobenden und evaluierenden MRS variiert von Proband zu Proband auf Basis eines Latin-Square, gezeigt in Tabelle 52. Dies dient in Anlehnung an Döring und Bortz (2016) und Field (2013) der Reduktion von möglichen Reihenfolgeeffekten bzw. unsystematischen Einflüssen.

Tabelle 52: Versuchsdesign anhand Latin Square des funktionalen Tests zur Positionierung
Quelle: eigene Darstellung

Gruppe	MRS 1	MRS 2	MRS 3	MRS 4	MRS 5
Gruppe 1	GS	MD	HF	TB	MB
Gruppe 2	MD	MB	TB	HF	GS
Gruppe 3	TB	GS	MB	MD	HF
Gruppe 4	HF	TB	GS	MB	MD
Gruppe 5	MB	HF	MD	GS	TB

Erhoben werden jeweils die Bedienzeiten für die einzelnen Aufgaben (Effizienz) sowie die Anzahl an Bedienfehlern (Effektivität) je Interaktionsmodalität (MRS). Als Bedienzeit wird jene Zeitspanne verstanden, welche sich von der Platzierung bzw. Markierung des jeweils letzten Ziels zum Start des Roboters erstreckt. Als Bedienfehler werden jene Fehler verstanden, welche zu einer Korrektur bzw. unkorrigiertem Verfehlen der Zielscheiben in der ausgeführten Roboterbewegung führen. Zur Abschätzung der Zufriedenstellung der Bedienung der einzelnen MRS wird eine Befragung durch den System Usability Scale nach Brooke (1996) vorgenommen. Der zusätzliche Durchlauf des Versuchsablaufes in Kombination mit der Methode des periaktionalen lauten Denkens ermöglicht die Erhebung qualitativer Daten. Diese werden handschriftlich protokolliert und sollen versteckte Anforderungen sowie Verbesserungsvorschläge zur Weiterentwicklung hervorbringen.

Datenauswertung und -analyse

Die erhobenen quantitativen Daten werden unter Anwendung von deskriptiver Statistik auf signifikante Unterschiede analysiert. Die Auswertungen erfolgen mit der Statistiksoftware IBM SPSS Statistics 23. Das Signifikanzniveau α der Analysen beträgt 5 %. Ein Shapiro-Wilk-Test gibt Aufschlüsse über die Normalverteilung der Daten. Dies dient als Grundlage für die Auswahl weiterer statistischer Tests, vgl. Tabelle 53.

Tabelle 53: Auswahl statistischer Tests auf Basis der Normalverteilung von Daten

Quelle: eigene Darstellung

Datengrundlage	statistischer Test zur Analyse von Unterschieden
normalverteilte Daten	Varianzanalyse (ANOVA)
nicht normalverteilte Daten	Friedman-Test

Die Ergebnisse der einzelnen Analysen sind in Abbildungen bzw. in Tabellen zusammengefasst. Die detaillierten statistischen Analysen sind jeweils im Anhang der Arbeit erläutert. Sofern notwendig, sind weitere Berechnungen explizit an den entsprechenden Stellen angeführt.

Die erhobenen **qualitativen Daten** werden auf Basis stichpunktartiger Mitschriften in Kategorien eingeteilt. Mit dem Ziel eines besseren Verständnisses zur Gestaltung gebrauchstauglicher MRS erfolgt dies in den Hauptkategorien „Stärken“, „Schwächen“ und „Verbesserungspotentiale“.

Ergebnisse

Neuheitseffekt

Die Interpretation wird durch den Neuheitseffekt der Zusammenarbeit mit einem Roboter in Anlehnung an Baxter et al. (2016) beeinflusst. Die Novizen werden auf Basis einer siebenstufigen Likert-Skala (0 = sehr unerfahren, 6 = sehr erfahren) um eine Einschätzung gebeten. Die Novizen schätzen ihre Erfahrungen auf ein niedriges bis mittleres Niveau ein ($M_{Erfahrung}$=1,8, $SD_{Erfahrung}$=1,64), womit mit einer Verzerrung der Daten laut Baxter et al. (2016) zu rechnen ist. Die Verzerrung ist auf mögliche positive bzw. negative Überraschungseffekte innerhalb des Versuchsablaufes zurückzuführen. Diese wirken sich auf die subjektiven Bewertungen der Novizen aus.

Bedienzeiten zur Positionierung

Die Bedienzeit je MRS wird als jene Zeitspanne interpretiert, welche sich vom Platzieren der jeweils letzten Zielscheibe (entweder nach der ersten oder nach der fünften) bis hin zum Start des Roboters erstreckt. Abbildung 36 zeigt die Bedienzeiten je Aufgabe der Studie in Abhängigkeit der verschiedenen MRS und Aufgaben.

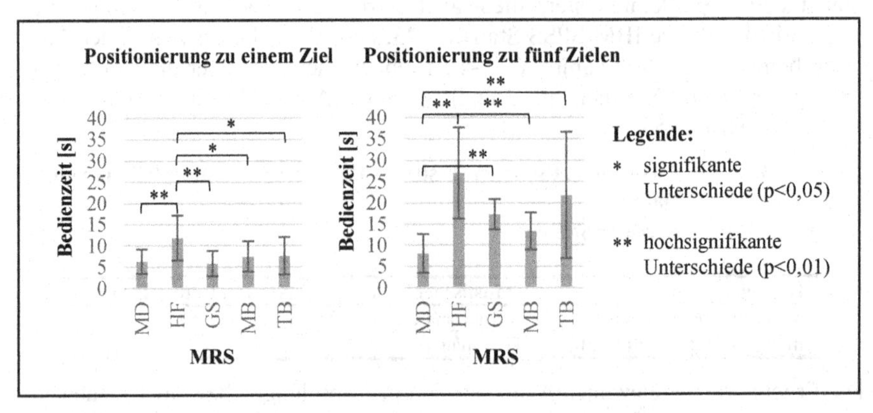

Abbildung 36: **Bedienzeiten des funktionalen Tests zur Positionierung**
Quelle: *eigene Darstellung*

Tabelle 54 gibt einen detaillierteren Einblick in die erhobenen Daten.

Tabelle 54: **Bedienzeiten des funktionalen Tests zur Positionierung**
Quelle: *eigene Darstellung*

Aufgabe		MD	HF	GS	MB	TB
Bedienzeit ein Ziel [s]	**M**	6,30	11,80	5,80	7,45	7,60
	SD	2,83	5,31	2,93	3,56	4,41
Bedienzeit fünf Ziele [s]	**M**	8,05	27,0	17,30	13,30	21,75
	SD	4,51	10,71	3,63	4,41	14,89

Die Analyse signifikanter Unterschiede beruht vor dem Hintergrund überwiegend nicht normalverteilten Daten (p<0,05, vgl. Tabelle 104 in Anhang A.3) auf einem Friedman-Test. Dieser zeigt signifikante Unterschiede zwischen den Bedienzeiten zur Positionierung zu einem Ziel (Chi-Quadrat(4)=31,958; p=0,000; N=20) sowie zur Positionierung zu fünf Zielen (Chi-Quadrat(4)=50,462; p=0,000; N=20). Ein anschließend durchgeführter post-hoc Dunn-Bonferroni-Test zeigt die signifikanten Unterschiede (vgl. Abbildung 36 und Tabelle 105 in Anhang A.3).

Im Falle eines Ziels zeigt sich eine signifikant höhere Bedienzeit der Handführung im Vergleich zu allen anderen MRS. Zur detaillierten Interpretation dient die Effektstärke nach Cohen $r = \left|\frac{z}{\sqrt{n}}\right|$, vgl. Tabelle 55.

Tabelle 55: **Interpretation der Effektstärke nach Cohen auf Basis eines Dunn-Bonferroni-Tests**

Quelle: *Universität Zürich (2018)*

r	Effektstärke nach Cohen
0,10	schwach
0,30	mittel
0,50	stark

Die Effektstärken nach Cohen zeigen in Bezug auf die Unterschiede der Bedienzeiten der HF mittlere bis starke Effekte (vgl. Tabelle 106 in Anhang A.3). Die Bewegung des Roboters an die entsprechende Zielposition unter entsprechender Genauigkeit erfordert einen hohen Zeitaufwand. Im Falle von fünf Zielen zeigt die MD eine signifikant niedrigere Bedienzeit im Vergleich zur HF, GS und TB. Dies ist auf die gleichzeitige Markierung und Positionierung zurückzuführen. Alle signifikanten Unterschiede weisen eine mittlere bis starke Effektstärke nach Cohen auf (vgl. Tabelle 107 in Anhang A.3).

Bedienfehler

Als Bedienfehler werden jene Fehler verstanden, welche zu einer Korrektur bzw. unkorrigiertem Verfehlen der Zielscheiben in der ausgeführten Roboterbewegung führen. Es werden alle Bedienfehler für die Positionierung zu einem und fünf Zielen addiert. Auf Basis der durchgeführten Studie zeigt lediglich die MD über alle Versuche und Novizen hinweg fehlerfreie Durchläufe. Die weiteren MRS zeigen keine signifikanten Unterschiede zueinander. Sie weisen ein geringes Fehleraufkommen auf, vgl. Tabelle 56 (Analyse: vgl. Tabelle 108 in Anhang A.3).

Tabelle 56: **Bedienfehler des funktionalen Tests der Positionierung**

Quelle: *eigene Darstellung*

	MD	HF	GS	MB	TB
M [-]	-	0,35	0,10	0,15	0,40
SD [-]	-	0,81	0,32	0,49	0,75

Das Fehleraufkommen der HF ist überwiegend auf unbeabsichtigte Startbefehle zurückzuführen. Das Fehleraufkommen der GS ist durch Wechselwirkungen der Kameradetektion mit Kleidungsfarben der Novizen zu erklären. Die Fehler im Zuge der Mausbedienung lassen sich auf die nicht vorhandene Eindeutigkeit der

Zieleingabe zurückführen. Die Verwendung eines gewöhnlichen Mauszeigers ermöglicht keine definierte Eingabe. Das Fehleraufkommen der TB ist durch das überwiegend unbeabsichtigte Abheben des Fingers zu erklären.

System Usability Scale

Der SUS ermöglicht den Vergleich pragmatischer Qualitäten von interaktiven Systemen (vgl. Abschnitt 3.5). Er liefert damit eine erste Einschätzung der Gebrauchstauglichkeit verschiedener Systeme. Abbildung 37 zeigt die SUS-Punkte der verschiedenen MRS der Studie, nach der Punktebewertungen von Brooke (1996) links und nach der Adjektivskala von Bangor et al. (2009) rechts. Aufgrund der mehrstufigen Bewertung durch die SUS-Punkteskala nach Brooke (1996) wird diese im Vergleich zur Adjektivskala für statistische Analysen herangezogen. Dies ist auf methodische Gründe zurückzuführen. Die Adjektivbewertung nach Bangor et al. (2009) besteht aus nur einem einzigen Fragebogenelement und beschreibt durch die Verwendung von Adjektiven keine gleichbleibenden Abstände zwischen diesen.

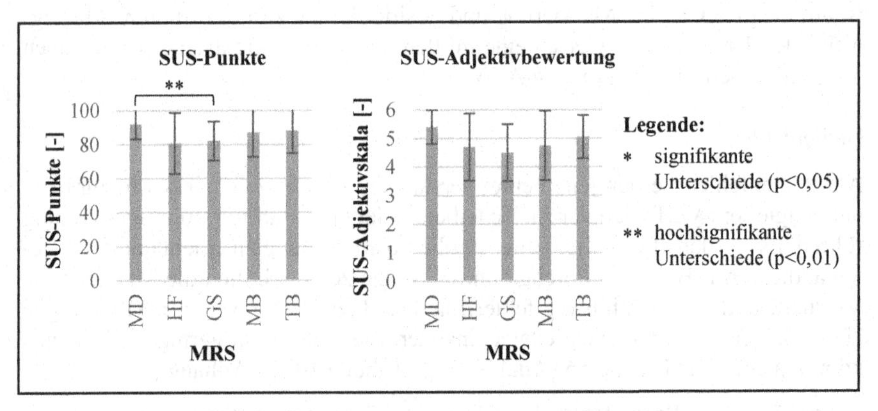

Abbildung 37: **SUS des funktionalen Tests zur Positionierung**
Quelle: *eigene Darstellung*

Tabelle 57 gibt einen detaillierteren Einblick in die erhobenen Daten.

Tabelle 57: **SUS-Punktebewertungen des funktionalen Tests zur Positionierung**
Quelle: *eigene Darstellung*

	MD	HF	GS	MB	TB
M [-]	92,00	80,63	82,13	87,13	88,25
SD [-]	8,91	18,03	11,51	14,54	13,33

Aufgrund der überwiegend nicht normalverteilten Daten ($p<0,05$; Tabelle 109 in Anhang A.3) beruhen die Beurteilungen auf einem Friedman-Test. Dieser zeigt signifikante Unterschiede zwischen den einzelnen SUS-Punkte-Bewertungen (Chi-Quadrat(4)=17,136; $p=0,002$; $N=20$) sowie der Adjektivbewertungen (Chi-Quadrat(4)=17,447; $p=0,002$; $N=20$) der MRS. Ein post-hoc Dunn-Bonferroni-Test weist lediglich signifikante Unterschiede zwischen der MD und der GS nach (vgl. Tabelle 111 in Anhang A.3). Dies entspricht einer mittleren Effektstärke nach Cohen (vgl. Tabelle 112 in Anhang A.3).

Periaktionales lautes Denken

Der Einsatz der Methode des periaktionalen lauten Denkens ermöglicht die zusätzliche Erfassung von persönlichen Eindrücken. Die Kategorisierung ist in Tabelle 58 gezeigt.

Tabelle 58: Lautes Denken des funktionalen Tests zur Positionierung
Quelle: eigene Darstellung

MRS	Stärken	Schwächen	Verbesserungspotentiale
HF	Genauigkeitsgefühl / Griffmöglichkeit am Stift	Ungewohntheit/Angst vor Roboter / beschränkter Arbeitsbereich (Armlänge) / hoher Zeitaufwand / geringes Feedback / unbeabsichtigte Startsignale	Senkung der Trägheit des Roboters, eindeutigeres Startsignal (Erhöhung der Startebene)
GS	einfach / selbsterklärend / keine zusätzlichen Startkommandos	beschränkter Arbeitsbereich (Armlänge) / unangenehme Haltezeit / schlecht wahrnehmbares Audio-Feedback / Markererkennung nicht robust	Detektionsverbesserung / lauteres Audio-Feedbacks
MD	geringer Aufwand	mangelnde Transparenz / verwirrende Anordnung in der Aktionsleiste / (Auswahl übernehmen nicht neben Start)	Audio-Feedback / Neuanordnung der Aktionsleiste
MB	Korrekturen bei Fehleingaben / Gewohnheit (PC)	zu hohe Maussensitivität / unsicheres Zielen mit Mauszeiger / aufwändige Bewegung zum Bedienterminal	Einstellbarkeit der Maussensitivität / Fadenkreuz statt Mauszeiger / Vergrößerung des Live-Bildes
TB	Gewohnheit (Tablet)	Gefahr des Verrutschens / Fehleingaben geringe Präzision / aufwändige Bewegung zum Bedienterminal	Vergrößerung des Live-Bildes bzw. Zoom-Funktion

Weiterentwicklung der MRS zur Behebung von Funktionsfehlern

Die **Handführung (HF)** erfordert den ungewohnten, direkten Kontakt mit einem industriellen Roboter. Die Leichtgängigkeit der Bewegung ist in diesem Zuge auf ein Minimum zu senken. Um überraschende und unbeabsichtigte Startsignale zu vermeiden, wird das Startniveau auf eine Höhe von 45 cm oberhalb der Versuchsoberfläche gesetzt.

Aufgrund der auftretenden Schwierigkeiten in der Markererkennung der **Gestensteuerung (GS)** wird das Farbkonzept entgegen der Farbe der Arbeitskleidung von potentiellen Nutzern in der Produktion ausgelegt. Dies bedeutet die Wahl der Komplementärfarbe Gelb (Marker) zu Blau (Arbeitskleidung). Das Audiofeedback beim Einloggen der Punkte wird für eine bessere Wahrnehmung im Produktionsumfeld verstärkt. Die Senkung der Haltezeit von einer Sekunde auf eine halbe Sekunde hat innerhalb eines statistisch nicht repräsentativen Experiments (N = 5) keine Verbesserungen gezeigt. Aufgrund auftretender Fehleingaben durch zu langsame oder stockende Probandenbewegungen wird eine Senkung der Haltezeit nicht durchgeführt.

Der geringen Transparenz des Prozesses der **Markerdetektion (MD)** wird ebenfalls durch die Unterstützung mittels Audiofeedback entgegengewirkt. Die softwarebasierte Bedientaste zum Übernehmen der kameradetektierten Auswahl an Punkten wird direkt neben das Start-Symbol gelegt, um Suchvorgänge abzukürzen.

Die unterschiedlichen Bedienungspräferenzen der Novizen fordern eine Verstellbarkeit der Maussensitivität im Zuge der **Mausbedienung (MB)**. Zusätzlich dazu schafft die Verwendung eines Fadenkreuzes eine Eindeutigkeit der Klickposition im Gegensatz zur Verwendung eines klassischen Mauszeigers.

Gemeinsam mit der Mausbedienung (MB) fordert auch die **Touchbedienung (TB)** ein größeres Live-Bild zur besseren Übersicht. Dieser Forderung wird mit einer Verkleinerung der restlichen Bedienelemente auf die empfohlenen Minimumgrößen nachgegangen, um eine Live-Bild-Diagonale von mindestens 32 cm zu erreichen.

6.2.3 *Nutzertest*

Die nachstehenden Abschnitte beschreiben aufbauend auf den Erkenntnissen und den Weiterentwicklungen des funktionalen Tests die Durchführung und Auswertungen einer Feldstudie mit potentiellen Nutzern eines Polierroboters. Es wird die Verortung einer Polieraufgabe auf einem lackierten CFK-Dach analog den Verhältnissen aus dem funktionalen Test untersucht. Nach der Absicherung der grundlegenden Funktionalität der einzelnen Systeme liegt der Fokus des Nutzertests auf der Gebrauchstauglichkeit zur Positionierung von Roboteraufgaben. Die Erprobung findet im Rahmen eines Usability-Tests direkt im Finish-Bereich der DLL2 in der Fertigung von Außenhautbauteilen im März 2017 statt (quasiexperimentelle Feldstudie, vgl. Abbildung 27 c). Die Studienteilnehmer sind erfahrene Lack-Finish-Produktionsmitarbeiter (Erfahrung > 1 Jahr), nachfolgend „Nutzer" genannt.

Der Rahmen der Erhebung ist in Tabelle 59 auf der Grundlage von Abschnitt 3.5 und 4 dargestellt.

Tabelle 59: Rahmen zur Erhebung der Gebrauchstauglichkeit der einzelnen MRS zur Positionierung auf der Basis eines Nutzertests

Quelle: eigene Darstellung

Methode	Studienteilnehmer	Grundlagen und Datenerhebungsinstrumente
Usability Test (Feldstudie)	35 männliche, rechtshändige Produktionsmitarbeiter im Alter zwischen 22 und 55 Jahren (M_{ALTER}=36,14 Jahre; SD_{ALTER}=6,47; $M_{ERFAHRUNG}$=4,3 Jahre; $SD_{ERFAHRUNG}$=2,19)	Systemleistungsmessung, standardisierte Fragebögen (SUS, NASA-TLX), periaktionales lautes Denken

Aus organisatorischen Gründen können nicht alle Teilnehmer aus dem leitfadengestützten Interview in dieser Studie integriert werden.

Datenerhebung

Die Datenerhebung erfolgt unter Zuhilfenahme eines funktionsfähigen Prototyps, welcher die Instruktion eines kollaborierenden Polierroboters erlebbar und damit bewertbar machen soll. Die Überführung der Polieraufgabe und relevanter Eigenschaften in einen realitätsnahen Nutzertest ist in Tabelle 60 dargestellt.

Tabelle 60: Überführung realer Gegebenheiten in einen realitätsnahen Nutzertest der Positionierung

Quelle: eigene Darstellung

Kategorie	Gegebenheiten innerhalb des realen Prozesses	Gegebenheiten innerhalb des Nutzertests	Erläuterung
Werkstück	ebenes Bauteil (CFK-Dach)	ebenes Bauteil (CFK-Dach)	Bearbeitung eines realen Bauteils
Werkzeug	Poliermaschine	robotergeführte Poliermaschine	Verwendung einer MRK-fähigen Poliermaschine / Polierung nach Arbeitsanweisung in kreisenden Bewegungen (3x5 Sekunden)
Arbeits-position	Schleifstellen	mit Polierpaste markierte Stelle	frei positionierbare Polierpaste durch einen Pinselauftrag dient als Markierung der Arbeitspositionen des kollaborierenden Polierroboters

Der **Versuchsaufbau** ist in Abbildung 38 gezeigt. Einen Überblick der Bedienung zeigt Abbildung 63 (Anhang A.4).

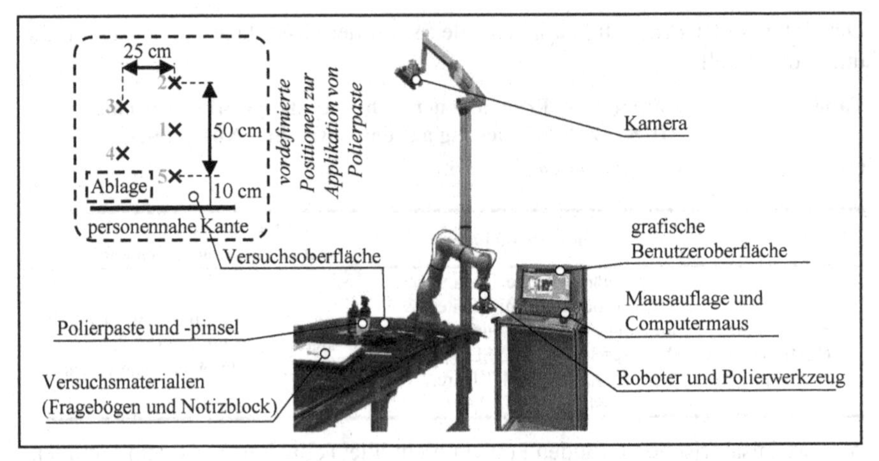

Abbildung 38: Versuchsaufbau des Nutzertests zur Positionierung
Quelle: eigene Darstellung

Der Roboter poliert an den jeweils übergebenen Arbeitspositionen. Zur Vergleichbarkeit zu dem funktionalen Test erfolgt die Positionierung in der gleichen Reihenfolge. Die Gleichheit der Positionen wird durch die Verwendung einer Schablone sichergestellt. Diese werden jeweils mit einem Kreidestift durch ein „x" vormarkiert. Nach dem Auftrag von Polierpaste an den entsprechenden Stellen und Ablage des Polierpinsels folgt die Interaktion mit dem Roboter. Die Genauigkeitsanforderungen werden durch eine Polierscheibe mit einem Durchmesser von drei Zentimetern überprüft. Das **Versuchsdesign** und der **Versuchsablauf** gleicht dem funktionalen Test (vgl. Abschnitt 6.2.2). Zusätzlich zu den Evaluationsgrößen des funktionalen Tests werden Daten durch die Anwendung des NASA-TLX generiert. Dies soll eine bessere Differenzierung zwischen den MRS zu deren Auswahl ermöglichen. Zur Überprüfung von Reihenfolgeeffekten erfolgt eine zusammenfassende SUS-Bewertung im Nachgang.

Datenauswertung und -analyse

Die Auswertung der Daten gleicht der Vorgehensweise des funktionalen Tests (vgl. Abschnitt 6.2.2).

Ergebnisse

Neuheitseffekt

Zur Erfassung des Neuheitseffektes der Zusammenarbeit mit einem Roboter dient abermals eine siebenstufige Likert-Skala. Ähnlich den Novizen schätzen auch die potentiellen Nutzer ihre Erfahrungen auf ein niedriges bis mittleres Niveau ein ($M_{Erfahrung}$=2,17; $SD_{Erfahrung}$=1,97), weshalb mit einer Verzerrung der Daten zu rechnen ist. Bewertungen können aufgrund von positiven Überraschungen durchaus nach oben und auf Basis von Ängsten gegenüber Robotern auch nach unten verzerrt werden. Dem Überraschungseffekt versucht das „freie Ausprobieren" jeder Interaktionsmodalität entgegenzuwirken. Dies soll dem Mitarbeiter ein gutes Interaktionsgefühl sowie die möglichst neutrale Bewertung in Bezug auf einen potentiellen operativen Einsatz ermöglichen.

Bedienzeiten zur Positionierung

Im Zuge der Vergleichbarkeit der einzelnen Bedienzeiten zu den Ergebnissen des funktionalen Tests erfolgt statt dem Legen der einzelnen Zielscheiben ein Markieren der vorgegebenen Stellen mit Polierpaste durch einen Polierpinsel. Die Größe entspricht der in der Arbeitsanweisung spezifizierten „Nussgröße" von ca. zwei bis drei Zentimetern im Durchmesser. Die Interaktion startet mit dem Ablegen des Pinsels an einer vorgegebenen Stelle (vgl. „Ablage" in Abbildung 38). Abbildung 39 zeigt die Bedienzeiten der MRS und Aufgaben aus dem Nutzertest.

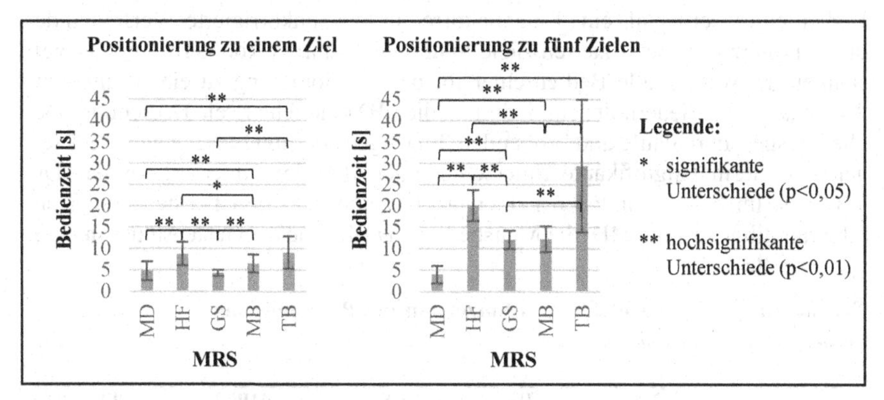

Abbildung 39: **Bedienzeiten des Nutzertests zur Positionierung**
Quelle: *eigene Darstellung*

Tabelle 61 gibt einen detaillierteren Einblick in die erhobenen Daten.

Tabelle 61: **Bedienzeiten des Nutzertests zur Positionierung**
Quelle: *eigene Darstellung*

		MD	HF	GS	MB	TB
Bedienzeit ein Ziel [s]	M	4,77	8,76	4,31	6,54	9,06
	SD	2,17	2,72	0,69	2,09	3,75

		MD	HF	GS	MB	TB
Bedienzeit fünf Ziele [s]	M	3,96	20,10	12,07	12,26	29,34
	SD	2,02	3,63	2,14	2,97	15,56

Der Test auf signifikante Unterschiede basiert aufgrund der überwiegend nicht normalverteilten Daten (p<0,05, vgl. Tabelle 113 in Anhang A.4) auf einem Friedman-Test. Dieser zeigt signifikante Unterschiede zwischen den Bedienzeiten zur Positionierung zu einem Ziel (Chi-Quadrat(4)=92,698; p=0,000; N=35) sowie zur Positionierung zu fünf Zielen (Chi-Quadrat(4)=128,323; p=0,000; N=35). Der aufschlussgebende post-hoc Dunn-Bonferroni-Test (vgl. Tabelle 114 in Anhang A.4) zeigt insbesondere die signifikante Überlegenheit der MD und GS in Bezug auf die Positionierung zu einem Ziel mit schwachen bis mittleren Effektstärken nach Cohen (vgl. Tabelle 115 in Anhang A.4). Im Zuge der Positionierung zu fünf Zielen zeigt nur noch die MD eine signifikante Überlegenheit gegenüber allen anderen MRS mit jeweils schwachen Effektstärken nach Cohen ggü. der MB und GS sowie starken Effektstärken ggü. der HF und TB (vgl. Tabelle 116 in Anhang A.4).

Bedienfehler

Bedienfehler werden als eine Eingabekorrektur bzw. unkorrigiertes Verfehlen der durch Polierpaste spezifizierten Ziele in der ausgeführten Roboterbewegung verstanden. Es werden alle Bedienfehler für die Positionierung zu einem und fünf Zielen addiert. Wiederholt zeigt lediglich die MD eine fehlerfreie Bedienung über alle Versuchsdurchläufe und Probanden. Im Gegensatz zum funktionalen Test zeigen sich diesmal signifikante Unterschiede der MRS im Fehleraufkommen. Die TB weist im Durchschnitt 1,6 Fehler pro Proband auf. Sie ist daher signifikant fehleranfälliger als die MD, die Mausbedienung MB und die Gestensteuerung GS, vgl. Tabelle 62.

Tabelle 62: Bedienfehler des Nutzertests der Positionierung
Quelle: eigene Darstellung

	MD	HF	GS	MB	TB
M [-]	-	0,49	0,34	0,06	1,60
SD [-]	-	0,66	0,64	0,24	1,79
signifikante Unterschiede	TB (p<0,01)	-	TB (p<0,05)	TB (p<0,01)	MD (p<0,01) MB (p<0,01) GS (p<0,05)

Auf Basis der überwiegend nicht normalverteilten Daten (p<0,05, vgl. Tabelle 117 in Anhang A.4) zeigt ein Friedman-Test signifikante Unterschiede zwischen den Bedienfehlern der einzelnen MRS (Chi-Quadrat(4)=48,170; p=0,000; N=35). Der post-hoc Dunn-Bonferroni-Test zeigt insbesondere die schlechte Performanz der

TB (vgl. Tabelle 118 in Anhang A.4) mit einer schwachen Effektstärke nach Cohen (vgl. Tabelle 119 in Anhang A.4).

System Usability Scale

Abbildung 40 und Tabelle 63 zeigen die SUS-Bewertung der verschiedenen MRS und Aufgaben im Vergleich.

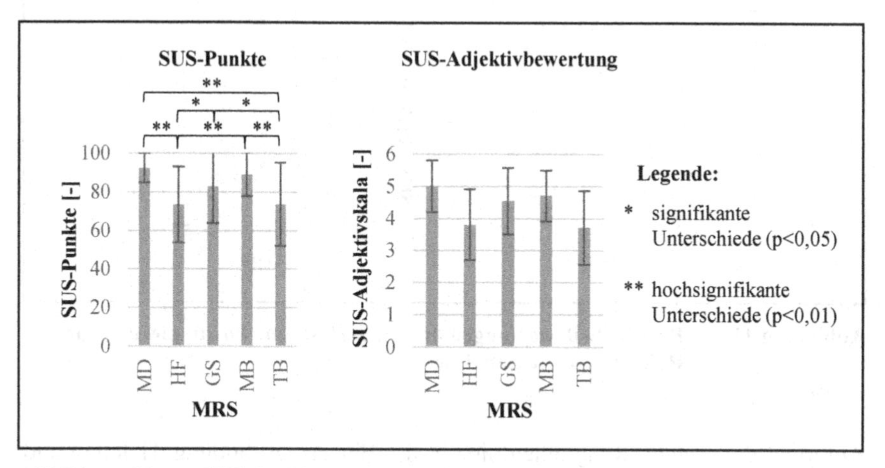

Abbildung 40: **SUS des Nutzertests zur Positionierung**
Quelle: *eigene Darstellung*

Tabelle 63: **SUS-Punkte des Nutzertests zur Positionierung**
Quelle: *eigene Darstellung*

	MD	HF	GS	MB	TB
M [-]	92,50	73,36	82,86	89,14	73,64
SD [-]	7,60	19,73	18,91	11,28	21,65

Für den statistischen Vergleich dient ausschließlich die SUS-Punktebewertung nach Brooke (1996). Auf Basis der überwiegend nicht normalverteilten Daten (p<0,05, vgl. Tabelle 120 in Anhang A.4) zeigt ein Friedman-Test signifikante Unterschiede zwischen den einzelnen SUS-Punktebewertungen (Chi-Quadrat(4)=44,907; p=0,000; N=35) sowie der Adjektivbewertungen (Chi-Quadrat(4)=51,542; p=0,000; N=35) der MRS. Der darauf aufbauende post-hoc Dunn-Bonferroni-Test dokumentiert die Analyse signifikanter Unterschiede (vgl. Tabelle 121 in Anhang A.4). Besonders hervorzuheben sind die hochsignifikanten Unterschiede zwischen der MD und HF sowie zwischen MD und TB mit einer jeweils mittleren Effektstärke nach Cohen (vgl. Tabelle 122 in Anhang A.4).

Aufgrund möglicher Reihenfolgeeffekte erfolgt im Nachgang aller MRS-Erprobungen eine zusammenfassende Bewertung der einzelnen MRS auf Basis der Adjektivskala nach Bangor et al. (2009), vgl. Abbildung 41.

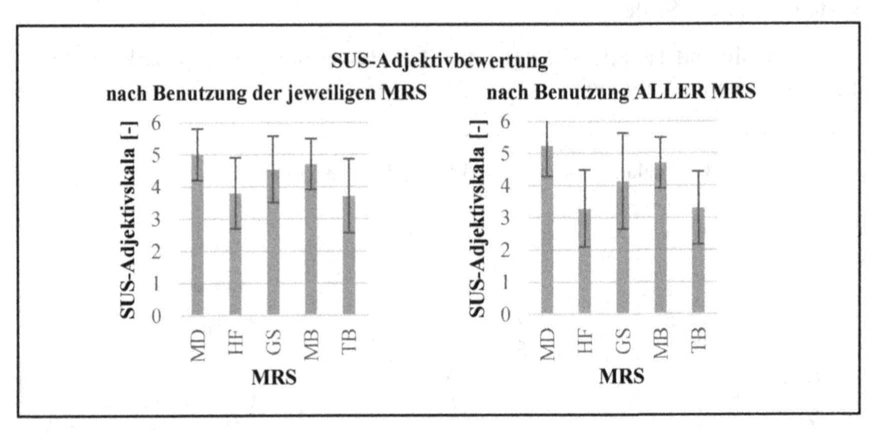

Abbildung 41: Post-SUS-Bewertungen des Nutzertests zur Positionierung zur Reihenfolgeeffektanalyse

Quelle: eigene Darstellung

Aufgrund der identen Rangreihenfolge in der Einzel- (Abbildung 41 links) und Summenbewertung (Abbildung 41 rechts) kann von einem geringen Einfluss der Evaluierungsreihenfolge ausgegangen werden.

NASA-TLX

Die Anwendung des NASA-TLX gewährt weitere Einblicke in die empfundene Gebrauchstauglichkeit interaktiver Systeme. Die Bewertung erfolgt durch ein Einschätzen der erfahrenen Beanspruchung während der Bedienung (vgl. Abschnitt 3.5). Aufgrund der subjektiven Einschätzung auf einer Skala von null bis 100 in Fünferschritten streuen die Daten stark. Aus diesem Grund zeigen Abbildung 42 und Abbildung 43 eine Darstellung in Box-Plots.

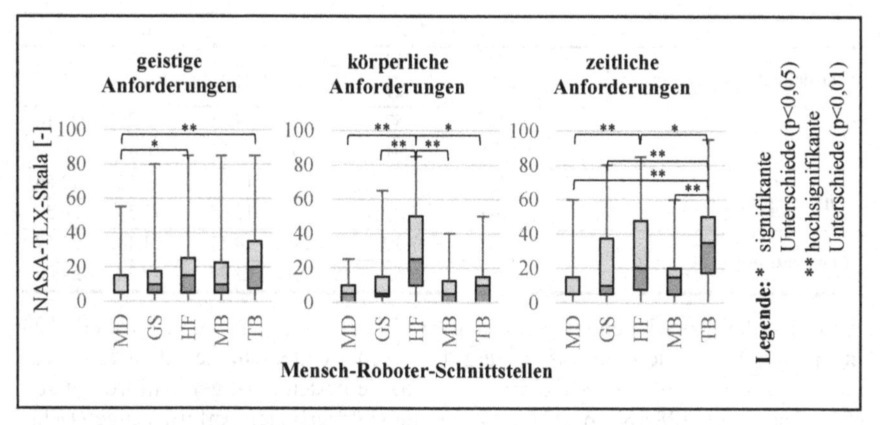

Abbildung 42: **NASA-TLX des Nutzertests zur Positionierung - 1**
Quelle: *eigene Darstellung*

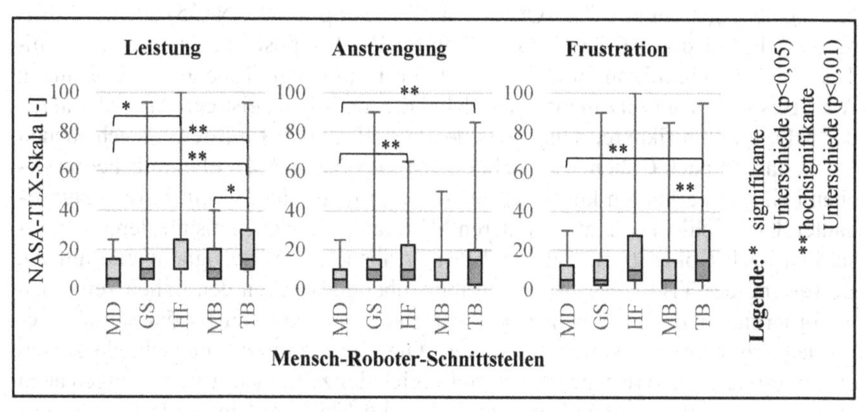

Abbildung 43: **NASA-TLX des Nutzertests zur Positionierung - 2**
Quelle: *eigene Darstellung*

Tabelle 64 gibt einen detaillierteren Einblick in die erhobenen Daten.

Tabelle 64: **NASA-TLX-Punkte des Nutzertests zur Positionierung**
Quelle: *eigene Darstellung*

		MD	HF	GS	MB	TB
Geistige Anforderungen [-]	**M**	9,43	21,71	15,86	18,00	25,29
	SD	10,63	24,64	17,80	20,69	21,69
Körperliche Anforderungen [-]	**M**	6,71	29,86	11,63	8,57	13,14
	SD	6,52	24,06	14,50	9,82	15,25

		MD	HF	GS	MB	TB
Zeitliche Anforderungen [-]	**M**	10,14	26,57	22,71	17,29	35,00
	SD	11,21	23,69	21,94	15,73	22,69
Leistung [-]	**M**	8,57	19,00	14,71	12,29	22,14
	SD	7,91	19,24	18,15	10,10	20,12
Anstrengung [-]	**M**	6,71	17,86	13,57	10,57	17,86
	SD	7,27	17,75	16,65	12,53	20,59
Frustration [-]	**M**	7,29	18,29	14,57	11,14	22,57
	SD	8,60	23,325	22,74	17,024	24,08

Aufgrund der überwiegend nicht normalverteilten Daten (p<0,05, vgl. Tabelle 123 in Anhang A.4) basiert die Auswertung statistischer Unterschiede auf einem Friedman-Test. Dieser zeigt signifikante Unterschiede in den geistigen Anforderungen (Chi-Quadrat(4)=28,187; p=0,000; N=35), den körperlichen Anforderungen (Chi-Quadrat(4)=56,702; p=0,000; N=35), den zeitlichen Anforderungen (Chi-Quadrat(4)=60,110; p=0,000; N=35), der Leistung (Chi-Quadrat(4)=36,047; p=0,000; N=35), der Anstrengung (Chi-Quadrat(4)=34,138; p=0,000; N=35) und der Frustration (Chi-Quadrat(4)=29,379; p=0,000; N=35). Ein post-hoc Dunn-Bonferroni-Test zeigt die signifikanten Unterschiede im Detail (vgl. Tabelle 124 in Anhang A.4). Besonders hervorzuheben sind dabei die niedrigen geistigen Anforderungen der MD mit signifikanten Unterschieden zur HF und TB mit jeweils schwachen Effektstärken nach Cohen (vgl. Tabelle 125 in Anhang A.4). Ebenfalls herausstechend sind die erhöhten körperlichen Anforderungen der HF mit jeweils signifikanten Unterschieden zu allen anderen MRS und schwachen bis mittleren Effektstärken nach Cohen (vgl. Tabelle 125 in Anhang A.4). Bezugnehmend auf die Bewertung der TB lässt sich ein Zusammenhang zwischen den hohen zeitlichen Anforderungen, der vergleichsweise schlechten Leistung und der damit einhergehenden erhöhten Frustration feststellen. Die signifikanten Unterschiede zeigen eine überwiegend schwache jedoch im Bereich der zeitlichen Anforderungen auch mittlere Effektstärken nach Cohen (vgl. Tabelle 125 in Anhang A.4).

Periaktionales lautes Denken

Ein zu den Messungen zusätzlicher Durchlauf der Versuchsaufgabe ermöglicht die Erfassung von qualitativen Daten durch den Einsatz der Methode des periaktionalen lauten Denkens. Die Auswertung erfolgt analog des funktionalen Tests (vgl. Abschnitt 6.2.2). Die Kategorisierung der Aussagen ist in Tabelle 65 gezeigt.

Tabelle 65: Lautes Denken des Nutzertests zur Positionierung
Quelle: eigene Darstellung

MRS	Stärken	Schwächen	Verbesserungspotentiale
Handführung	einfach und verständlich / kein Bildschirm / Genauigkeitsgefühl	schlechte Wahrnehmung des Audiofeedbacks / kein visuelles Feedback (Kontrolle) / keine Korrekturmöglichkeit / keine definierte Griffmöglichkeit / Angst/Respekt vor Roboter / hohe Anstrengung (Arbeitsschicht) / Arbeitsraumeinschränkung auf Armlänge / Trägheit des Roboters / keine Transparenz über Startsignal	definierte Griffposition; Verknüpfung mit visuellem Feedback; Korrekturmöglichkeiten über grafische Benutzeroberfläche; eindeutiges Startsignal über Knopf am Roboter; Zeitpuffer zur Entfernung aus dem Arbeitsraum des Roboters vor dem Start
Gestensteuerung	einfach und verständlich / Direktheit der Eingabe / gutes Genauigkeitsgefühl / kein Suchen der Punkte auf einem Bildschirm	schlechte Wahrnehmung des Audifeedbacks / kein visuelles Feedback (Kontrolle) / mögliche unabsichtliche Eingaben / keine Korrekturmöglichkeit / direkte Berührung des Bauteils (Sichtoptik) / Bewegung in Arbeitsbereich des Roboters / (Unbehagen / Unsicherheit) / fehlende Transparenz über Startsignal / Markierungsaufwand mit Haltezeit / Arbeitsraumeinschränkung auf Armlänge	Erweiterung durch visuelles Feedback (Projektion); Steuerbarkeit über interaktive Oberfläche auf Bauteil; Marker auf Seite der Handinnenfläche, um ein unabsichtliches Exponieren des Markers zu vermeiden
Markerdetektion	einfach und verständlich / keine redundante Eingabe / geringe Anstrengung / hohe Zeitersparnis / kurzer Anlernprozess	Kontrolle erst über Benutzeroberfläche / Misstrauen gegenüber Sensorik (Lichtverhältnisse und Erkennbarkeit der Markierungen)	Erweiterung durch visuelles Feedback (Projektion); Steuerbarkeit über interaktive Oberfläche auf Bauteil; Absicherung durch industrielle Kameratechnik
Mausbedienung	vertrauter Umgang (PC) / einfach und verständlich / hohe Präzision	Präzision erfordert Zeitaufwand / Interaktion über Benutzeroberfläche / Weg zum Bedienterminal erforderlich / Funktionsfähigkeit in nassem und verschmutztem Umfeld / Ablage der Bedienelemente	Verkürzung der Mauswege zum Startsignal über den Einsatz von Kontextmenüs; Verlegung der Bedienung auf Bauteiloberfläche für direkteres Positionierungsgefühl
Touchbedienung	vertrauter Umgang (Tablet und Smartphone) / Nutzung des Produktionsterminals / keine extra Arbeitsmittel	hoher zeitlicher Aufwand / hohes Risiko an Fehleingaben (unbeabsichtigtes Abheben oder Verrutschen) / hoher Stressfaktor / hohe Konzentration aufgrund geringer Präzision / schlechte Bedienung mit Arbeitshandschuhen oder nassen und verschmutzten Händen	höhere Sensibilität des Touchscreens; Eingabe über Eingabestift bei verschmutzten Fingern oder der Arbeit mit Arbeitshandschuhen

Weiterentwicklung der MRS zur Erhöhung der Gebrauchstauglichkeit

Eine maximale Leichtgängigkeit inklusive definierte Greifpositionen bietet großes Potential zur Weiterentwicklung einer **Handführung (HF)**. Der fehlenden Kontrolle bzw. fehlenden Rückmeldung der Eingabe kann mit der Anbringung eines Displays in der Nähe des Angriffspunktes (Zustimmeinrichtung) entgegengewirkt werden. Wichtige Informationen werden dadurch im Sichtfeld des Benutzers angezeigt. Befehle, wie z.B. ein explizites Startsignal oder auch ein Rückgängigmachen der letzten Eingabe, können über einige wenige Knöpfe am Rand des Displays integriert werden. Im besten Falle liegen diese in direkter Erreichbarkeit der permanent zu betätigenden Zustimmeinrichtung für die Handführung im Falle einer sicheren MRK (vgl. Abschnitt 2.2.3). Dadurch, dass die Reichweite der Positionierung mittels Handführung direkt von der Armlänge des jeweiligen Nutzers abhängt, ist der Einsatz einer verstellbaren Verlängerungseinheit anzudenken. Diese soll die Vergrößerung des Arbeitsraums möglich machen und einen Roboter mit betätigter Zustimmeinrichtung über größere Entfernungen führen können. Dadurch, dass die Befehlsausführung des Roboters immer aus der Hand des Nutzers startet (Wechsel des Kollaborationsbetriebs von Handführung zur Leistungs- und Kraftbegrenzung), ist eine Zeitverzögerung zu empfehlen, um ein Sicherheitsgefühl zu erzeugen und Überraschungen durch ruckartige Bewegungen zu vermeiden.

Die Performanz der **Touchbedienung (TB)** ist stark von der Qualität des verwendeten Touchscreens abhängig. Im Falle einer MRS für den Einsatz in einer iMRK bietet sich die Verwendung sensibler, jedoch industriefähiger Touchscreens an. Wenn möglich, ist die zusätzliche Ausstattung mit einem festverbundenen Eingabestift vorzusehen. Dieser kann nicht verloren gehen. Eine Bedienung ist im Vergleich zur Fingereingabe bei erhöhter Präzision auch mit verschmutzten und/ oder nassen Händen möglich.

Die Leistung einer **Mausbedienung (MB)** ist im Wesentlichen von der Gestaltung der grafischen Benutzeroberfläche (GUI) abhängig. Lange Mauswege am Bildschirm können durch integrierte Kontextmenüs abgekürzt werden. Wege zu weiter entfernten Bedienleisten können entfallen. Die Nutzung eines Fadenkreuzes oder anderer „Zielerleichterungen" wird als sinnvoll angesehen. Außerhalb der Schaltflächen zur Positionierung wird ein gewöhnlicher Mauszeiger zur Aktivierung anderer Bedienelemente bevorzugt.

Im Falle einer **Gestensteuerung (GS)** sorgt die Bewegung im Arbeitsraum des Roboters für ein geringes Sicherheitsgefühl bei den Nutzern. Bei der Verwendung einer rein gestenbasierten Eingabe ist die mangelnde Rückmeldung ein wesentlicher Schwachpunkt dieser MRS-Technologie für den Einsatz in einer iMRK. Hinzu kommt die Möglichkeit von unbeabsichtigten Eingaben bei Verwendung ohne zusätzlicher Eingabegeräte. Auf dieser Basis und unter Berücksichtigung der erhobenen Anforderungen (vgl. „Erhalt der Funktionsfähigkeit" in Tabelle 45) wird die Verwendung einer projektionsbasierten Rückmeldung empfohlen.

Die Stärken der **Markerdetektion (MD)** liegen in der Einfachheit der Nutzung. Gerade aufgrund dieser Einfachheit besteht ein umso größeres Kontrollbedürfnis über das Bedienterminal. Es besteht Skepsis ggü. der robusten Erkennung aller gesetzten Markierungen. Dadurch, dass die robuste Markerdetektion auf einer einwandfreien Kamerasicht und Bildverarbeitung basiert, sind Bedienfehler durch Verdeckungen und Schattenwürfe prinzipiell nicht ausgeschlossen. Zur besseren Kontrolle der Eingabe direkt am Entstehungsort wird die Kopplung mit einer projektionsbasierten Rückmeldung empfohlen.

Als allgemeine Empfehlung kann der **Entfall von Audiosignalen** angeführt werden. In der Produktionsumgebung kann das implementierte Audiofeedback nicht eindeutig erkannt werden. Oft findet eine Überlagerung mit Signalen anderer Maschinen und Anlagen statt.

6.2.4 *Expertenbasierte Analyse der Studien*

Ziel der nachstehenden Abschnitte ist die expertenbasierte Konsolidierung und Interpretation der erhobenen Daten und Erkenntnisse zur Auswahl und Weiterentwicklung von MRS für weitere empirische Studien. Dies erfolgt im Rahmen einer interdisziplinären Fokusgruppe im Juni 2017, vgl. Tabelle 66.

Tabelle 66: Rahmen der expertenbasierten Analyse der Studien zur Positionierung

Quelle: eigene Darstellung

Methode	Studienteilnehmer	Grundlagen und Datenerhebungsinstrumente
Fokusgruppe und cognitive Walkthrough	4 Usability-Experten (M_{ALTER}=34 Jahre; SD_{ALTER}=6,04; $M_{ERFAHRUNG}$=4,5 Jahre; $SD_{ERFAHRUNG}$=1,12) 1 Produktionsspezialist (Alter=30 Jahre, Erfahrung=2 Jahre)	Studienergebnisse aus funktionalem Test und Nutzertest, Videoaufnahmen von Testinteraktionen, cognitive Walkthrough zur Erarbeitung von Verbesserungen

Datenerhebung

Die Datenerhebung findet innerhalb der Besprechungsräume des OEM im Rahmen einer Fokusgruppendiskussion statt. Die Räumlichkeiten sind mit White-Boards und Präsentationsbildschirmen ausgestattet, sodass Informationen digital aufgerufen und Notizen für alle Teilnehmer ersichtlich mitgeschrieben werden können. Mit der örtlichen Nähe zu den prototypischen Aufbauten kann neben einem cognitive Walkthrough auch eine Vor-Ort-Begehung erfolgen.

Datenauswertung und -analyse

Die Ergebnisse der bisherigen Studien liegen in digitaler Form vor und dienen neben Videomaterial zur Veranschaulichung der Interaktionsmodalitäten als Diskussionsgrundlage. Die wesentlichen Erkenntnisse daraus werden je MRS stichpunktartig notiert und in der Gruppe diskutiert. Parallel dazu erfolgt ein Abgleich mit den erhobenen Daten. Dies dient als gemeinsames Protokoll zur Analyse der Gestaltungsmöglichkeiten. Zur Diskussion möglicher und verbessernder Änderungen dient ein cognitive Walkthrough. Als weitere Diskussionsgrundlage zur Auswahl von MRS für aufbauende empirische Studien dient eine anschließende Vor-Ort-Begehung der Produktion. Dies soll eine vergleichbare Implementierung der MRS in den prototypischen Aufbau sicherstellen.

Ergebnisse

Die verdichteten Erkenntnisse dienen als Grundlage zur **Auswahl von MRS zur Positionierung** in einer iMRK. Alle evaluierten MRS überzeugen zunächst durch ihre einfache und verständliche Bedienung, vgl. Tabelle 67.

Tabelle 67: Expertenbasierte Analyse der Studien zur Positionierung - Zusammenfassung der wesentlichen Erkenntnisse

Quelle: eigene Darstellung

Vor-/ Nachteile	wesentliche Erkenntnisse	Beobachtungen bei MRS
Vorteile	Direktheit der Bedienung	HF, GS
	aufwandsarme Bedienung	MB, MD
	kurze Bedienzeiten	MD
	einfache und verständliche Bedienung	MD, MB, HF, TB, GS
	hohe pragmatische Qualität	MD, MB, GS
	geringe Fehleranfälligkeit	MD, MB
Nachteile	hohes Risiko von Bedienfehlern	TB
	Einschränkung des Arbeitsraumes	HF, GS
	fehlende Kontroll- und Korrekturmöglichkeiten	HF, GS
	nicht ausreichendes Feedback / fehlende Transparenz	MD, HF, GS
	hohe körperliche Anforderungen	HF
	Abhängigkeit von einem ortsfesten Bedienterminal	MB, TB
	Audiofeedback für Produktionsumgebung nicht geeignet	GS, MD

In Form der HF wird die Bedienung mit Ausblick auf eine ganze Arbeitsschicht hinweg als körperlich anstrengend und zeitintensiv empfunden. Die Bewertung der Gebrauchstauglichkeit fällt daher in vielen Dimensionen signifikant schlechter aus. Die TB bietet zwar die Möglichkeit der aufwandsarmen Integration in den Arbeitsalltag (Bedienterminal), ist jedoch aufgrund der in Summe hohen Fehleranfälligkeit und geringen Präzision für den Einsatz in einer iMRK nicht zu empfehlen. Dies ist auch auf die Schwierigkeiten der genauen Eingabe beim Tragen von Arbeitshandschuhen zurückzuführen. Die weiteren MRS, die MD, MB und GS weisen trotz erhobener Verbesserungspotentiale eine hohe Gebrauchstauglichkeit für den Einsatz zur Positionierung in einer iMRK auf.

Auswahl und Weiterentwicklung der MRS für weitere empirische Studien

Im Rahmen der durchgeführten Studien werden insbesondere die **Handführung (HF) und Touchbedienung (TB) vergleichsweise schlecht** bewertet. Im Falle der HF geht dies mit einer erhöhten körperlichen Anforderung einher (vgl. Abbildung 42), im Speziellen in Anbetracht einer achtstündigen Arbeitsschicht (vgl. Tabelle 65 und Tabelle 67). Im Falle der TB lässt sich dies auf die unzureichend genaue Positionierung zurückführen, im Speziellen beim Tragen von Arbeitshandschuhen (vgl. Tabelle 65 und Tabelle 67).

Die weiteren MRS (GS, MD und MB) eignen sich auf Basis der erhobenen Daten und ihrer Analyse prinzipiell gut für die Verortung von Roboteraufgaben im Arbeitsraum. Sie lassen sich in den variantenreichen Produktionsprozess integrieren. Um Laufwege zu vermeiden und die Aufmerksamkeit während der Interaktion stets auf das zu bearbeitende Bauteil zu fokussieren, wird der **Transfer einer Benutzeroberfläche durch Projektion auf das Bauteil** empfohlen. Im Falle der GS ergibt sich dadurch die Möglichkeit, interaktive Schaltflächen zu nutzen.

6.2.5 *Fazit der Studien zur Gestaltung von MRS*

Die Studien zur Gestaltung einer MRS für die Positionierung in einer iMRK untersuchen verschiedene MRS-Technologien zur Verortung von Arbeitsaufgaben im Arbeitsraum eines Roboters. Die Bewertung der grundlegenden Funktionalität erfolgt dabei in einem von der eigentlichen Polieraufgabe abstrahierten Versuchsaufbau (vgl. Abbildung 34). Die Bewertung der Gebrauchstauglichkeit erfolgt unter Einbeziehung potentieller Nutzer und unter Verwendung eines funktionsfähigen Prototyps (vgl. Abbildung 38). Eine expertenbasierte Studie dient der Konsolidierung der Erkenntnisse zur Definition weiterer Schritte bzw. Studien.

Der Vergleich der Bedienzeiten zwischen dem funktionalen Test und dem Nutzertest zeigt eine ähnliche Verteilung, was auf die grundsätzliche Vergleichbarkeit und den **validen Test der Funktionen** schließen lässt. Es bestehen jedoch Unterschiede für die weitere Interpretation der Studienergebnisse. Die Touchbedienung (TB) zeigt im Falle des Nutzertests eine schlechtere Performanz. Dies ist anhand der Probandenaussagen auf eine verminderte Touchbedienungserfahrung der im Vergleich älteren Finish-Mitarbeiter zurückzuführen, z.B. durch geringere Smartphone- und Tabletnutzung.

Auffallend ist die **überlegene Performanz der Markerdetektion (MD)**. Mit der Übernahme von kameradetektierten Markerpositionen gestaltet sich die Positionierung eines Assistenzroboters auf fünf Ziele hochsignifikant effizienter als mit allen anderen MRS. Im Versuchsverlauf von einem zu fünf Zielen stellt sich sogar ein Lerneffekt durch Vertrauen in das System ein (vgl. Abbildung 39). Eine Analogie lässt sich auch zwischen Mausbedienung (MB) und Gestensteuerung (GS) erkennen. Beide Prozesse beschreiben einen zeitlich ähnlich lang andauernden „Zeigeprozess“, entweder in der realen Welt oder auf einem Kamerabild. Die langen Bedienzeiten sind im Falle der TB auf die schlechte Präzision und hohe Fehlbedienungsanfälligkeit zurückzuführen. Es entstehen zeitaufwändige Korrekturen (vgl. auch NASA-TLX in Abbildung 42). Auch ein hoher körperlicher Aufwand führt in Summe zu schlechten Bewertungen, z.B. körperliche Anforderungen der Handführung (vgl. Abbildung 42). Mit der schlechteren Gebrauchstauglichkeit zeigen sich über den NASA-TLX somit schlechtere Leistungen, höhere geistige Anforderungen, höhere Frustration und damit in Summe höhere Anstrengung (vgl. Abbildung 42 und Abbildung 43). Dies unterstreicht auch der sichtbare Einfluss auf den SUS. Im Vergleich zum funktionalen Test führt der Arbeitskontext im Nutzertest zu einem deutlichen Abfall der Bewertung der HF und TB. Eine hohe Gebrauchstauglichkeit weisen auf Basis der Probandenrückmeldungen nur noch die Markerdetetktion (MD), Mausbedieung (MB) und Gestensteuerung (GS) auf. Dies hebt zusätzlich die Wichtigkeit von Feldstudien im Forschungsfeld der Mensch-Roboter-Interaktion zur Generierung von validen Gestaltungsempfehlungen hervor.

In Summe ergibt sich aus den multidimensionalen Bewertungen eine sichtbare Unterlegenheit der HF und der TB. Der geringe Bedienungsaufwand der MD, die präzise Steuerbarkeit der MB sowie die direkte Interaktion am Bauteil der GS bilden damit die bestbewerteten MRS zur Positionierung eines Assistenzroboters in Form einer iMRK. Vor dem Hintergrund der Gestaltung von MRS zur Verortung einer Aufgabe (Positionierung) wird die Erfüllung der Gestaltungsziele in Abhängigkeit der erhobenen Anforderungen in Tabelle 68 dargestellt.

Tabelle 68: **Bewertung der Erfüllung erhobener Anforderungen zur Überprüfung der Erreichung des Gestaltungsziels**

Quelle: *eigene Darstellung / in Anlehnung an Tabelle 48*

Anforderung	MD	HF	GS	MB	TB
Unterstützung bei der Fehlerbeseitigung	◑	○	○	●	●
schnellstmögliche Interaktion (Effizienz)	●	○	●	●	○
Positionsgenauigkeit (Effektivität)	●	●	●	●	●
Parameterauswahl (Effektivität)	-	-	-	-	-
Sichtbarkeit/Wahrnehmbarkeit des Systemstatus	◑	○	○	●	●

Anforderung	**MD**	**HF**	**GS**	**MB**	**TB**
Zufriedenstellung	●	○	◑	●	○
natürliche Interaktion	●	●	●	◑	○
direkte Interaktion	●	●	●	◑	◑
hinreichende / verständliche Informationsdarstellung und minimalistisches Design	◑	○	◑	●	●
Flexibilität der Interaktion	alle MRS sind nutzbar				
Erhalt der Funktionsfähigkeit	●	●	●	●	●
Wiederholbarkeit	integrierte Funktion (abermaliges Startsignal)				
Integrationsmöglichkeit in den Produktionsprozess	●	○	●	●	●
Legende:	○ trifft nicht zu	◑ trifft teilweise zu	● trifft voll zu	MRS-Auswahl	

Eine weitere Erkenntnis ist die Einschränkung des Arbeitsraums zur Positionierung in Abhängigkeit der Armlänge der Nutzer einer GS oder HF. Die entsprechend notwendige Zugänglichkeit muss bei der Planung einer iMRK für großflächige Bauteile berücksichtigt werden. In Abhängigkeit des Anwendungsfalls (Bauteilgröße) kann eine unmittelbare Gestensteuerung, trotz der zunächst hohen Gebrauchstauglichkeit, nicht geeignet sein. Eine Untersuchung in Abhängigkeit der Körpergröße ist an dieser Stelle nicht Bestandteil der Studien und bietet damit offene Fragestellungen für weitere Untersuchungen.

Zusammenfassend können konkrete Empfehlungen zur Gestaltung von gebrauchstauglichen MRS für die Positionierung in einer iMRK festgehalten werden, vgl. Tabelle 69.

Tabelle 69: Empfehlungen zur Gestaltung von gebrauchstauglichen MRS für die Positionierung in einer iMRK

Quelle: eigene Darstellung

Gestaltungsempfehlung	**Erläuterung**
Nutzung prozessspezifischer und eindeutiger Informationen	Die Bedienzeit verkürzt sich signifikant mit der **Nutzung prozessspezifischer Markierungen**. Diese dienen zusätzlich einer **hochpräzisen Positionierung** direkt am zu bearbeitenden Bauteil. Beispiele hierfür sind die Positionierung eines Gewindeschneideroboters über vorgebohrte Löcher, die Ultraschallprüfung auf Basis aufgetragener Prüfflüssigkeiten, das Schneiden auf Basis skizzierter Schnittlinien, das Schweißen auf Basis vorbereiteter Stöße und viele mehr.
direkte Interaktion mit dem Werkstück	Die **direkte Interaktion mit dem Werkstück** wird in allen Fällen bevorzugt. Die Abhängigkeit von einem ortsfesten Bedienterminal wird von nahezu allen potentiellen Nutzern kritisiert. Im Gegensatz dazu bieten eine Handführung sowie auch eine Gestensteuerung eine **ortsunabhängige Bedienung**. Dies erhöht die Flexibilität und reduziert Wegezeiten. Das damit fehlende visuelle Feedback über eine grafische Benutzeroberfläche auf einem Bedienterminal kann durch die Nutzung von **Projektionstechnologie** auf die Bauteiloberfläche transferiert werden. Dies

Gestaltungs-empfehlung	Erläuterung
	qualifiziert auch die Mausbedienung für die direkte Systeminteraktion über ein Bauteil. Zusätzlich bietet sich die Möglichkeit der Anreicherung mit systemrelevanten Informationen, z.B. Systemstatus und Visualisierung von Nutzereingaben.
einfache, aufwandsarme und robuste Bedienung	Im Zuge nahezu aller MRS-Erprobungen wird die einfache Gestaltung hervorgehoben, jedoch zeigen sich an vielen Stellen Verbesserungspotentiale. Dabei steht vor allem die **Reduktion von Aufwänden** im Fokus, z.B. unnötige Wege mit der Computermaus. Diese können u.a. durch die Einführung von **Kontextmenüs** umgangen werden. Des Weiteren sind Ganzkörperbewegungen in der Bedienung über die Handführung und Gestensteuerung involviert. Neben der Einschränkung des Arbeitsraumes auf den eigenen Greifraum ist auch der damit entstehende **körperliche Aufwand** negativ bewertet. Die Handführung eines Roboters, selbst in einem widerstandsfreien Impedanzmodus („Zero Gravity"), wird von nahezu allen potentiellen Nutzern als körperlich anstrengend empfunden. Zusätzlich zeigen manche MRS eine höhere **Fehleranfälligkeit** durch unbeabsichtigte Signale, z.B. Gestensteuerung und Handführung. Im Sinne der Robustheit der MRS ist besonders auf die Eindeutigkeit von Kommandos zu achten.

Im Vergleich zu existierenden Studien zur Instruktion kollaborierender Roboter zeigt die vorliegende Arbeit eine begründete Auswahl der zu evaluierenden MRS. Dies gelingt durch die Erarbeitung einer methodischen Wissensbasis (vgl. Abschnitt 3) sowie die Erhebung konkreter Praxisanforderungen (vgl. Abschnitt 5). Im Vergleich zu Profanter et al. (2015) als auch Materna et al. (2016) entfällt dadurch die Evaluation einer Sprachsteuerung sowie einer mittelbaren Gestensteuerung (6D-Eingabestift). Beide Studien fokussieren die Verortung von Roboteraufgaben (Positionierung) mittels verschiedener MRS zur Übergabe einer Montage- und Schweißaufgabe. Durch Berücksichtigung einer Schweißaufgabe mit der Auswahl von Heftpunkten können explizite Vergleiche zur Instruktion eines Polierroboters gezogen werden. Beide Studien zeigen eine bevorzugte Wahl einer mittelbaren bzw. unmittelbaren Gestensteuerung. Mit der ebenfalls im Rahmen der vorliegenden Arbeit identifizierten einfachen Handhabung einer GS unterstreicht dies die Notwendigkeit der Weiterentwicklung einer solchen MRS-Technologie auf Basis der erhobenen Erkenntnisse. In Anbetracht der Anforderungen kann dies einen Anstoß zur Entwicklung neuartiger Zeigegeräte liefern, z.B. durch nicht störende Integration in die Arbeitskleidung.

Aus **methodischer Sicht** zeigt sich eine positive Eignung der gewählten Datenerhebungsinstrumente und der Vorgehensweise. Die erhobenen Anforderungen lassen sich vollständig durch die Methodenauswahl operationalisieren. Zusätzlich qualitativ erhobene Verbesserungspotentiale bieten die Möglichkeit, fehlende Gestaltungsanforderungen iterativ zu integrieren. Als Beispiel dient der Transfer der grafischen Benutzeroberfläche auf das Bauteil. Hiermit erlangt die Mausbedienung (MB) die Erfüllung der Anforderung „Direktheit der Bedienung" (vgl. Tabelle 65).

Einschränkend müssen noch die **Grenzen der Übertragbarkeit der gewonnen Erkenntnisse** erwähnt werden: Die erhobenen Anforderungen entstammen der getakteten, variantenreichen Serienproduktion. Als Bearbeitungsgegenstand fokussiert die Ausgestaltung einer iMRK großflächige, nahezu ebene Bauteile. Die Übertragbarkeit auf kleinere Bauteile komplexerer Geometrie bzw. ohne Taktgebundenheit ist im Einzelfall zu prüfen. Es bedarf somit weiterer Forschung, welche Technologien zur Positionierung auf runden Bauteilen, bspw. Motorradtanks, oder unter anderen Produktionsumständen (z.B. Tischlerei) zum Einsatz kommen sollen.

6.3 MRS zur Positionierung und Parametrierung

Die Gestaltung und Evaluation von MRS zur Positionierung und anschließenden Parametrierung fußt auf den Erkenntnissen der Studien zur Positionierung. Geeignete MRS-Technologien können bereits als Basis für die Implementierung der Parametrierung ausgewählt werden (vgl. Abschnitt 6.2.4). Deren konkrete Umsetzung ist im nachfolgenden Abschnitt beschrieben.

6.3.1 *Prototypische Gestaltung*

Zur Implementierung der Parametrierung eignen sich, aufbauend auf den Erkenntnissen und abgeleiteten Gestaltungsempfehlungen, drei verschiedene MRS-Technologien. Eine Beschreibung der jeweiligen Funktion ist in Tabelle 70 dargestellt. Existierende Gestaltungs- und Erprobungsbeispiele dienen als konkrete Gestaltungsvorlage. Die Verweise darauf sind explizit genannt.

Tabelle 70: Detaillierte Beschreibung der prototypisch gestalteten MRS zur Positionierung und Parametrierung

Quelle: eigene Darstellung

MRS	Beschreibung der Positionierung	Beschreibung der Parametrierung	Gestaltung in Anlehnung an
Mausbedienung	Speicherung der Punkte durch Linksklick auf entsprechende Stelle am Bauteil → Start durch Klick auf den Startknopf der projizierten Bedienleiste	automatisch öffnendes Kontextmenü nach Speicherung eines Punktes (ortsabhängig) → Auswahl eines Parameters durch Linksklick / Änderung von Parametern durch Aktivierung eines gespeicherten Punktes (Linksklick) und anschließender Rechtsklick zur Parameterauswahl	Sakamoto et al. (2009), Correa et al. (2010), Wakita et al. (1998), Sekoranja et al. (2015), Materna et al. (2017)

MRS	Beschreibung der Positionierung	Beschreibung der Parametrierung	Gestaltung in Anlehnung an
Gestensteuerung	Arbeitshandschuhe mit Marker auf Handinnenseite am Zeigefinger → Positionierung und Halten des Markers für eine Sekunde (Umdrehen der Hand) → Kontextbalken visualisiert Haltezeit → Start mit Positionierung der Hand auf dem Startknopf der Bedienleiste (Kontextbalken visualisiert ebenfalls die Haltezeit)	automatische Anzeige von Schaltflächen nach Punkteeingabe → Bedienfreigabe wird nach systemischer Referenzbildaufnahme erteilt („OK" links oben) → Platzieren der Hand auf entsprechender Schaltfläche (Kontextbalken visualisiert die Haltezeit) zur Auswahl des Parameters	Kemp et al. (2008), Nguyen et al. (2008), Vallee et al. (2009), Lambrecht (2014), Barbagallo et al. (2016), Wakita et al. (2001), Sekoranja et al. (2015), Materna et al. (2016), Materna et al. (2017)
Markerdetektion	Platzierung von Markern direkt auf der Bauteiloberfläche → System visualisiert erkannte Marker → Auswahl übernehmen durch entsprechenden Mausklick auf projizierte Bedienleiste → Start durch Klick auf den Startknopf der projizierten Bedienleiste	Aktivierung von Punkten durch Linksklick → Zuweisung von Parametern zu Punkten durch Rechtsklick und anschließender Auswahl des Parameters	Kobayashi und Yamada (2004; 2010), Pan et al. (2012), Wakita et al. (1998), Sekoranja et al. (2015), Materna et al. (2017)

Abbildung 44 liefert eine schematische Beschreibung der Positionierung und anschließenden Parametrierung über die ausgewählten MRS.

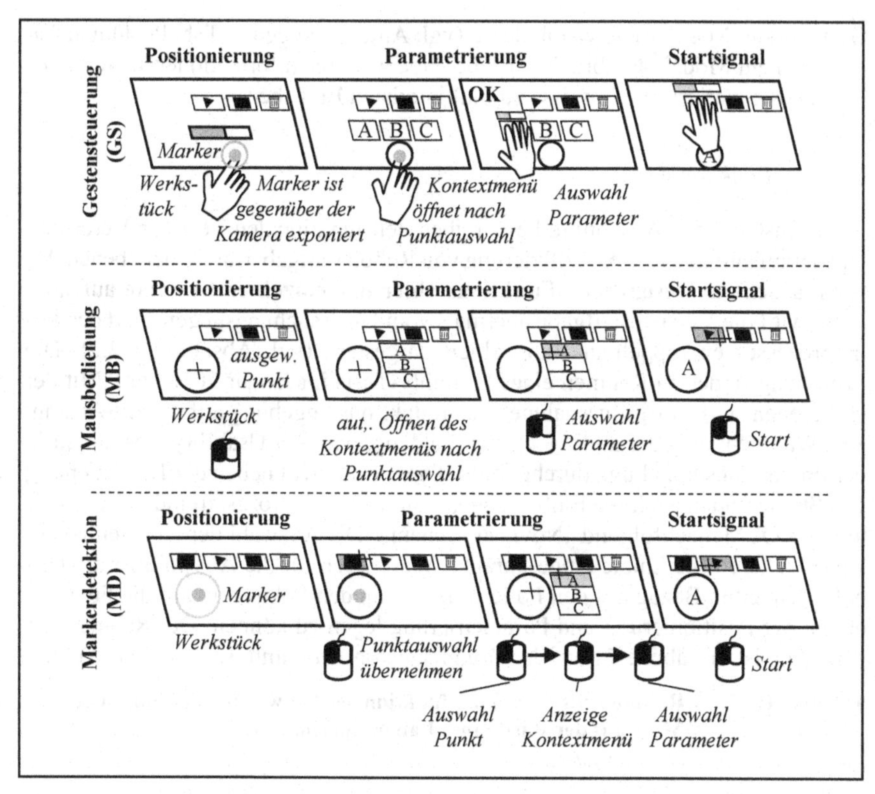

Abbildung 44: **Schematische Darstellung der Positionierung und Parametrierung**
Quelle: *eigene Darstellung*

Aufbauend auf dem existierenden Prototypen wird der Transfer der Benutzeroberfläche auf das Bauteil durch die Installation eines Projektors (Beamer) sichergestellt. Eingaben können direkt auf dem Bauteil erfolgen. Eine Bedienleiste findet sich zum Vergleich in allen Bedienvarianten wieder. Zur Vermeidung unabsichtlicher Betätigungen ist sie am oberen Rand des „Zick-Zack-Versuchsmusters“ angebracht. Einen wesentlichen Untersuchungsaspekt stellt damit ein „Modalitätenbruch“ dar. Sowohl die MB als auch die GS bieten in der Kombination mit einer interaktiven Oberfläche die Möglichkeit der unimodalen Informationseingabe. Im Falle der MB kann dies durch die Manipulation der grafischen Benutzeroberfläche auf der Bauteiloberfläche realisiert werden. Die Gestensteuerung wird durch das Zeigen auf die gewünschte Position mit dem anschließenden Zeigen auf interaktive Schaltflächen umgesetzt. In Bezug auf die MD wird mit dem Ausschluss von

Gesten- oder Markierungsvokabularen (vgl. Anforderungen in Tabelle 44 und Tabelle 45) ein Modalitätenbruch zur Übergabe weiterer Informationen unvermeidlich. Dies generiert Erkenntnisse zu multimodalen Eingaben.

6.3.2 *Funktionaler Test*

Die nachstehenden Abschnitte beschreiben den funktionalen Test zur Verortung und darauf aufbauenden Spezifizierung von Roboteraufgaben auf einer ebenen Arbeitsfläche. Um **wesentliche Funktionsfehler der einzelnen Systeme** aufzudecken, wird die Versuchsaufgabe abermals vom Untersuchungsgegenstand des Polierprozesses entkoppelt und abstrahiert dargestellt (vgl. Abschnitt 6.2.2). Die Erprobung findet im Rahmen eines Usability-Tests im Januar 2018 statt. Mit der erwiesenen starken Einflussnahme der Produktionsumgebung auf die Bewertung, z.B. Wahrnehmung der auditiven Rückmeldung, wird der Usability-Test direkt in der Produktionsumgebung durchgeführt. Dies ermöglicht neben der Einbeziehung von Studierenden auch die Einbeziehung von weiteren, prozessfremden Mitarbeitern des OEM, nachfolgend „Novizen" genannt. Die Auswahl der Novizen ist auf keine weiteren Merkmale eingeschränkt. Wesentlich für die Auswahl ist die Unbefangenheit in Bezug auf den Polierprozess, um den Fokus rein auf die Funktionalität der Positionierung und Parametrierung legen zu können. Der Rahmen der Erhebung ist in Tabelle 71 auf der Grundlage von Abschnitt 3.5 und 4 gesteckt.

Tabelle 71: Rahmen zur Erhebung funktionaler Schwächen der einzelnen MRS auf der Basis eines Laborexperiments

Quelle: eigene Darstellung

Methode	Studienteilnehmer	Grundlagen und Datenerhebungsinstrumente
Usability Test (Labor)	21 männliche und 9 weibliche, rechtshändige Studierende im Alter zwischen 20 und 33 Jahren (M_{ALTER}=24,3 Jahre; SD_{ALTER}=3,01) 6 männliche und 1 weibliche prozessfremde OEM-Mitarbeiter/In im Alter zwischen 24 und 38 (M_{ALTER}=28,8 Jahre; SD_{ALTER}=4,32)	Systemleistungsmessung, standardisierte Fragebögen (SUS, UEQ), periaktionales lautes Denken, subjektive Bewertung des Modalitätenmix

Datenerhebung

Die Datenerhebung erfolgt auf Basis eines funktionsfähigen Prototyps, welcher die Positionierung und Parame-trierung einer Polieraufgabe in abstrahierter Form erlebbar und damit bewertbar machen soll. Die Überführung der Polieraufgabe und relevanter Eigenschaften in den funktionalen Test ist in Tabelle 72 gezeigt.

Tabelle 72: Überführung realer Gegebenheiten in einen funktionalen Test unter Laborbedingungen

Quelle: eigene Darstellung

Kategorie	Gegebenheiten innerhalb des realen Prozesses	Gegebenheiten innerhalb des funktionalen Tests	Erläuterung
Werkstück	ebenes Bauteil (CFK-Dach)	ebene, magnetische Tischplatte	ebene Tischplatte zur Simulation der Eigenschaften des Bauteils
Werkzeug	MRK-fähige Poliermaschine	Stift	robotergeführter Stift zur Kontrolle der Positionsgenauigkeit
Arbeits-position	Schleifstellen	magnetische Papier-Zielscheiben	frei positionierbare Zielscheiben mit einem Mittelkreisdurchmesser von 3 cm zur Überprüfung der Genauigkeitsanforderungen und Parameterspezifikation
Arbeits-parameter	Polier-programme (Intensitäten)	Antast-programme (Anzahl)	Simulation der Eingabe verschiedener Prozessparameter durch die Übergabe der Antastanzahl / Polierintensität 1, 2 oder 3 wird durch die Kategorien 1, 2 oder 3 auf den Zielscheiben repräsentiert und durch 1x, 2x oder 3x Antasten an gewählter Position simuliert

Das Ziel ist jeweils die Positionierung und anschließende Parametrierung der Aufgabe „Antasten" auf manuell gelegte Ziele auf der Versuchsoberfläche. Durch das Antasten von Zielscheiben soll abermals die Genauigkeitsanforderung an die MRS überprüft werden können. Die Ziele werden durch Magneten unter den Zielscheiben ortsfest platziert. Die Platzierung erfolgt abermals auf vormarkierten Positionen mit Verwendung des gleichen geometrischen Musters in der gleichen Reihenfolge (vgl. Abbildung 34). Zusätzlich dazu sind die Zielscheiben mit einer Zahl von eins bis drei beschriftet. Dies repräsentiert die zu übergebenden Parameter. Von jedem Parameter sind zwei Zielscheiben vorrätig. Die Platzierung auf den fünf Versuchspositionen erfolgt in freier Auswahl aus dem Zielscheibenmagazin. Der **Versuchsaufbau** selbst ist in Abbildung 45 gezeigt.

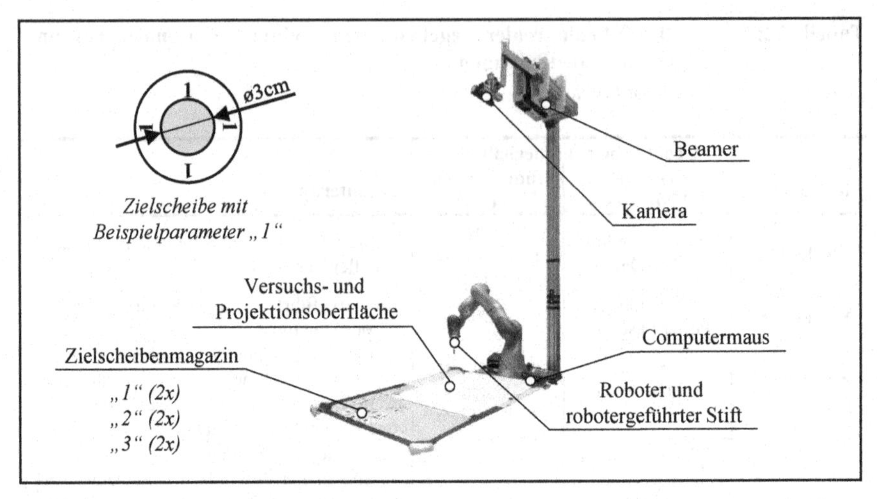

Abbildung 45: Versuchsaufbau des funktionalen Tests zur Positionierung und Parametrierung

Quelle: eigene Darstellung

Die Instruktion des Roboters zum Antasten der gelegten Ziele startet entweder nach dem Platzieren der ersten (Positionierung auf einer Arbeitsposition) bzw. der fünften Zielscheibe (Positionierung auf fünf Arbeitspositionen) in zwei aufeinanderfolgenden Versuchsdurchläufen. Es werden jeweils die Antastposition (Positionierung) und Antastanzahl (Parametrierung) an den Roboter übergeben. Der **Versuchsablauf** orientiert sich an den vorherigen Studien (vgl. Abbildung 35). Die Versuchsreihenfolge (Latin Square) ist in Tabelle 73 gezeigt.

Tabelle 73: Versuchsdesign anhand Latin Square des funktionalen Tests zur Positionierung und Parametrierung

Quelle: eigene Darstellung

Gruppe	MRS 1	MRS 2	MRS 3
Gruppe 1	MD	GS	MB
Gruppe 2	GS	MB	MD
Gruppe 3	MB	MD	GS

Es werden prinzipiell die gleichen Daten wie in den vorherigen anwenderbasierten Untersuchungen erhoben. Statt dem NASA-TLX kommt zur weiteren Differenzierung der UEQ zum Einsatz. Dieser ermöglicht die zusätzliche Erfassung der hedonischen Qualität. Als weiteren Zusatz kommt eine Befragung zum favorisierten Modalitätenmix zum Einsatz. Dies ermöglicht das Studium multimodaler Informationseingaben.

Datenauswertung und -analyse

Die Auswertung der Daten gleicht der Vorgehensweise des funktionalen Tests der Positionierung (vgl. Abschnitt 6.2.2). Mit dem notwendigen Vergleich der reinen Positionierungsleistung der einzelnen MRS im Gegensatz zu den ursprünglichen Varianten erfolgt zur Interpretation ein statistischer Test. Dieser wird auf Basis der Normalverteilung der Werte ausgewählt, vgl. Tabelle 74.

Tabelle 74: Auswahl statistischer Tests zur Analyse von Weiterentwicklungen auf Basis der Normalverteilung von Daten

Quelle: in Anlehnung an Field (2013)

Datengrundlage	statistischer Test zur Analyse von Unterschieden
normalverteilte Daten	t-Test
nicht normalverteilte Daten	Mann-Whitney-U-Test

Ergebnisse

Neuheitseffekt

Unter den Novizen gibt es keine Person, welche bereits an einer vorherigen Studie teilgenommen hat. Aus diesem Grund dient eine siebenstufige Likert-Skala zur Erfassung des Neuheitseffektes. Die Teilnehmer schätzen ihre Erfahrungen in der Zusammenarbeit mit einem Roboter auf ein niedriges bis mittleres Niveau ein ($M_{Erfahrung}$=2,0; $SD_{Erfahrung}$=2,01), weshalb mit einer Verzerrung der Daten laut Baxter et al. (2016) zu rechnen ist.

Bedienzeiten zur Positionierung

Mit einem ersten Testdurchlauf werden statistische Vergleiche zu den Bedienzeiten des funktionalen Tests zur reinen Positionierung gezogen, vgl. Abbildung 46 und Tabelle 75. Die Aufgaben gleichen einander.

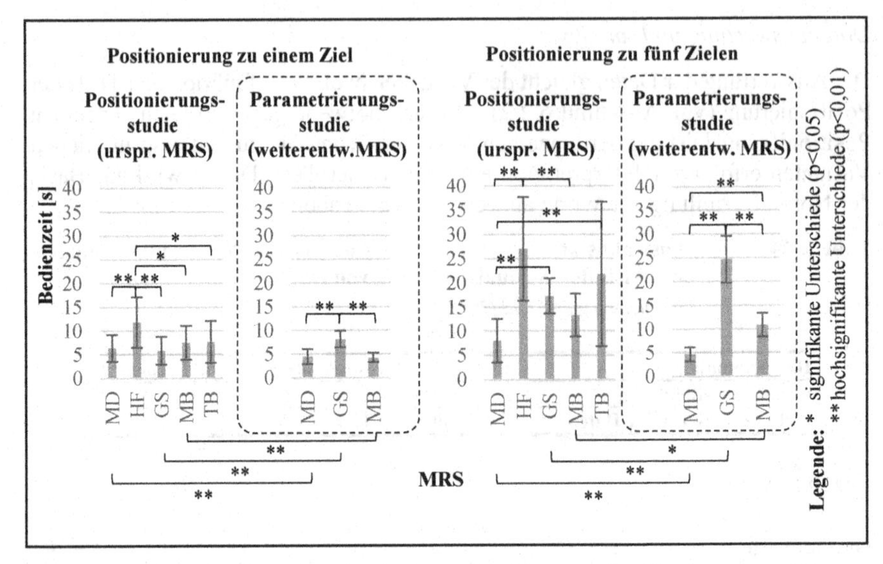

Abbildung 46: **Bedienzeiten des funktionalen Tests zur Positionierung und Parametrierung (nur Positionierung)**

Quelle: *eigene Darstellung*

Tabelle 75: **Bedienzeiten des funktionalen Tests zur Positionierung und Parametrierung (nur Positionierung)**

Quelle: *eigene Darstellung*

		urspr. MRS					weiterentw. MRS		
		MD_U	HF_U	GS_U	MB_U	TB_U	MD	GS	MB
Bedienzeiten ein Ziel [s]	**M**	6,30	11,80	5,80	7,45	7,60	4,48	8,12	4,22
	SD	2,83	5,31	2,93	3,56	4,41	1,59	1,74	0,95
Bedienzeiten fünf Ziele [s]	**M**	8,05	27,0	17,30	13,30	21,75	4,64	24,68	10,81
	SD	4,51	10,71	3,63	4,41	14,89	1,48	4,92	2,52

Auf Basis der überwiegend nicht normalverteilten Daten (p<0,05, vgl. Tabelle 126 in Anhang A.5) wird zur Beurteilung der Weiterentwicklungseffekte ein Mann-Whitney-U-Test herangezogen. Zur Interpretation dient die Darstellung der Mediane, vgl. Tabelle 76. Die jeweils „ursprünglichen MRS“ sind mit dem Index „u“ gekennzeichnet.

Tabelle 76: Vergleich der Weiterentwicklung in Bezug auf die Positionierung im Rahmen des funktionalen Tests

Quelle: eigene Darstellung

Positionierung zu einem Ziel [s]			Positionierung zu fünf Zielen [s]		
MRS	**Median**	**Entwicklung**	**MRS**	**Median**	**Entwicklung**
GSu	5,0	Verschlechterung	**GSu**	16,0	Verschlechterung
GS	7,6		**GS**	22,8	
MBu	7,0	Verbesserung	**MBu**	12,5	Verbesserung
MB	3,9		**MB**	10,2	
MDu	5,5	Verbesserung	**MDu**	7,0	Verbesserung
MD	4,2		**MD**	4,6	

Alle Weiterentwicklungen zeigen signifikante Unterschiede zu den ursprünglichen Entwicklungsständen (vgl. Tabelle 127 in Anhang A.5). Verschlechterungen zeigen sich in der GS, was mit der Einführung eines bewussten Startsignals zu begründen ist. Um unabsichtliche Startsignale zu vermeiden, ist die zusätzliche Betätigung der projizierten Bedienleiste erforderlich. Die weiteren MRS zeigen Verbesserungen in den Bedienzeiten durch die Weiterentwicklung. In Summe zeigt die Bedienung der GS aufgrund der hohen Anzahl an einsekündigen Eingaben eine signifikant schlechtere Performanz im Vergleich der Bedienzeiten zur „ursprünglichen" GS (GS_U).

Zur Analyse der Unterschiede innerhalb der Gruppe der weiterentwickelten MRS dient auf Basis der überwiegend nicht normalverteilten Daten der Bedienzeiten zur Positionierung ($p < 0{,}05$, vgl. Tabelle 126 in Anhang A.5) ein Friedman-Test. Dieser zeigt signifikante Unterschiede zwischen den Bedienzeiten zur Positionierung der weiterentwickelten MRS zu einem Ziel (Chi-Quadrat(2)=53,479; p=0,000; N=37) sowie zur Positionierung zu fünf Zielen (Chi-Quadrat(2)=74,000; p=0,000; N=37). Der darauf aufbauende post-hoc Dunn-Bonferroni-Test zeigt die jeweils signifikant schlechtere Performanz der GS im Vergleich zur MD und MB (vgl. Tabelle 128 in Anhang A.5). Die signifikanten Unterschiede gehen jeweils mit schwachen bis mittleren Effektstärken nach Cohen einher (vgl. Tabelle 129 und Tabelle 130 in Anhang A.5). Dies ist mit den Haltezeiten zur bewussten Eingabe verbunden.

Bedienzeiten zur Positionierung und anschließenden Parametrierung

Die Bedienzeit zur Positionierung und anschließenden Parametrierung wird als jene Zeitspanne interpretiert, welche sich vom Platzieren der letzten Zielscheibe (entweder nach der ersten oder nach der fünften) bis hin zum Start des Roboters erstreckt. Abbildung 47 zeigt die Bedienzeiten der MRS und Aufgaben der Studie.

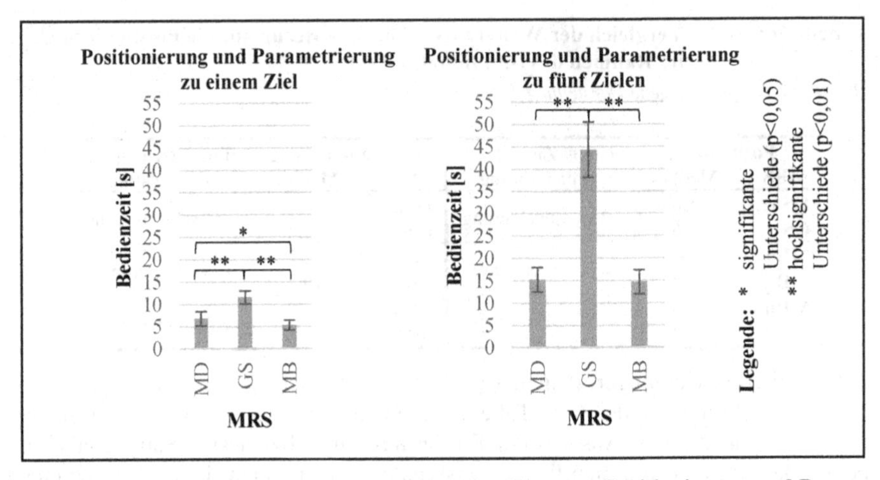

Abbildung 47: **Bedienzeiten des funktionalen Tests zur Positionierung und Parametrierung**

Quelle: *eigene Darstellung*

Tabelle 77 gibt einen detaillierteren Einblick in die erhobenen Daten.

Tabelle 77: **Bedienzeiten des funktionalen Tests zur Positionierung und Parametrierung**

Quelle: *eigene Darstellung*

		MD	GS	MB			MD	GS	MB
Bedienzeit ein Ziel [s]	**M**	6,77	11,53	5,29	**Bedienzeit fünf Ziele [s]**	**M**	15,21	44,28	14,66
	SD	1,63	1,47	1,15		**SD**	2,70	6,16	2,65

Auf Basis der nicht vollständig normalverteilten Daten ($p < 0,05$, vgl. Tabelle 131 in Anhang A.5) zeigt ein Friedman-Test signifikante Unterschiede zwischen den Bedienzeiten zur Positionierung zu einem Ziel (Chi-Quadrat(2) = 60,095; $p = 0,000$; $N = 37$) sowie zur Positionierung zu fünf Zielen (Chi-Quadrat(2) = 56,095; $p = 0,000$; $N = 37$). Der post-hoc Dunn-Bonferroni-Test zeigt die signifikante Überlegenheit der MB und MD (vgl. Tabelle 132 in Anhang A.5). Die Effektstärken nach Cohen erstrecken sich dabei von schwach bis mittel (vgl. Tabelle 133 und Tabelle 134 in Anhang A.5). Die Unterschiede zeigen sich besonders durch den fließenden Ablauf der MB. Die Positionierung und Parametrierung kann ohne einen „Modalitätenbruch" vollzogen werden. Im Gegensatz dazu fordert die MD eine Markierung am Objekt und eine anschließende Parametrierung über ein „Bedienterminal". Die vergleichsweise schlechte Performanz der GS ist auf die vielen Eingaben in Verbindung mit einer Haltezeit (Kontext- bzw. Ladebalken) zurückzuführen. Jede Eingabe erfordert ein bewusstes Kommando. Aufgrund fehlender weiterer Bedienelemente, wie z.B. bewegliche Taster oder Knöpfe (vgl. „Erhalt der Funktionsfähigkeit" in Tabelle 45), ist dies durch zeitaufwändige Haltezeiten umgesetzt.

Bedienfehler

Als Bedienfehler werden jene Fehler verstanden, welche zu einer Korrektur, einem unkorrigierten Verfehlen der Zielscheiben bzw. einer falschen Parametrierung der ausgeführten Roboterbewegung führen. Die MD und MB zeigen ein signifikant geringeres Fehleraufkommen im Vergleich zur GS, vgl. Tabelle 78.

Tabelle 78: Bedienfehler des funktionalen Tests der Positionierung und Parametrierung

Quelle: eigene Darstellung

	MD	GS	MB
M [-]	0,14	0,81	0,05
SD [-]	0,419	0,877	0,229
signifikante Unterschiede	GS (p<0,01)	MD (p<0,01) MB (p<0,01)	GS (p<0,01)

Auf Basis der überwiegend nicht normalverteilten Daten (p<0,05, vgl. Tabelle 135 in Anhang A.5) zeigt ein Friedman-Test signifikante Unterschiede zwischen den Bedienfehlern der einzelnen Mensch-Roboter-Schnittstellen (Chi-Quadrat(2)=29,727; p=0,000; N=37). Ein post-hoc Dunn-Bonferroni-Test unterstreicht die signifikant schlechtere Performanz bei der Bedienung der Gestensteuerung (vgl. Tabelle 136 in Anhang A.5). Die Unterschiede zeigen eine jeweils schwache Effektstärke nach Cohen (vgl. Tabelle 137 in Anhang A.5).

Der hohe Wert des mittleren Bedienfehlers der GS ist auf eine für die Novizen verwirrende Anordnung der interaktiven Schaltflächen zur Parametrierung zurückzuführen. In Abhängigkeit der Punkteposition projiziert das System die Schaltflächen oberhalb oder unterhalb des eingeloggten Punktes. Dies ist dem Umstand geschuldet, dass bei einer Eingabeposition in der Nähe der personennahen Kante keine Information auf das Arbeitsobjekt unterhalb der Eingabeposition projiziert werden kann. Dadurch kann es im Falle einer von der Person weit entfernten Eingabe zu einer Verdeckung der Eingabefelder kommen. Die notwendige Referenzbildaufnahme erfolgt in diesem Fall mit der Verdeckung, was zu einer Fehlbedienung bei der Eingabe führt.

System Usability Scale

Abbildung 48 zeigt die SUS-Punkte der verschiedenen MRS und Aufgaben der Studie, nach Brooke (1996) links und nach der Adjektivskala von Bangor et al.

(2009) rechts. Für den statistischen Vergleich dient abermals aus methodischen Gründen die SUS-Punktebewertung nach Brooke (1996).

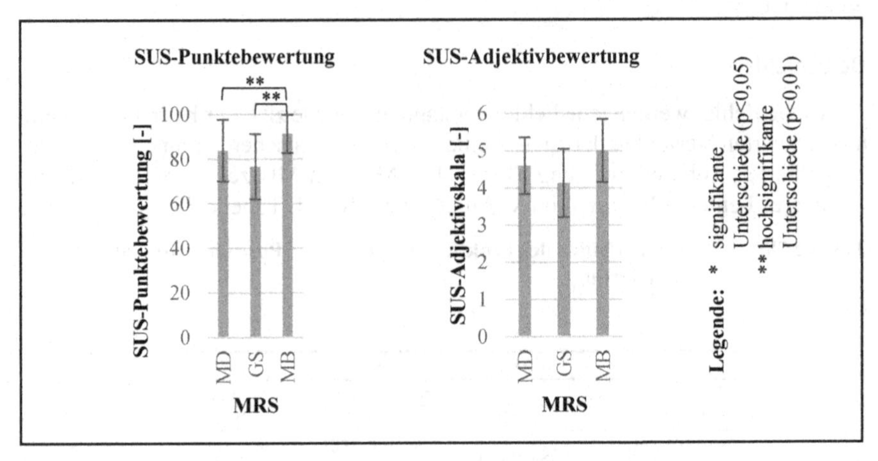

Abbildung 48: **SUS des funktionalen Tests zur Positionierung und Parametrierung**

Quelle: *eigene Darstellung*

Tabelle 79 gibt einen detaillierteren Einblick in die erhobenen Daten.

Tabelle 79: **SUS-Bewertungen des funktionalen Tests zur Positionierung und Parametrierung**

Quelle: *eigene Darstellung*

	MD	GS	MB
M [-]	83,78	76,55	91,28
SD [-]	13,81	14,71	8,55

Auf Basis der überwiegend nicht normalverteilten Daten (p<0,05, vgl. Tabelle 138 in Anhang A.5) zeigt ein Friedman-Test signifikante Unterschiede zwischen den einzelnen SUS-Punktebewertungen (Chi-Quadrat(2)=27,304; p=0,000; N=37), der Adjektivbewertungen direkt nach der Interaktion (Chi-Quadrat(2)=19,446; p=0,000; N=37) sowie nach der Erprobung aller Mensch-Roboter-Schnittstellen (Chi-Quadrat(2)=6,413; p=0,040; N=37). Der darauf aufbauende post-hoc Dunn-Bonferroni-Test unterstreicht die hochsignifikante Überlegenheit der Mausbedienung (vgl. Tabelle 139 in Anhang A.5). Dies äußert sich mit einer jeweils schwachen Effektstärke nach Cohen (vgl. Tabelle 140 in Anhang A.5).

Die Überprüfung der Reihenfolgeeffekte durch eine Abschlussbewertung zeigt eine idente Rangfolge, vgl. Abbildung 49. Dies deutet auf einen zu vernachlässigenden Einfluss der Bewertungsreihenfolge hin.

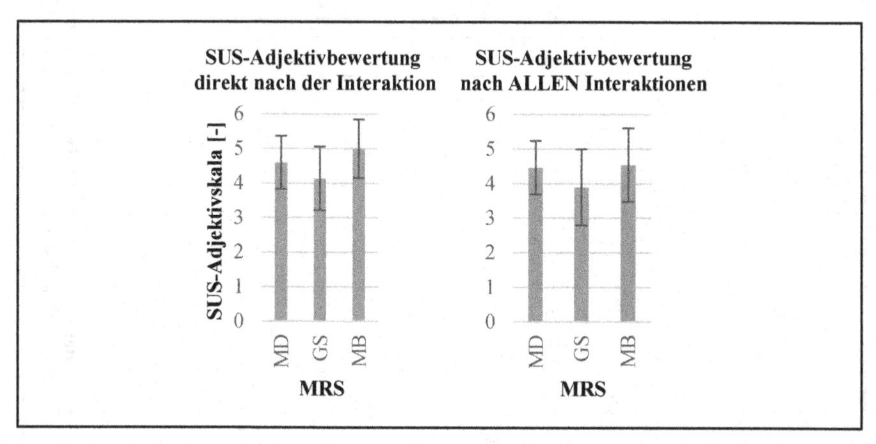

Abbildung 49: Post-SUS-Bewertungen des funktionalen Tests zur Positionierung und Parametrierung zur Reihenfolgeeffektanalyse

Quelle: eigene Darstellung

User Experience Questionnaire

Der UEQ gibt im Gegensatz zur Nutzung des SUS eine Möglichkeit zur Bewertung der hedonischen Qualität von interaktiven Systemen. Mit dem Ursprung in der Bewertung von Software und der starken Orientierung an einer Benutzeroberfläche der MRS wird dieser für einen Vergleich herangezogen, vgl. Abbildung 50.

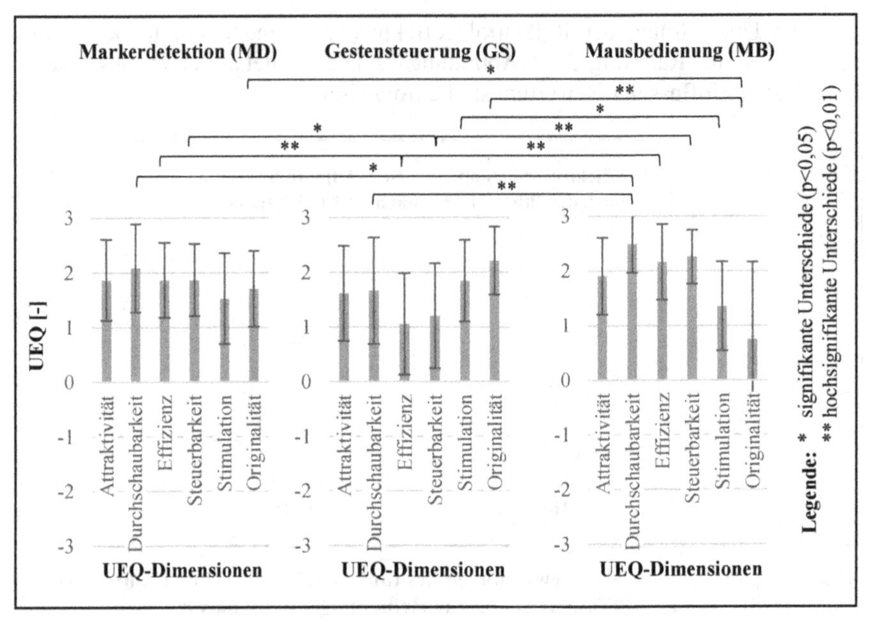

Abbildung 50: **UEQ des funktionalen Tests zur Positionierung und Parametrierung**

Quelle: *eigene Darstellung*

Tabelle 80 gibt einen detaillierteren Einblick in die erhobenen Daten.

Tabelle 80: **UEQ-Bewertungen des funktionalen Tests zur Positionierung und Parametrierung**

Quelle: *eigene Darstellung*

		MD	GS	MB			MD	GS	MB
Attraktivität [-]	**M**	1,87	1,62	1,91	**Steuerbarkeit [-]**	**M**	1,87	1,20	2,26
	SD	0,74	0,87	0,70		**SD**	0,66	0,96	0,49
Durchschaubarkeit [-]	**M**	2,08	1,66	2,49	**Simulation [-]**	**M**	1,53	1,85	1,35
	SD	0,81	0,98	0,53		**SD**	0,83	0,75	0,82
Effizienz [-]	**M**	1,87	1,05	2,16	**Originalität [-]**	**M**	1,70	2,21	0,75
	SD	0,69	0,93	0,69		**SD**	0,96	0,62	1,41

Aufgrund der überwiegend nicht normalverteilten Daten der UEQ-Bewertungen (p<0,05, vgl. Tabelle 141 in Anhang A.5) zeigt ein Friedman-Test keine signifikanten Unterschiede in den Bewertungen der Attraktivität (Chi-Quadrat(2)=4,739; p=0,094; N=37). Er zeigt jedoch signifikante Unterschiede in den Bewertungen der Durchschaubarkeit (Chi-Quadrat(2)=22.978; p=0,000; N=37), der Effizienz

(Chi-Quadrat(2)=38,463; p=0,000; N=37), der Steuerbarkeit (Chi-Quadrat(2)=30,778; p=0,000; N=37), der Stimulation (Chi-Quadrat(2)=6,677; p=0,035; N=37) und der Originalität (Chi-Quadrat(2)=32,299; p=0,000; N=37). Die signifikanten Unterschiede können im Detail durch einen post-hoc Dunn-Bonferroni-Test analysiert werden (vgl. Tabelle 142 in Anhang A.5).

Besonders hervorzuheben ist die signifikant bessere Durchschaubarkeit der MB aufgrund eines gewohnten Umgangs mit einer Computermaus. Der signifikante Unterschied weist eine schwache Effektstärke nach Cohen auf (vgl. Tabelle 143 in Anhang A.5). Des Weiteren sind die subjektiv empfundene Effizienz und Steuerbarkeit der GS signifikant schlechter im Vergleich zu den beiden anderen MRS ausgeprägt. Der signifikante Unterschied weist eine schwache Effektstärke nach Cohen auf (vgl. Tabelle 143 in Anhang A.5). Die Gewohnheit der MB schlägt sich auch in einer signifikant schlechteren Bewertung der Originalität nieder. Der signifikante Unterschied weist eine schwache Effektstärke nach Cohen auf (vgl. Tabelle 143 in Anhang A.5).

Modalitätenmix

Nach dem Versuchsdurchlauf mit den vorgestellten MRS werden die Probanden gebeten, eine für sie bestmögliche Kombination aus den MRS zur Positionierung und MRS zur Parametrierung zu nennen. Die jeweilige Anzahl an Nennungen ist in Tabelle 81 festgehalten.

Tabelle 81: Modalitätenmix des funktionalen Tests zur Positionierung und Parametrierung - Anzahl an Nennungen

Quelle: eigene Darstellung

		MRS zur Parametrierung		
		MD	**GS**	**MB**
MRS zur Positionierung	Markerdetektion (MD)	-	5	12
	Gestensteuerung (GS)	-	4	5
	Mausbedienung (MB)	-	-	11
Legende:		favorisierte Kombination		

Periaktionales lautes Denken

Aussagen der Novizen während eines zusätzlichen Versuchsdurchlaufs werden in Stärken, Schwächen und Verbesserungspotentiale der MRS zur Positionierung und Parametrierung kategorisiert. Das Ergebnis ist in Tabelle 82 zusammengefasst. Zusätzlich zu den vorgegebenen MRS können die Novizen den für sie optimalen Modalitätenmix wählen. Ein freies Ausprobieren ermöglicht zusätzliche Eindrücke neuer MRS-Kombinationen.

Tabelle 82: Lautes Denken des funktionalen Tests zur Positionierung und Parametrierung

Quelle: eigene Darstellung

MRS POS/PAR	Stärken	Schwächen	Verbesserungspotentiale
GS/GS	Einfachheit / Verständlichkeit / kein extra Werkzeug notwendig / Direktheit / Originalität	lange Haltezeiten / langwierige Korrekturen / ungewohnte Handhaltung / Fehleranfälligkeit (Kamera, Verdeckung von Information) / Erreichbarkeit der Bedienleiste in Abhängigkeit der Körpergröße / geringes Genauigkeitsgefühl	Einloggen und Befehle über Knöpfe am Handschuh (entgegen der Anforderungen in Tabelle 44); Anordnung des Kontextmenüs zur Vermeidung unabsichtlicher Manipulationen; Unterteilung der Ladebalken in kleinere Schritte; verschiedene Markerfarben für verschiedene Eingaben (entgegen der Anforderungen in Tabelle 44)
MD/MB	Einfachheit / Verständlichkeit / Effizienz / hohe Präzision / Einsparung von Positionierungsinformation / keine genaue Positionierung mit der Maus	Reduktion der Tätigkeiten auf Kontrolle des Systems / Misstrauen ggü. Technik / Wege mit der Maus	kürzere Wege mit der Maus durch Nutzung von Kontextmenüs; häufige Befehle, z.B. Start, auf einen Taster; automatische Erkennung des Parameters auf Zielscheibe
MB/MB	Gewohnheit / Effizienz / Verständlichkeit / erweiterter Arbeitsraum / Steuerbarkeit / Genauigkeitsgefühl / einfache Korrekturmöglichkeit	kein direkter Kontakt mit dem Bauteil / Genauigkeit auf Kosten von Zeit (Konzentration)	bewusstes Aufrufen der Kontextmenüs ohne Automatik (Linksklick: POS, Rechtsklick: PAR); Integration der Bedienleiste in Kontextmenü zur weiteren Vermeidung von Mauswegen
GS/MB	parallele Abarbeitung der Positionierung und Parametrierung (Vorbereitung der Parametrierung durch Mausbedienung)	-	automatisches Erscheinen des Kontextmenüs nach Eingabe eines Punktes
MD/GS	Zeitersparnis bei der Positionierung / kein weiteres Werkzeug zur Parametrierung	verwirrende Parametrierung bei vielen Punkten (schlechte Übersicht)	Kontextmenüs ggf. immer an derselben Stelle anzeigen, um übermäßige Bewegungen zu vermeiden

Weiterentwicklung der MRS zur Behebung von Funktionsfehlern

Im Zuge der geforderten **Reduktion von Mauswegen** wird die Bedienleiste der MB und MD in ein Kontextmenü integriert. Der Aufruf erfolgt in Abhängigkeit der Mauscursorposition jeweils über einen Rechtsklick, wenn damit nicht gerade das Kontextmenü eines Punktes aufgerufen wird, vgl. Tabelle 83

Tabelle 83: Aktionsbeschreibung der Links- und Rechtsklicks
Quelle: eigene Darstellung

Cursorposition	Aktion bei Linksklick	Aktion bei Rechtsklick
freies Feld	Hinzufügen eines Punktes	Aufruf der Bedienleiste (z.B. Start)
Nähe eines vorhanden Punktes	Aktivierung des Punktes (z.B. Aktivierung mehrerer Punkte zum gemeinsamen Löschen)	Aufruf eines Kontextmenüs zur Parametrierung der angewählten Arbeitsposition (Punkt)

Die zum Aufruf des Parametrierungsmenüs notwendige Aktivierung eines Punktes mittels Linksklick entfällt. Die Anzeige des Kontextmenüs der GS wird dahingehend abgeändert, dass es stets oberhalb des eingeloggten Punktes erscheint. **Unabsichtliche Eingaben** durch ein Verdecken der Schaltflächen werden damit unterbunden. Aufgrund der Wahl einer unmittelbaren Gestensteuerung ist die systemseitige Aufnahme von Referenzbildern nach wie vor notwendig. Mit dem Erscheinen des Kontextmenüs oberhalb der Nutzerhand, kann stets ein Kamerabild frei von Verdeckungen und Schattenwürfen generiert und robust interpretiert werden. Die Freigabe zur Manipulation der Schaltflächen zur Parametrierung wird nach der Aufnahme eines Referenzbildes durch einen grünen Rand rund um das projizierte Parameter-Menü signalisiert. Dadurch entfällt das permanente Achten auf Informationen am Bildschirmrand, bspw. das „OK“ zur Freigabe in Abbildung 44 und Tabelle 70.

6.3.3 *Nutzertest*

Die nachstehenden Abschnitte beschreiben aufbauend auf den Erkenntnissen und den Weiterentwicklungen des funktionalen Tests die Durchführung und Auswertung einer Feldstudie mit potentiellen Nutzern eines Polierroboters. Es wird die Positionierung und Parametrierung einer Polieraufgabe auf einem lackierten CFK-Dach analog den Verhältnissen aus dem funktionalen Test untersucht (vgl. Abschnitt 6.3.2). Nach der Absicherung der grundlegenden Funktionalität der einzelnen Systeme liegt der Fokus des Nutzertests auf der Gebrauchstauglichkeit zur Positionierung und Parametrierung von Roboteraufgaben. Die Erprobung findet im Rahmen eines Usability-Tests im März 2018 direkt im Finish-Bereich der DLL2 in der Fertigung von Außenhautbauteilen (quasiexperimentelle Feldstudie) statt. Die Studienteilnehmer sind Lack-Finish-Produktionsmitarbeiter, nachfolgend „Nutzer“ genannt. Die Auswahl der Nutzer erfolgt auf Basis der bereits erfolgten Teilnahme an vorherigen Studien. Dies berücksichtigt die Forderung der wiederkehrenden Integration in die Entwicklung nach Baxter et al. (2016). Zusätzlich kann damit eine iterative und partizipative Entwicklung realisiert werden. Der Fokus liegt auf der Erhebung von Daten zur begründeten Auswahl einer MRS für die Positionierung und Parametrierung von Roboterfähigkeiten zur Durchführung einer Aufgabe. Der Rahmen der Erhebung ist in Tabelle 84 auf der Grundlage von Abschnitt 3.5 und 4 dargestellt.

Tabelle 84: Rahmen zur Erhebung der Gebrauchstauglichkeit der einzelnen MRS zur Positionierung und Parametrierung auf der Basis eines Nutzertests

Quelle: eigene Darstellung

Methode	Studienteilnehmer	Grundlagen und Datenerhebungsinstrumente
Usability Test (Labor)	24 männliche, rechtshändige Produktionsmitarbeiter des Lack-Finish im Alter zwischen 22 und 55 Jahren (M_{ALTER}=35,96 Jahre; SD_{ALTER}=9,26)	Systemleistungsmessung , standardisierte Fragebögen (SUS, UEQ), periaktionales lautes Denken, subjektive Bewertung des Modalitätenmix

Datenerhebung

Die Datenerhebung erfolgt unter Zuhilfenahme eines funktionsfähigen Prototyps, welcher die Instruktion eines kollaborierenden Polierroboters erlebbar und damit bewertbar machen soll. Der **Versuchsaufbau** selbst ist in Abbildung 51 gezeigt.

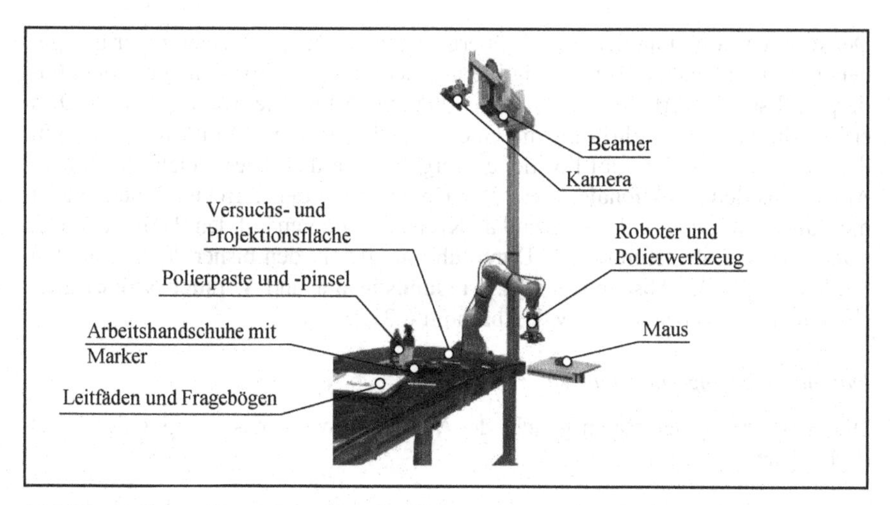

Abbildung 51: **Versuchsaufbau des Nutzertests zur Positionierung und Parametrierung**

Quelle: *eigene Darstellung*

Einen Überblick der Bedienung zeigt Abbildung 64 (Anhang A.6). Die Überführung der Polieraufgabe in einen realitätsnahen Nutzertest ist in Tabelle 85 dargestellt.

Tabelle 85: **Überführung realer Gegebenheiten in einen realitätsnahen Nutzertest der Positionierung und Parametrierung**

Quelle: *eigene Darstellung*

Kategorie	Gegebenheiten innerhalb des realen Prozesses	Gegebenheiten innerhalb des funktionalen Tests	Erläuterung
Werkstück	ebenes Bauteil (CFK-Dach)	ebenes Bauteil (CFK-Dach)	Bearbeitung eines realen Bauteils
Werkzeug	MRK-fähige Poliermaschine	robotergeführte Poliermaschine	Verwendung einer MRK-fähigen Poliermaschine
Arbeits-position	Schleifstellen	mit Polierpaste markierte Stelle	frei positionierbare Polierpaste durch einen Pinselauftrag dient als Markierung der Arbeitspositionen des kollaborierenden Polierroboters
Arbeits-parameter	Polier-programme (Intensitäten)	Polier-programme (Intensitäten)	Polierintensität 1, 2 oder 3 wird durch die Parametrierung spezifiziert und kann je Arbeitsposition frei gewählt werden / innerhalb des „fünf Ziele"-Versuchsabschnittes müssen alle drei Parameter mindestens einmal enthalten sein

Der Roboter poliert an den jeweils übergebenen Arbeitspositionen in der übergebenen Polierintensität. Vor der Markierung der einzelnen Positionen mit dem Polierpinsel spezifiziert jeder Nutzer einen Parameter für jede Arbeitsposition. Dies erfolgt durch eine Beschriftung mit einem Kreidestift. Jeder Parameter muss mindestens einmal an den fünf Positionen vergeben werden. Dies gleicht damit dem Ablauf aus dem funktionalen Test. Zur Überprüfung der korrekten Übergabe ist die Polierbewegung in ihrer Anzahl an Kreisbewegungen auf den Parameter eins, zwei oder drei abgestimmt. Die Durchführung gleicht den bisher durchgeführten Studien (vgl. z.B. Abschnitt 6.2.3). **Versuchsdesign** und **Versuchsablauf** gleichen dem funktionalen Test (vgl. Abschnitt 6.3.2).

Datenauswertung und -analyse

Die Auswertung der Daten gleicht der Vorgehensweise des funktionalen Tests (vgl. Abschnitt 6.3.2).

Ergebnisse

Neuheitseffekt

Jeder Teilnehmer der Studie zur Positionierung und Parametrierung hat bereits an der Studie zur reinen Positionierung teilgenommen und durchlaufen hiermit eine zweite Iterationsschleife. Dies entspricht der Forderung nach Baxter et al. (2016) zur Überwindung des Neuheitseffektes und Generierung verzerrungsfreier Daten.

Bedienzeiten zur Positionierung

Die Bedienzeiten zur Positionierung werden im Vergleich zur Positionierungsstudie (vgl. Abbildung 39) erhoben. Abbildung 52 zeigt damit die Untersuchung der Wirksamkeit von Weiterentwicklungen.

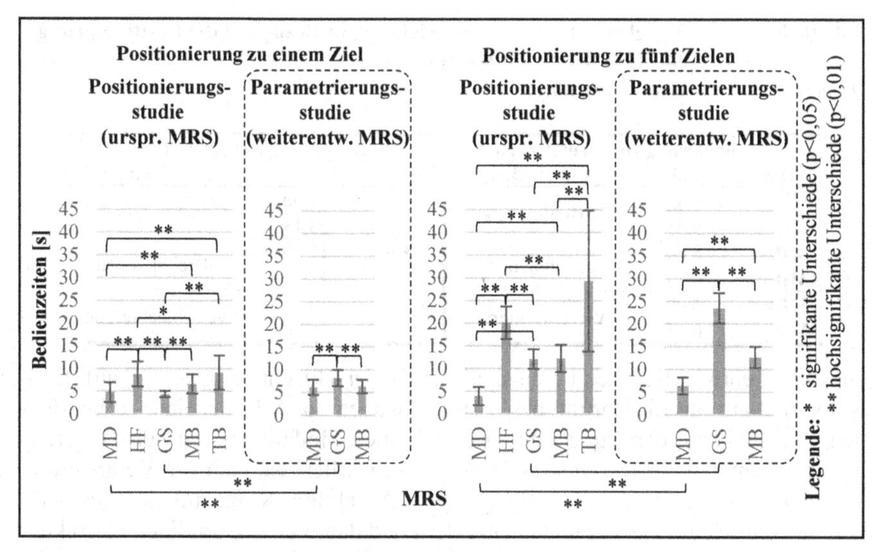

Abbildung 52: **Bedienzeiten des Nutzertests zur Positionierung und Parametrierung (nur Positionierung)**

Quelle: *eigene Darstellung*

Tabelle 86 gibt einen detaillierteren Einblick in die erhobenen Daten und den Vergleich (vgl. Tabelle 61).

Tabelle 86: **Bedienzeiten des Nutzertests der Positionierung und Parametrierung (nur Positionierung)**

Quelle: *eigene Darstellung*

		urspr. MRS					weiterentw. MRS		
		MD_U	HF_U	GS_U	MB_U	TB_U	MD	GS	MB
Bedienzeiten ein Ziel [s]	**M**	4,77	8,76	4,31	6,54	9,06	6,14	8,20	6,31
	SD	2,17	2,72	0,69	2,09	3,75	1,68	1,79	1,50
Bedienzeiten fünf Ziele [s]	**M**	3,96	20,10	12,07	12,26	29,34	6,35	23,48	12,68
	SD	2,02	3,63	2,14	2,97	15,56	1,88	3,39	2,34

Auf Basis der überwiegend nicht normalverteilten Daten ($p < 0,05$, vgl. Tabelle 144 in Anhang A.6) wird zur Beurteilung der Weiterentwicklungseffekte ein Mann-Whitney-U-Test herangezogen. Sowohl die GS als auch die MD zeigen eine hochsignifikante Veränderung im Vergleich zu den ursprünglichen Ausführungen (vgl. Tabelle 145 in Anhang A.6). Zur Interpretation einer Verbesserung oder Verschlechterung dient die Darstellung der Mediane, gezeigt in Tabelle 87. Die jeweils „ursprünglichen MRS“ sind mit dem Index „u“ gekennzeichnet.

Tabelle 87: Vergleich der Weiterentwicklung in Bezug auf die Positionierung im Rahmen des Nutzertests

Quelle: eigene Darstellung

Positionierung zu einem Ziel [s]			Positionierung zu fünf Zielen [s]		
MRS	**Median**	**Entwicklung**	**MRS**	**Median**	**Entwicklung**
GSu	4,00	Verschlechterung	**GSu**	12,00	Verschlechterung
GS	8,25		**GS**	23,15	
MBu	6,00	gleichbleibend	**MBu**	11,50	gleichbleibend
MB	6,15		**MB**	12,50	
MDu	4,00	Verschlechterung	**MDu**	3,5	Verschlechterung
MD	6,15		**MD**	6,25	

Die Weiterentwicklung zeigt eine signifikante Verschlechterung der GS auf. Dies ist explizit auf die Einführung bewusster Eingaben durch Haltezeiten zu begründen. Die MD erfordert zur Parametrierung einen Modalitätenwechsel. Dadurch, dass die kamerabasierte Detektion der Marker (Polierpaste) auf die Veränderungen der projizierten Benutzeroberfläche (Projektion Kontextmenü) reagiert, kommt es in vielen Fällen zu Bedienfehlern und damit zu notwendigen Korrekturen der Eingabe. In beiden Fällen führt dies zu einer Verlängerung der Bedienzeit. Die MB weist in keinem der Anwendungsfälle eine signifikante Veränderung der Bedienzeiten auf.

Zur Analyse der Unterschiede innerhalb der Gruppe der weiterentwickelten MRS dient auf Basis der überwiegend nicht normalverteilten Daten der Bedienzeiten zur Positionierung ($p < 0,05$, vgl. Tabelle 144 in Anhang A.6) ein Friedman-Test. Dieser zeigt signifikante Unterschiede zwischen den Bedienzeiten zur Positionierung zu einem Ziel (Chi-Quadrat(2) = 34,126; $p = 0,000$; $N = 24$) sowie zur Positionierung zu fünf Zielen (Chi-Quadrat(2) = 42,750; $p = 0,000$; $N = 24$). Ein post-hoc Dunn-Bonferroni-Test zeigt die jeweils signifikant schlechtere Performanz der GS. Im Falle mehrerer Ziele zeigt sich auch eine signifikante Überlegenheit der MD im Vergleich zur MB (vgl. Tabelle 146 in Anhang A.6). Die Unterschiede besitzen eine schwache bis mittlere Effektstärke nach Cohen (vgl. Tabelle 147 und Tabelle 148 in Anhang A.6).

Bedienzeiten zur Positionierung und anschließenden Parametrierung

Die Bedienzeit zur Positionierung und anschließenden Parametrierung wird als jene Zeitspanne interpretiert, welche sich vom Ablegen des Polierpinsels (entweder nach Applikation der Polierpaste auf dem ersten oder fünften Ziel) bis hin zum Start des Roboters erstreckt. Abbildung 53 zeigt die Bedienzeiten der Studie.

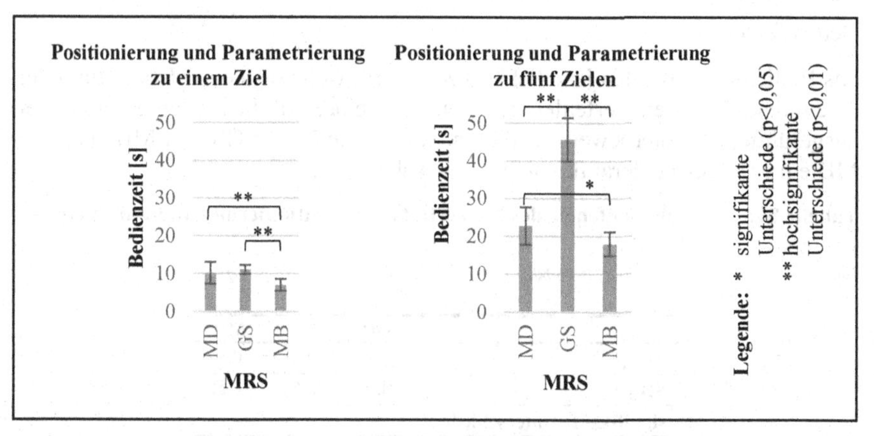

Abbildung 53: **Bedienzeiten des Nutzertests zur Positionierung und Parametrierung**

Quelle: *eigene Darstellung*

Tabelle 88 gibt einen detaillierteren Einblick in die erhobenen Daten.

Tabelle 88: **Bedienzeiten des Nutzertests zur Positionierung und Parametrierung**

Quelle: *eigene Darstellung*

		MD	GS	MB			MD	GS	MB
Bedienzeit ein Ziel [s]	**M**	10,23	11,14	7,03	**Bedienzeit fünf Ziele [s]**	**M**	22,75	45,66	17,97
	SD	2,86	1,17	1,52		**SD**	4,95	5,67	3,15

Auf Basis der nicht vollständig normalverteilten Daten ($p<0{,}05$; vgl. Tabelle 149 in Anhang A.6) zeigt ein Friedman-Test signifikante Unterschiede zwischen den Bedienzeiten zur Positionierung zu einem Ziel (Chi-Quadrat(2)=34,126; p=0,000; N=24) sowie zur Positionierung zu fünf Zielen (Chi-Quadrat(2)=42,750; p=0,000; N=24). Ein post-hoc Dunn-Bonferroni-Test unterstreicht die signifikante Überlegenheit der MB (vgl. Tabelle 150 in Anhang A.6). Die Gründe hierfür sind dem funktionalen Test ähnlich (vgl. Abschnitt 6.3.2). Der Modalitätenbruch der MD (Positionierung über das Auftragen von Polierpaste und die Parametrierung über ein Bedienterminal) macht sich in Bezug auf die Bedienzeiten jedoch verstärkt bemerkbar. Die vergleichsweise langen Bedienzeiten der GS sind abermals durch die bewusste Bestätigung jeder Eingabe mit einer Haltezeit zu begründen.

Bedienfehler

Als Bedienfehler werden jene Fehler verstanden, welche zu einer Korrektur, oder einem unkorrigierten Verfehlen der Ziele bzw. einer falschen Parametrierung der ausgeführten Roboterbewegung führen. Im Vergleich zur GS und MB zeigt die MD ein erhöhtes Fehleraufkommen, vgl. Tabelle 89.

Tabelle 89: Bedienfehler des Nutzertests zur Positionierung und Parametrierung

Quelle: eigene Darstellung

	MD	GS	MB
M [-]	0,71	0,33	0,38
SD [-]	0,99	0,64	0,58
signifikante Unterschiede	-	-	-

Auf Basis der nicht normalverteilten Daten ($p<0,05$; vgl. Tabelle 151 in Anhang A.6) zeigt ein Friedman-Test keine signifikanten Unterschiede zwischen den Bedienfehlern der MRS (Chi-Quadrat(2)=1,733; $p=0,420$; $N=24$). Die vergleichsweise hohe Anzahl der Bedienfehler im Zuge der Nutzung der MD ist auf ein Verdecken der für die Kamera notwendigen Informationen zurückzuführen. Mit dem Aufruf eines Kontextmenüs werden bereits gesetzte Markierungen teilweise überdeckt und sind damit für die Kamera nicht mehr auffindbar. In diesem Fall muss das Kontextmenü entfernt von den Punkten aufgerufen werden, was zusätzlichen Aufwand erfordert.

System Usability Scale

Abbildung 54 zeigt die SUS-Punkte der verschiedenen MRS und Aufgaben der Studie, nach Brooke (1996) links und nach der Adjektivskala von Bangor et al. (2009) rechts.

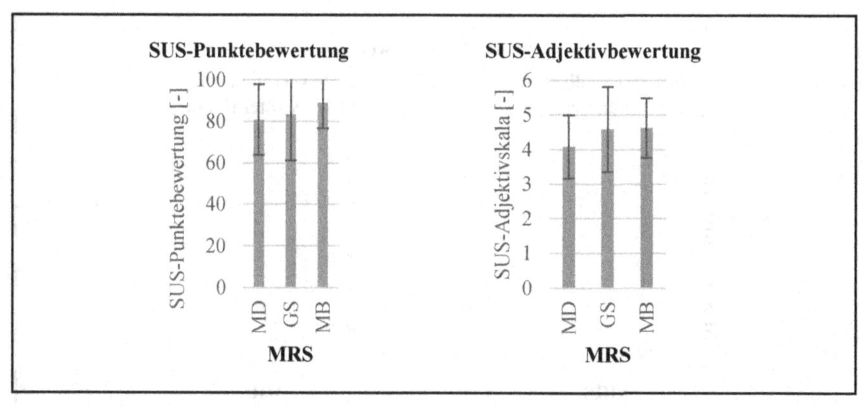

Abbildung 54: **SUS des Nutzertests zur Positionierung und Parametrierung**
Quelle: *eigene Darstellung*

Tabelle 90 gibt einen detaillierteren Einblick in die erhobenen Daten.

Tabelle 90: **SUS-Bewertungen des Nutzertests zur Positionierung und Parametrierung**
Quelle: *eigene Darstellung*

	MD	GS	MB
M [-]	80,83	83,33	89,06
SD [-]	17,30	22,55	12,74

Auf Basis der nicht normalverteilten Daten für die SUS-Punktebewertung nach Brooke (1996) ($p<0,05$; vgl. Tabelle 152 in Anhang A.6) zeigt ein Friedman-Test keine signifikante Unterschiede zwischen den einzelnen SUS-Punktebewertungen (Chi-Quadrat(2)=3,933; p=0,140; N=24), der Adjektivbewertungen direkt nach der Interaktion (Chi-Quadrat(2)=5,262; p=0,072; N=24) sowie nach der Erprobung aller MRS (Chi-Quadrat(2)=4,217; p=0,121; N=24). Dies ist auf die hohe Streuung der Bewertungen zurückzuführen. Die Bewertungen zur Überprüfung des Reihenfolgeeffektes zeigt eine Änderung der Rangreihenfolge zwischen GS und MD, welche aufgrund starker Streuung jedoch nicht eindeutig zu interpretieren ist, vgl. Abbildung 55.

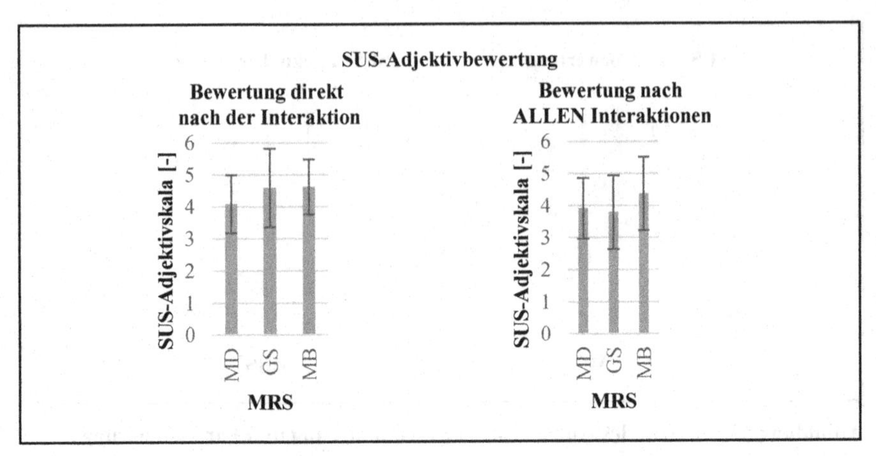

Abbildung 55: Post-SUS-Bewertungen des Nutzertests zur Positionierung und Parametrierung zur Reihenfolgeeffektanalyse

Quelle: eigene Darstellung

Zusammenfassend weisen in Bezug auf die Instruktion eines Polierroboters alle Systeme eine hohe Gebrauchstauglichkeit auf (vgl. Abbildung 61 in Anhang A.6).

User Experience Questionnaire

Der UEQ bietet mit der Erfassung der hedonischen Qualität interaktiver Systeme eine Ergänzung zum System Usability Scale (SUS). Abbildung 56 zeigt die Auswertung in grafischer Form.

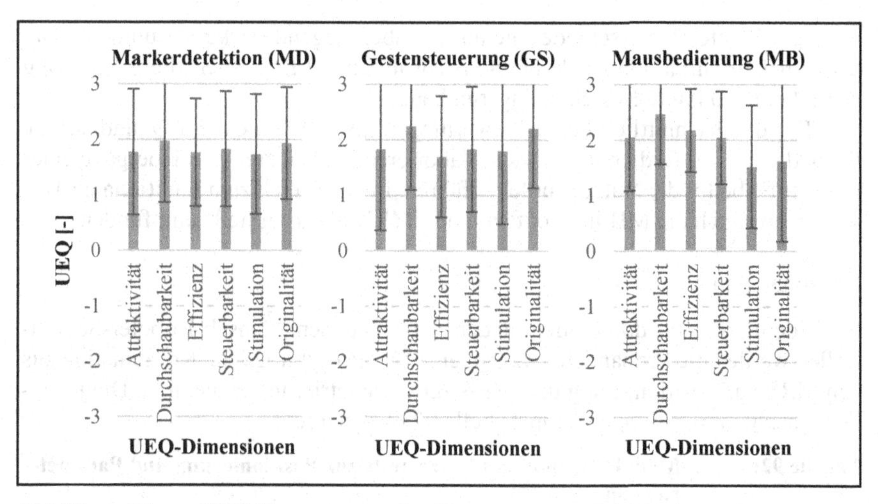

Abbildung 56: **UEQ-Bewertungen des Nutzertests zur Positionierung und Parametrierung**

Quelle: *eigene Darstellung*

Tabelle 91 gibt einen detaillierteren Einblick in die erhobenen Daten.

Tabelle 91: **UEQ-Bewertungen des Nutzertests zur Positionierung und Parametrierung**

Quelle: *eigene Darstellung*

		MD	GS	MB			MD	GS	MB
Attraktivität [-]	**M**	1,78	1,83	2,05	**Steuerbarkeit [-]**	**M**	1,83	1,83	2,04
	SD	1,13	1,47	0,96		**SD**	1,04	1,13	0,84
Durchschaubarkeit [-]	**M**	1,98	2,25	2,47	**Simulation [-]**	**M**	1,74	1,80	1,52
	SD	1,10	1,14	0,90		**SD**	1,08	1,32	1,11
Effizienz [-]	**M**	1,77	1,70	2,18	**Originalität [-]**	**M**	1,94	2,21	1,63
	SD	0,97	1,09	0,75		**SD**	1,01	1,06	1,46

Auf Basis der nicht normalverteilten Daten der UEQ-Bewertungen ($p<0,05$; vgl. Tabelle 153 in Anhang A.6) zeigt ein Friedman-Test keine signifikanten Unterschiede in den Bewertungen der Attraktivität (Chi-Quadrat(2)=2,167; p=0,338; N=24), der Durchschaubarkeit (Chi-Quadrat(2)=2,883; p=0,237; N=24), der Effizienz (Chi-Quadrat(2)=3,159; p=0,206; N=24), der Steuerbarkeit (Chi-Quadrat(2)=0,217; p=0,897; N=24), der Stimulation (Chi-Quadrat(2)=0,795; p=0,672; N=24) und der Originalität (Chi-Quadrat(2)=4,300; p=0,116; N=24). Die fehlenden signifikanten Unterschiede sind auf die überwiegend starke Streuung der Daten zurückzuführen. Für die konkrete Auswahl einer MRS liefert diese Erhebung damit keine konkrete Entscheidungsrundlage.

Die durchschnittlich hohen Bewertungen im Rahmen des UEQ sind auf die Besonderheit der Bedienung eines kollaborierenden Roboters zur Übergabe einer Polieraufgabe für die Nutzer zurückzuführen. Im Vergleich zum funktionalen Test wird bspw. auch die MB im Kontext einer iMRK als „originell" empfunden.

Modalitätenmix

Nach dem Versuchsdurchlauf mit den verschiedenen Mensch-Roboter-Schnittstellen werden die Probanden gebeten, eine für sie bestmögliche Kombination aus den MRS zur Positionierung und MRS zur Parametrierung zu nennen. Die jeweilige Anzahl an Nennungen ist in Tabelle 92 festgehalten.

Tabelle 92: Modalitätenmix des Nutzertests zur Positionierung und Parametrierung

Quelle: eigene Darstellung

		MRS zur Parametrierung		
		MD	**GS**	**MB**
MRS zur Positionierung	**Markerdetektion (MD)**	-	3	5
	Gestensteuerung (GS)	-	6	-
	Mausbedienung (MB)	-	-	10
Legende		favorisierte Kombination		

Die Begründung der Auswahl ist auf die Durchgängigkeit der Interaktionsmodalität MB zurückzuführen. Die Benutzung erfordert kein Umdenken und keine Unterbrechung durch einen Modalitätenwechsel. Neben geringerer Fehleranfälligkeit hat dies auch automatisch Auswirkung auf die weiteren Messgrößen zur Beurteilung der Gebrauchstauglichkeit.

Periaktionales lautes Denken

Die Aussagen der potentiellen Nutzer während eines zusätzlichen Versuchsdurchlaufs werden in Stärken, Schwächen und Verbesserungspotentiale der MRS kategorisiert, vgl. Tabelle 93.

Tabelle 93: Periaktionales lautes Denken des Nutzertests zur Positionierung und Parametrierung

Quelle: eigene Darstellung

MRS POS/PAR	Stärken	Schwächen	Verbesserungs-potentiale
GS/GS	kein weiteres Werkzeug / Direktheit / neuartige Bedienung / Originalität / Einfachheit / Verständlichkeit / freie Hände / angeleitete Bedienung (Durchführung durch das System)	Haltezeiten / Arbeitsraumeinschränkung (Armlänge) / Ganzkörperbewegungen / Verdecken des Punktes bei Eingabe / Handposition (Verdrehen) / Notwendigkeit eines Markers und der Arbeitshandschuhe / Bewegung im Arbeitsraum des Roboters / Möglichkeit unbeabsichtigter Eingaben	Zeigestab zur Vergrößerung des Arbeitsraumes (entgegen der Anforderung zusätzlicher mobiler Bediengeräte aus Tabelle 44); ortsflexible Ausführung bei mitwandernder Bedienleiste (vgl. Sekoranja et al. (2015)); Eingabe über drucksensitive Oberflächen (ähnlich Touchscreen), um Eingabezeiten zu reduzieren; Bedienleiste stets in der Nähe des Nutzers, ggf. Bedienung mit Markererkennung;
MD/MB	Effizienz / Einfachheit / Verständlichkeit / Ergänzung nicht erkannter Markierungen durch MB	Modalitätenbruch (Verwirrung) / doppelte Bewegungen im Vergleich zu MB (Maus zu Punkt) / Markierungen verdecken Informationen zur Parametereingabe (z.B. Lackfehlerbild) / geringes Vertrauen in Kamerasystem / Unklarheiten in der Parametrierung (Klickreihenfolge) / Kontextmenü (Benutzeroberfläche) verdeckt für Kamera wichtige Informationen	Parametrierung über eine Punkteliste zur Vermeidung langer Mauswege zu den einzelnen Punkten; Kombination mit direkt am Bauteil zu bedienendem Touchscreen zur An- und Abwahl der Einstellungen

MRS POS/PAR	Stärken	Schwächen	Verbesserungs-potentiale
MB/MB	keine vorherige Markierung notwendig / Steuerbarkeit / Einfachheit / erweiterter Arbeitsraum / Entfernung vom Roboter / Gewohnheit der MB / Effizienz	zusätzliches Werkzeug am Arbeitsplatz / Ortsgebundenheit wegen Ablage / geminderte Funktionalität in staubigen und nassen Umgebungen / hohe Präzision erfordert hohe Konzentration und höheren Zeitaufwand	Absicherung unabsichtlicher Eingaben, z.B. Speicherung der Punkte durch Doppellinksklick; schnellere Kommandos für Start, z.B. Doppelrechtsklick; größerer Abstand zwischen den auszuwählenden Parametern im Kontextmenü zur Vermeidung von Fehleingaben; bessere Visualisierung des Mauszeigers, ggf. mit kreisrundem, farbigem Ring um das Fadenkreuz, zur Vermeidung von Suchvorgängen
MD/GS	Ortsunabhängigkeit der Bedienung	keine selbstbestimmte Auswahl bzw. Reihenfolge	siehe GS/GS

Weiterentwicklung der MRS zur Erhöhung der Gebrauchstauglichkeit

In Summe bietet die **Gestensteuerung (GS)** eine MRS zur ortsunabhängigen Bedienung ohne der Notwendigkeit weiterer Eingabegeräte. Die Eingabe eines Punktes erfordert die Platzierung des mit einem Marker versehenen Fingers bzw. Arbeitshandschuhs. Dadurch ergibt sich ein Verdecken des Punktes von Interesse und damit einhergehend ein reduziertes Genauigkeitsgefühl aufgrund des fehlenden Sichtkontaktes. Eine Möglichkeit der Umgehung dieses Missstandes ist der Versatz der Eingabe ähnlich der Touchbedienung (vgl. Abschnitt 6.2.1). Des Weiteren kann die zwangsläufige Berührung des Bauteils nachträgliche Produktionsprozesse aufgrund von Verschmutzung oder Zerkratzen negativ beeinflussen. Der negative Effekt einer Haltezeit zur Eingabe kann im Rahmen der durchgeführten Studien umfassend nachgewiesen werden. Als Lösungsvorschlag der genannten Schwächen kann entgegen der Anforderungen zur Vermeidung von mobilen oder batteriebetriebenen Eingabegeräten (vgl. Tabelle 45) die Entwicklung spezieller mittelbarer Gestensteuerungen angestoßen werden. Beispielsweise kann ein auf einer Handschlaufe montierter Laserpointer für die Markierung einer Arbeitsposition sorgen und mit dem Daumen bedienbare Schaltflächen diverse Befehle ohne Haltezeiten auslösen. Dies kann in Anlehnung an bereits in der Industrie genutzte Scannerhandschuhe in der Logistik erfolgen.

Die **Mausbedienung (MB)** bietet aufgrund der einfachen Steuerbarkeit und guten Kontrolle eine geeignete MRS zur Positionierung und Parametrierung für den Einsatz in einer iMRK. Als Nachteil wird die notwendige Ablage für eine Computermaus genannt. Eine potentielle Weiterentwicklung bietet abermals entgegen der Anforderungen zur Vermeidung von mobilen oder batteriebetriebenen Eingabegeräten die Weiterentwicklung mobiler Computermaustechnologien. Eine Möglichkeit bietet bspw. ein als Handschlaufe tragbares Touchpad. Dies hat jedoch zum Nachteil, dass beide Hände zur Bedienung genutzt werden müssen.

Die **Markerdetektion (MD)** bietet mit der Eingabe zur Positionierung ohne zusätzlichen Aufwand für den Nutzer eine hochgebrauchstaugliche MRS zum Einsatz in einer iMRK. Mit der geforderten Vermeidung von Zeichenvokabularen (vgl. Tabelle 44) erfordert die Parametrierung damit einen Modalitätenwechsel und -bruch. Der Einsatz der MD ist daher insbesondere für die Übergabe von Aufgaben zu empfehlen, welche lediglich eine Verortung im Arbeitsraum erfordern.

6.3.4 *Expertenbasierte Analyse der Studien*

Ziel der nachstehenden Abschnitte ist die expertenbasierte Konsolidierung und Interpretation der erhobenen Daten und Erkenntnisse zur Auswahl einer MRS-Technologie für den Einsatz in einer iMRK in Form eines Polierroboters. Dies erfolgt im Rahmen einer interdisziplinären Fokusgruppe im April 2018, vgl. Tabelle 94.

Tabelle 94: Rahmen der expertenbasierten Analyse der Studien zur Parametrierung

Quelle: eigene Darstellung

Methode	Studienteilnehmer	Datengrundlage
Fokusgruppe und cognitive Walkthrough	4 Usability-Experten (M_{ALTER}=34 Jahre; SD_{ALTER}=6,04; $M_{ERFAHRUNG}$=4,5 Jahre; $SD_{ERFAHRUNG}$=1,12) 1 Produktionsspezialist (Alter=30 Jahre, Erfahrung=2 Jahre)	Studienergebnisse aus funktionalem Test und Nutzertest, Videoaufnahmen von Testinteraktionen, cognitive Walkthrough zur Erarbeitung von Verbesserungen

Datenerhebung

Die Datenerhebung findet in den Räumlichkeiten der Technischen Universität Chemnitz durch eine moderierte, interdisziplinäre Fokusgruppendiskussion statt. Die Räumlichkeiten sind mit White-Boards und Präsentationsbildschirmen ausgestattet, sodass vorhandene Daten und Informationen digital aufgerufen und Notizen für alle Teilnehmer ersichtlich mitgeschrieben werden können. Die Auswahl an MRS für die Implementierung und deren ggf. notwendige Weiterentwicklung wird auf Basis eines cognitive Walkthrough diskutiert.

Datenauswertung und -analyse

Mit Ausnahme einer möglichen Vor-Ort-Begehung gleicht die Datenauswertung und -analyse der expertenbasierten Studie zur Konsolidierung der Positionierungsstudien (vgl. Abschnitt 6.2.4). Es steht abermals Videomaterial zur Veranschaulichung der Interaktionsmodalitäten zur Verfügung.

Ergebnisse

Abseits der MRS-Bewertungen wird die Projektion auf ein Bauteil als vorteilhaft wahrgenommen. Ein interaktives System wird dadurch direkt auf dem Interessensobjekt in der realen Umwelt bedient. Eine wesentliche Erkenntnis ist die Notwendigkeit einer **möglichst ortsunabhängigen Bedienung ohne zusätzliche Eingabegeräte**.

In Bezug auf konkrete MRS-Eigenschaften favorisieren die Nutzer eine möglichst schnelle Interaktion mit der Option auf Anleitung. Mit einer möglichst intuitiven „Führung" durch den Eingabeprozess ist eine schnelle Erlernbarkeit, z.B. vor dem Hintergrund einer hohen Mitarbeiterfluktuation, gewährleistet. Ein erzwungener Modalitätenbruch bei der Eingabe von Informationen wird als negativ gewertet. Tabelle 95 fasst die Erkenntnisse in Bezug auf die jeweiligen MRS-Kombinationen übersichtlich zusammen.

Tabelle 95: Meinungsstudie Parametrierung - Zusammenfassung der wesentlichen Erkenntnisse

Quelle: eigene Darstellung

Vor-/ Nachteile	wesentliche Erkenntnisse	Beobachtungen bei MRS POS/PAR
Vorteile	beidhändige Bedienung zur Vorbereitung von Eingaben	GS/MB
	geringe Fehleranfälligkeit / gute Anleitung	GS/GS; MB/MB
	Möglichkeit unterschiedlicher Kommandos durch verschiedene Maustasten	MB/MB; MD/MB
	gute Steuerbarkeit und Kontrolle	MB/MB
Nachteile	Modalitätenbruch erzeugt Verwirrung	MD/MB
	zusätzliches Werkzeug (Ablage)	MB/MB
	langwierige Bedienung	GS/GS

Auswahl und Weiterentwicklung der MRS für die Instruktion eines Polierroboters

Vor dem Hintergrund des realen Finish-Prozesses haben die potentiellen Nutzer die verpflichtende Parametrierung jedes einzelnen Punktes als negativ und zu aufwändig empfunden. Begründet ist dies mit dem Umstand, dass bei konstanter Lackqualität und annähernd gleichbleibenden Schleifergebnissen nur selten eine individuelle Parametrierung der einzelnen Arbeitsstellen vorzunehmen ist. Als Vorschlag der potentiellen Nutzer soll die Parametrierung über eine Standardeinstellung vorgenommen werden können, z.B. über das Bedienpanel der iMRK. Damit ist in den meisten Anwendungsfällen lediglich die Positionierung notwendig. Mit der direkten Nutzung von Prozessinformationen, der Markierung zu bearbeitender Stellen mit Polierpaste, ist dies mit keinem zusätzlichen Aufwand verbunden. Aufgrund des geringen Aufwandes und der hohen Präzision zur reinen Positionierung rückt dies die **Markerdetektion (MD)** in Kombination mit der Verstellung von Polierparametern über ein Bedienpanel in den Fokus der **konkreten Umsetzung eines Polierroboters**.

6.3.5 *Fazit der Studien zur Gestaltung von MRS*

Die Studien zur Gestaltung einer MRS für die Positionierung und Parametrierung in einer iMRK untersuchen verschiedene MRS-Technologien zur Verortung und anschließenden Spezifikation von Arbeitsaufgaben im Arbeitsraum eines Roboters. Die Bewertung der grundlegenden Funktionalität erfolgt dabei in einem von der eigentlichen Polieraufgabe abstrahierten Versuchsaufbau (vgl. Abbildung 45). Die Bewertung der Gebrauchstauglichkeit erfolgt unter Einbeziehung potentieller Nutzer und unter Verwendung eines funktionsfähigen Prototyps (vgl. Abbildung 51). Eine auf den erhobenen Daten aufbauende expertenbasierte Studie dient der Konsolidierung der Erkenntnisse zur finalen Auswahl einer MRS.

In beiden Studien (funktionaler Test und Nutzertest) zeigt die **Gestensteuerung (GS)** eine Verschlechterung der Bedienzeiten zur reinen Positionierungsstudie (vgl. Abschnitt 6.2). Viele zu erfassende Informationen, z.B. Erkennungsvisualisierungen der Marker und Kontextbalken, führen zusammen mit den zusätzlichen Haltezeiten zur Bedienung der Bedien-/Aktionsleiste zu einem erhöhten (Zeit-) Aufwand. Im Rahmen der Parametrierung werden die Nutzer dadurch bei der Bedienung verunsichert, obwohl eine Anleitung durch den Eingabeprozess stattfindet. Dies schlägt sich auf die Bewertungen in den jeweiligen Kategorien des SUS und UEQ nieder, führt jedoch zu keinen signifikanten Unterschieden zu den anderen untersuchten MRS-Technologien.

Im Falle der reinen Positionierung zeigt die weiterentwickelte **Markerdetektion (MD)** im Nutzertest mit potentiellen Anwendern ebenfalls eine Verschlechterung. Dies ist durch eine größere zu prüfende Fläche im Vergleich zu einem Kamerabild auf einem Bedienterminal zu begründen. Es wird kontrolliert, ob auch tatsächlich alle Punkte durch die Kameraerfassung gespeichert werden können. Hinzu kommen Bedienfehler durch die Verdeckung der vom Kamerasystem zu erfassenden Punkte durch zusätzlich eingeblendete Informationen, z.B. Kontextmenü. Durch die farbliche Überlagerung auf der Werkstückoberfläche verliert das System die eigentlichen Ziele. Obwohl die MD eine deutliche Zeitersparnis und Verbesserung der Präzision in der Positionierung mit sich bringt, wirkt ein Umstieg auf die MB zur Parametrierung verwirrend für potentielle Nutzer der iMRK. Der Modalitätenwechsel ist in der anfänglichen Ablehnung von Markierungsvokabularen begründet, z.B. verschiedene Farben oder geometrische Muster (vgl. Tabelle 44). Dies führt zu einem Modalitätenwechsel der Eingabe. Dadurch entstehen jedoch fehlerhafte und langwierige Eingabeprozesse zur Instruktion des kollaborierenden Polierroboters.

Aufgrund der guten Steuerbarkeit und einfachen Kontrolle der **Mausbedienung (MB)** zeigt diese MRS eine in Summe sehr hohe Gebrauchstauglichkeit. Im Gegensatz zum funktionalen Test ergeben sich in den Auswertungen nur in Bezug auf die Bedienzeiten signifikante Unterschiede zu den anderen MRS. Zu ihrem Nachteil wird die Maus als zusätzliches Werkzeug und mit der notwendigen Ablage als störend wahrgenommen. Mit der freien Wahl an Modalitätenkombinationen zur Positionierung und anschließenden Parametrierung zeigt sich jedoch eine eindeutige Verdichtung auf die MB. Begründet ist dies hauptsächlich im nicht gewünschten Modalitätenbruch zur Informationseingabe.

Zusammenfassend zeigt Tabelle 96 die Erfüllung der erhobenen Anforderungen.

Tabelle 96: Bewertung der Erfüllung erhobener Anforderungen zur Überprüfung der Erreichung des Gestaltungsziels

Quelle: eigene Darstellung / in Anlehnung an Tabelle 48

Anforderung	MD	GS	MB
Unterstützung bei der Fehlerbeseitigung	●	●	●
schnellstmögliche Interaktion (Effizienz)	● Pos ◑ Pos + Par	○	●
Positionsgenauigkeit (Effektivität)	●	●	●
Parameterauswahl (Effektivität)	◑	●	●
Sichtbarkeit / Wahrnehmbarkeit des Systemstatus	●	●	●
Zufriedenstellung	● Pos ◑ Par	◑	●

Anforderung	MD	GS	MB
natürliche Interaktion	●	●	◑
direkte Interaktion	●	●	●
hinreichende / verständliche Informationsdarstellung und minimalistisches Design	●	●	●
Flexibilität der Interaktion	alle MRS sind nutzbar		
Erhalt der Funktionsfähigkeit	●	●	●
Wiederholbarkeit	integrierte Funktion		
Integrationsmöglichkeit in den Produktionsprozess	● Pos ◑ Pos + Par	●	◑
Legende: ○ trifft nicht zu ◑ trifft teilweise zu ● trifft voll zu			

Mit der Entscheidung für eine Standardparametrierung fällt die Wahl zur Integration auf die MD. Dies liegt in der durchweg überlegenen Anforderungserfüllung in Bezug auf die reine Positionierung begründet. Obwohl die MB in Kombination mit der Parametrierung Vorteile durch das Ausbleiben eines Modalitätenbruchs zeigt, wird die notwendige Integration einer Mausablage als störend empfunden. Dadurch wird die Integrationsfähigkeit in den Produktionsprozess gehemmt.

Auf Basis der gewonnenen Erkenntnisse durch die empirischen Erprobungen innerhalb eines validen Umfeldes können dadurch weitere Gestaltungsempfehlungen festgehalten werden, vgl. Tabelle 97.

Tabelle 97: Erweiterte Empfehlungen zur Gestaltung von MRS für die Positionierung und Parametrierung in einer iMRK

Quelle: eigene Darstellung

Gestaltungs-empfehlung	Erläuterung
Vermeidung von prozessfremden Bediengeräten	Das qualitative Feedback der Fallstudien unterstreicht den Vorteil der Bedienung der Gestensteuerung **ohne einem zusätzlichen Eingabegerät**. Die Ablage und Bedienung einer Computermaus wird dahingegen als störend empfunden. Diese ist in diesem Fall zusätzlich in den Prozess zu integrieren.
ortsunabhängige Bedienung	Die ortsgebundene Ablage einer Computermaus wird von potentiellen Nutzern als hinderlich wahrgenommen. Eine **Bedienung der iMRK von einem anderen Standpunkt** aus ist in diesem Fall nicht möglich. Bei der Wahl von MRS ist die ortsunabhängige Bedienung, speziell bei der Anwendung auf großflächigen Bauteilen, zu berücksichtigen.
Standard-parametrierung	Das Vorhandensein einer Standardparametrierung lässt den **Aufwand** zur individuellen Parametrierung aller Arbeitspositionen entfallen. Erst im Falle besonderer Umstände soll eine zusätzliche Parametrierung der Punkte notwendig sein.

Existierende Studien fokussieren die reine Verortung von Arbeitsaufgaben zur Instruktion eines kollaborierenden Roboters, vgl. Profanter et al. (2015) und Materna et al. (2016). Es können daher keine konkreten Vergleiche in Bezug auf die Parametrierung dargestellt werden. Mit der Erkenntnis zur vorteilhaften Nutzung prozessspezifischer Markierungen kann ein zusätzlicher Beitrag zur Gestaltung einer Positionierung generiert werden.

In Summe können mit der dargelegten, iterativen Gestaltung und Evaluation neben validem Gestaltungswissen auch praktisch nutzbare MRS abgeleitet werden, in diesem beispielhaften Anwendungsfall zur Instruktion eines kollaborierenden Polierroboters.

Aus **methodischer Sicht** zeigt das gewählte, iterative Vorgehen zur schrittweisen Entwicklung der Positionierung und darauf aufbauenden Parametrierung eine positive Eignung zur Gestaltung gebrauchstauglicher MRS für die Instruktion eines kollaborierenden Roboters. Die Kombination der Datenerhebungsinstrumente erlaubt eine Operationalisierung der erhobenen Anforderungen und liefert damit eine Entscheidungsgrundlage zur Auswahl und Weiterentwicklung einzelner MRS-Technologien. Für einen „schnellen" Vergleich, z.B. unter der Anforderung „Ressourcenschonung im Rahmen des Entwicklungsvorhabens" kann wiederholt eine gute Korrelation der System Usability Scale (SUS) Bewertungen nach Brooke (1996) und Bangor et al. (2009) festgestellt werden. Die Schätzgenauigkeit der Adjektivskala kann damit unterstrichen und der Einsatz für effiziente Auswertungen in der Praxis empfohlen werden. Der User Experience Questionnaire (UEQ) erweitert die Bewertung um die hedonische Qualität interaktiver Systeme. Deutlich wird dies vor allem in der Bewertung der Dimensionen „Attraktivität" und „Originalität". Mit dem Ursprung in der Evaluation interaktiver Softwareprodukte zeigt der UEQ damit bei benutzeroberflächenlastigen interaktiven Systemen eine durchaus gute Anwendbarkeit. Die einfache Anwendung und vor allem Auswertung kann mit den entsprechenden Excel-Vorlagen nach Hinderks et al. (2016) gewährleistet werden. Die einzelnen Berechnungen sind transparent nachvollziehbar und die Auswertungen übersichtlich dargestellt. Obwohl die Analyse der hedonischen Qualität eines Systems eine zusätzliche Entscheidungsgrundlage liefert, kann im Falle des Nutzertests die größere Wichtigkeit der pragmatischen Qualität interaktiver Assistenzsysteme für die industrielle Praxis hervorgehoben werden.

7 Schlussbetrachtung

„Doch Forschung strebt und ringt, ermüdend nie, nach dem Gesetz, dem Grund, Warum und Wie."
Johann Wolfgang von Goethe, deutscher Dichter

7.1 Zusammenfassung der Forschung

Im Zuge der steigenden Produktvielfalt steht die industrielle Produktion vor den Herausforderungen der wachsenden Produktionskomplexität. Vor dem Hintergrund der Spannung zwischen Flexibilität und Produktivität vereinen Produktionsunternehmen heute bereits manuelle und automatisierte Arbeit in Form einer Mensch-Roboter-Kollaboration an einem Arbeitsplatz. Durch die Nutzung intuitiver Programmiermethoden, z.B. Programmierung durch Vorzeigen, eignet sich der Einsatz von Robotern zunehmend für die Anwendung in variantenreichen Produktionssystemen. Ändern sich die Produktionsbedingungen jedoch nicht von Charge zu Charge, sondern von Stück zu Stück (Losgröße Eins), so muss die Konfiguration weiter vereinfacht werden. Einen Ansatz hierfür bietet die Programmierung durch Anweisen. Arbeitsaufgaben werden durch eine Instruktion an einen Roboter übergeben. Diese teilt sich auf in eine Verortung der Arbeitsaufgabe im Arbeitsraum (Positionierung) sowie Spezifikation der Durchführung (Parametrierung). Produktionsmitarbeiter sollen dadurch Roboterfähigkeiten durch die Nutzung **gebrauchstauglicher Mensch-Roboter-Schnittstellen** in variantenreichen Produktionsprozessen im Rahmen einer instruktiven Mensch-Roboter-Kollaboration nutzen können.

Während das Wissen zur Gestaltung gebrauchstauglicher instruktiver Systeme im Bereich der kommerziellen Servicerobotik bereits vorhanden ist, fehlen valide Erkenntnisse zur Gestaltung der Instruktion eines Roboters im industriellen Kontext. Die im Rahmen dieser Arbeit durchgeführte Gestaltung und Erprobung verschiedener MRS-Technologien am Beispiel der Instruktion eines kollaborierenden Polierroboters liefert erste Erkenntnisse zur Schließung dieser Lücke. Ausgehend von einer methodischen Wissensbasis wird im Rahmen eines gestaltungsorientierten Vorgehens ein konkretes Forschungsdesign zur Erhebung von Gestaltungsanforderungen sowie Möglichkeiten zur Erprobung und Evaluation von Gestaltungslösungen aufgezeigt. Zur praktischen Implementierung und umfangreichen Evaluation eignet sich u.a. der Lack-Finish-Prozess in der Automobilproduktion. Er ist durch eine besonders hohe Prozessvariabilität in Bezug auf Arbeitspositionen sowie Art und Weise der Abarbeitung auf einem Werkstück gekennzeichnet. Die Ausstattung dieses Prozesses mit einer iMRK bietet daher gute

T. Schleicher, *Kollaborierende Roboter anweisen*, Gestaltung hybrider Mensch-Maschine-Systeme/Designing Hybrid Societies,
https://doi.org/10.1007/978-3-658-29051-1_7

Rahmenbedingungen zur Erprobung und Evaluation verschiedener MRS-Technologien in einem validen Umfeld. Im Zuge einer partizipativen Entwicklung unter Zuhilfenahme funktionsfähiger Prototypen können schrittweise **Gestaltungsempfehlungen** zur Erweiterung der vorhandenen Wissensbasis erarbeitet werden.

7.1.1 *Beiträge für die Wissenschaft*

Die wissenschaftlichen Beiträge der Arbeit ergeben sich aus der Beantwortung der forschungsleitenden Fragen (vgl. Abschnitt 2.3.3) und sind zusammenfassend in Tabelle 98 gezeigt.

Tabelle 98: Ergebnisse der Arbeit - Wissenschaft

Quelle: eigene Inhalte / Darstellung in Anlehnung an Bullinger (2008)

Ergebnis der Arbeit	Art des Ergebnisses	Erweiterung der Wissensbasis	Erkenntnisse
Ansätze zur Entwicklung eines strukturierten Gestaltungsprozesses bzw. einer Engineering-Methode	Methodologie	Gestaltung von MRS für die Instruktion eines kollaborierenden Roboters	grundlegende Auswahl an MRS-Technologien in Abhängigkeit funktionaler Anforderungen („MRS-Baukasten“) / Methodenkombination zur Erhebung anwendungsspezifischer Anforderungen in der Industrie / Methodenkombination zur umfangreichen Evaluation der Gebrauchstauglichkeit von MRS in einer iMRK
Gestaltungs-Anforderungen und -empfehlungen	Fundierung	Anforderungen an und Empfehlungen für die Gestaltung von MRS zur Instruktion kollaborierender Roboter im industriellen Kontext	genaue, fehlerfreie, einfache und schnelle Bedienung durch ortsunabhängige und direkte Interaktion mit dem Werkstück / aufwandsarme Bedienung durch Nutzung prozessspezifischer Informationen, Geräte und Vorgänge / Standardparameter zur Aufwandsreduktion

Mit Hilfe eines strukturierten Literatur-Reviews kann neben dem konkreten Forschungsbedarf als Grundlage der Arbeit auch eine Basis zur methodischen Gestaltung von MRS in instruktiven Systemen erarbeitet werden. **Grundlegende Anforderungen** gelten dabei als erste Anhalte zur Gestaltung gebrauchstauglicher Systeme im Kontext der Industrie. Eine systematische Analyse technisch verfügbarer Gestaltungsmöglichkeiten mündet in Zusammenhang mit einer Analyse der in einer Instruktion zu übergebenden Informationen in einem **„MRS-Baukasten“**. Dieser lässt auf Basis der Informationseingabekomplexität eine erste Auswahl an anwendungsspezifischen MRS zu. Eine aufbereitete Methodenkombination unterstützt einerseits bei der Erarbeitung weiterer Anforderungen im industriellen Umfeld sowie andererseits bei der strukturierten Evaluation verschiedener Gestaltungslösungen. Zusammen bildet dies die methodische Basis der vorliegenden Arbeit (vgl. Abschnitt 3).

Die Erhebung und Analyse **anwendungsspezifischer Anforderungen** legt die erweiterte Grundlage zur Gestaltung gebrauchstauglicher MRS für den Einsatz in einer iMRK. Durch eine strukturierte Erhebung können ausgehend von organisatorischen Anforderungen konkrete anwenderspezifische Anforderungen an die Gestaltung von MRS in einer iMRK erarbeitet werden. Qualitative Datenerhebung in Kombination mit einer fragebogenbasierten Bewertung potentieller Gestaltungsmöglichkeiten geben einen Einblick in konkrete Vor- und Nachteile vor dem Hintergrund einer industriellen Umsetzung. Neben grundlegenden Anforderungen an die Zusammenarbeit mit einem Roboter können zusätzlich zu allgemeingültigen Gestaltungsanforderungen an MRS aus der kommerziellen Servicerobotik auch zusätzliche Anforderungen speziell für deren industriellen Einsatz erhoben werden. Diese sollen neben einer schnellen Erlernbarkeit, z.B. aufgrund von Mitarbeiterrotation oder -fluktuation, auch die Vermeidung von Mehraufwand im Rahmen der Nutzung sicherstellen. Die Integrationsfähigkeit in den Produktionsprozess ist an dieser Stelle besonders hervorzuheben, z.B. durch die Nutzung vorhandener Gerätschaften oder prozessspezifischer Abläufe zur Informationseingabe (vgl. Abschnitt 5).

Im Rahmen einer **empirischen Erprobung und Evaluation** ausgewählter Gestaltungsmöglichkeiten werden verschiedene MRS-Technologien schrittweise in anwenderbasierten Studien evaluiert und in expertenbasierten Studien analysiert. Durch die Anwendung einer Kombination aus quantitativen sowie qualitativen Methoden können durch statistische Analysen valide Gestaltungsempfehlungen für zukünftige Systeme erarbeitet werden. Es zeigt sich, dass besonders jene MRS in ihrer Nutzung bevorzugt werden, welche besonders gut in den Produktionsprozess integriert werden können. Als Beispiel hierfür gilt die Markerdetektion zur Informationseingabe mittels prozessspezifischen Markierungen, im Falle der Instruktion eines Polierroboters mit dem Auftrag von Polierpaste. Neben konkreten Empfehlungen zur Gestaltung und der Auswahl von MRS können durch die iterative Erhebung auch Anstöße für technologische Weiterentwicklungen gegeben werden (vgl. Abschnitt 6).

7.1.2 *Beiträge für die Praxis*

Die praktischen Beiträge der Arbeit ergeben sich aus der anwendungsspezifischen Gestaltung und Evaluation von Mensch-Roboter-Schnittstellen zur Instruktion eines kollaborierenden Polierroboters, vgl. Tabelle 99.

Tabelle 99: Ergebnisse der Arbeit - Praxis

Quelle: eigene Inhalte / Darstellung in Anlehnung an Bullinger (2008)

Ergebnis der Arbeit	Art des Ergebnisses	Erweiterung der Wissensbasis (Anwendung in der industriellen Praxis)	Bemerkung
Polierroboter in Form einer iMRK	Instanziierung	Gestaltung einer MRS für die Instruktion eines kollaborierenden Polierroboters	Umsetzung einer Markerdetektion zur Anweisung von Polierarbeiten (Positionierung) / Nutzung einer Standardparametrierung zur Reduktion des Interaktionsaufwands

Unter Zuhilfenahme möglichst **ressourcenschonender Gestaltungsmethoden** können valide Erkenntnisse ohne Unterbrechung der jeweiligen Produktionsprozesse erfolgen. Mit der expliziten Beschreibung der Durchführung verschiedener Studien können praktische Anwendungsempfehlungen abgeleitet werden. So zeigt sich mit der Übereinstimmung der Adjektivskala und Punktebewertung des System Usability Scale eine Möglichkeit zur effizienten Bewertung der pragmatischen Qualität interaktiver Systeme im Kontext der Industrie. Zusätzlich zeigt sich, dass eine Entscheidungsgrundlage verstärkt auf Basis der Bewertung der pragmatischen Qualität erfolgen soll. Eine Befragung zur hedonischen Qualität liefert keine entscheidenden Erkenntnisse in der Auswahl von MRS. Dies bietet eine weitere Möglichkeit zur effizienten und vor allem ressourcenschonenden Gestaltung interaktiver Systeme in einem industriellen Umfeld.

Als wesentliches praktisches Ergebnis zählt die im Rahmen der gestaltungsorientierten Vorgehensweise hervorgebrachte Instanziierung in Form eines instruktiven Polierroboters. Aufbauend auf dieser Grundlage können konkrete Gestaltungsempfehlungen zur Umsetzung zukünftiger Systeme erarbeitet werden. Der resultierende prototypische **Polierroboter** in Form einer instruktiven Mensch-Roboter-Kollaboration und dessen Bedienung über eine Markerdetektion wird von den Lack-Finish-Mitarbeitern als gebrauchstauglich bewertet und bildet damit die Grundlage für eine konkrete Umsetzung in der Serienproduktion. Diese ist mit Ende des Jahres 2018 erfolgt. Die einzelnen Entwicklungsschritte zeigen in einer iterativen Art und Weise, welche Interaktionsmodalitäten für den Einsatz in der getakteten und variantenreichen Serienproduktion gut geeignet sind. Die multidimensionale Bewertung der Gebrauchstauglichkeit bietet tiefe Einblicke in die Potentiale der verschiedenen MRS zur Positionierung und Parametrierung für die Übergabe von Aufgaben an einen kollaborierenden Roboter. Mit der Erarbeitung der Erkenntnisse am Beispiel von Automobildächern sind die Ergebnisse prinzipiell auf Szenarien zur Bearbeitung großer und nahezu ebener Bauteilen übertragbar, z.B. Tischlerarbeiten an Brettern.

7.2 Limitationen

Die Gültigkeit bzw. Übertragbarkeit der im Rahmen der vorliegenden Arbeit gewonnenen Erkenntnisse ist aufgrund verschiedener **Forschungsgegebenheiten** limitiert. Die wissenschaftliche Überprüfung der Nützlichkeit der gewonnenen Erkenntnisse basiert auf einem einzigen, beispielhaften Anwendungsfall der getakteten, variantenreichen Serienproduktion der Automobilbranche. Dieser steht einer Vielfalt von Produktionsprozesse gegenüber, welche ggf. eine Anpassung und Weiterentwicklung der MRS und auch der abgeleiteten Gestaltungsempfehlungen erfordert. Im Speziellen beruhen die erhobenen Erkenntnisse auf dem konkreten Anwendungsfall des Lack-Finish-Prozesses. Die Gültigkeit der abgeleiteten Gestaltungsempfehlungen kann ohne erfolgreichen Übertrag in weitere Anwendungsfälle nicht komplett gewährleistet werden. Sie basieren daher aktuell auf einer lediglich nicht anwendungsspezifischen Formulierung der Erkenntnisse zur Instruktion eines kollaborierenden Roboters.

Des Weiteren können **sicherheitstechnische Einflüsse** den Verlauf der Entwicklungen wesentlich beeinflussen. Je nach Anwendungsfall kann unter anderem die Zweihandbedienung eines Startsignals erforderlich sein, um mögliche Risiken einer schmerzhaften Kollision zwischen Mensch und Roboter zu senken. Der Nutzer bewegt sich damit zwingend aus dem Gefahrenbereich heraus. Dadurch werden z.B. Quetschstellen der Hand zwischen robotergeführtem Werkzeug und der Umgebung vermieden. Solche in Abhängigkeit des Nutzungskontextes erforderliche Maßnahmen beeinflussen unmittelbar die Auswahl der Mensch-Roboter-Schnittstelle. Die Sicherheit des Menschen hat in jedem Fall oberste Priorität.

Zusätzlich dazu bietet der Einsatz von kollaborierenden Assistenzrobotern das Potential von **Arbeitsplatzeinsparungen**. Aus diesem Grund stehen zunächst viele der interviewten Nutzer einer iMRK skeptisch gegenüber. Diese persönliche Einstellung beeinflusst die subjektiven Rückmeldungen zur Weiterentwicklung ggf. negativ. Gezeigt werden kann dies besonders am Beispiel der qualitativen Datenerhebungen im Rahmen der teilnehmenden Beobachtung sowie auch der teilstrukturierten Einzelinterviews.

Des Weiteren beschränken sich die generierten Erkenntnisse auf die **erprobten Systeme** in der gewählten Anwendungsdomäne. Neue Umgebungsbedingungen, z.B. Prozessindustrie oder holzverarbeitendes Handwerk, bzw. neue technische Entwicklungen führen ggf. zu Anpassungen der generierten Wissensbasis.

Zuletzt hängt die erfolgreiche Entwicklung gebrauchstauglicher MRS für den Einsatz in einer instruktiven Mensch-Roboter-Kollaborationen vom **technischen Verständnis und der Kreativität** der jeweiligen Entwickler ab. Die auf Basis von mangelndem Verständnis und auch Wissen fehlerhaften bzw. fehlgeleiteten Systementwicklungen beeinflussen die Evaluation der Studienteilnehmer ggf. negativ. Einen Beitrag dazu leisten unter anderem mangelhaft integrierte Nutzeranforderungen bzw. nicht funktional gestaltete Gesamtsysteme.

7.3 Ausblick

Die voranschreitende Individualisierung verschiedener Produkte erhöht zwangsläufig die Komplexität der industriellen Produktionsprozesse. Die vorliegende Arbeit zeigt mit der Ausgestaltung einer instruktiven Mensch-Roboter-Kollaboration bereits eine Möglichkeit zur Kombination menschlicher und automatisierter Arbeit in variantenreichen Produktionsprozessen. Vor dem Hintergrund der Schlüsselrolle der Mensch-Roboter-Interaktion in zukünftigen Produktionssystemen zeigen die folgenden Abschnitte zunächst einen möglichen Übertrag der gewonnenen Erkenntnisse sowie einen weiteren Forschungsbedarf.

7.3.1 *Erweiterte Anwendungsmöglichkeiten in der Praxis*

Im Zentrum der vorliegenden Arbeit steht die Gestaltung gebrauchstauglicher MRS zum Einsatz in einer iMRK für variantenreiche Produktionssysteme. Es werden Möglichkeiten zur Anforderungserhebung / -analyse und umfangreichen Evaluation auf Basis von funktionsfähigen Prototypen sowie im Zuge partizipativer Entwicklung gezeigt. Dies stellt eine nachweisbar hohe Gebrauchstauglichkeit der entwickelten Systeme sicher und stellt schrittweise Entscheidungsgrundlagen zur Weiterentwicklung zur Verfügung. Damit schafft die dargelegte Vorgehensweise einen grundlegenden Rahmen zur Entwicklung weiterer Systeme und Anwendungen. Viele weitere variantenreiche, industrielle Produktionsprozesse können durch eine iMRK auf zukünftige Herausforderungen angepasst werden. Als Basis hierfür können **multifunktionale und MRK-fähige Roboterwerkzeuge** sowie **frei zugängliche Bibliotheken von Roboterfähigkeiten** dienen, die über verschiedenste MRS direkt in einem Produktionsprozess ausgewählt, positioniert und parametriert werden können.

Um die konkrete **Umsetzung von MRS für den Einsatz in einer iMRK** auf Basis der Erkenntnisse der Entwicklungen des Polierroboters zu ermöglichen, können z.B. Reinigungsprozesse oder Prüfprozesse auf großflächigen Bauteilen mit einem ähnlichen Aufbau realisiert werden. Reinigungsprozesse variieren in der Position sowie Intensität der Durchführung. Genauso variieren auch Qualitätssicherungsprozesse mit dem Ort und der Art der Durchführung, z.B. Gitterschnittprozesse zur Prüfung der Lackhaftung an auffälligen Stellen. Mit der Bearbeitung großer, ebener Bauteile sowie variantenreicher Produktionsprozesse kann auch eine Tischlerei von den gewonnenen Erkenntnissen profitieren. Ein kollaborierender Tischlereiroboter kann z.B. durch Skizzen auf Bauteilen zur Durchführung von Aufgaben angewiesen werden.

Ein weiteres Potential liegt in der **Standardisierung der entwickelten Prototypen** für die Durchführung von Nutzerstudien. Mit der Bereitstellung eines funktionierenden technischen Aufbaus und dazugehöriger Peripherie sowie einer großen Anzahl an funktionstüchtig implementierten Mensch-Roboter-Schnittstellen kann eine systematische Entwicklung verschiedenster iMRK-Anwendungen erfolgen. In Form einer Erprobungszelle können mehrere Roboterwerkzeuge und Bauteile zur Übergabe verschiedenster Aufgaben evaluiert werden.

7.3.2 *Weiterer Forschungsbedarf*

Mit den gewonnenen Erkenntnissen zur Entwicklung und Erprobung von MRS für den Einsatz in einer iMRK ergeben sich auch weitere Fragestellungen. So ist zunächst die Übertragbarkeit der methodischen Wissensbasis auf **weitere industrielle Nutzungskontexte** wissenschaftlich zu überprüfen und ggf. Anpassungen vorzunehmen. Dies ermöglicht neben der umfangreichen Validierung auch die Weiterentwicklung zu einer Engineering-Methode zur Gestaltung gebrauchstauglicher MRS für den Einsatz in einer iMRK.

Mit der grundlegend methodischen Gestaltung instruktiver Mensch-Roboter-Systeme im industriellen Kontext, ergibt sich weiteres Potential in der Anwendung des Vorgehens außerhalb der Industrie. Die Entwicklung von Servicerobotern kann unter der Einbeziehung valider Nutzergruppen mit Hilfe der dargelegten Vorgehensweise strukturiert erfolgen. Als Beispiel sei hier ein Greif-und-Platzier-Roboter für die Nutzung von bewegungseingeschränkten Personen genannt. In diesem Falle ist die grundlegende Eignung und Übertragbarkeit der methodischen Wissensbasis auf **andere Anwendungsdomänen** zu prüfen.

Einen weiteren sinnvollen Anknüpfungspunkt bietet die **Weiterentwicklung der untersuchten Mensch-Roboter-Schnittstellen** auf Basis der gewonnenen Erkenntnisse aus den empirischen Erprobungen, vgl. Tabelle 100.

Tabelle 100: Mögliche Weiterentwicklungen auf Basis gewonnener Erkenntnisse

Quelle: eigene Darstellung

Empfehlung (Erkenntnis)	mögliche Umsetzung	Herausforderungen
ortsunabhängige Bedienung / einfach, aufwandsarm und robust	tragbares Touchpad	Funktionsfähigkeit über mind. eine Produktionsschicht (Batterieleistung), Integration in Arbeitskleidung

Empfehlung (Erkenntnis)	mögliche Umsetzung	Herausforderungen
ortsunabhängige Bedienung / direkte Werkstückinteraktion / einfach, aufwandsarm und robust	mittelbare Gestensteuerung durch Zeigegeräte (z.B. Laserpointer)	Funktionsfähigkeit über mind. eine Produktionsschicht (Batterieleistung), Integration in Arbeitskleidung
Vermeidung prozessfremder Bediengeräte / ortsunabhängige Bedienung / direkte Werkstückinteraktion / einfach, aufwandsarm und robust	taktile Arbeitsplätze/ Werkstücke	technische Realisierung

Im Vordergrund der Anforderungen an iMRK-Systeme steht unter anderem die **ortsunabhängige Bedienung**. Mit der positiv bewerteten Steuerbarkeit und dem guten Kontrollgefühl der Mausbedienung fehlt es heute an technischen Möglichkeiten zur Vermeidung ortsfester Ablagen. Ein Potential ergibt sich dadurch mit der Integration von Maus- oder Touchpadfunktionen in tragbare Gerätschaften. Eine mögliche Umsetzung kann in Form von tragbaren Touchpads am Unterarm oder integriert in intelligente Arbeitskleidung, z.B. Handrücken am Arbeitshandschuh, erfolgen. In Kombination mit der nutzerpositionsabhängigen Projektion der grafischen Benutzeroberfläche auf das zu bearbeitende Bauteil entfallen aufwändige Laufwege zu einem Bedienterminal.

Als eine weitere wichtige Anforderung hat sich die Direktheit der Bedienung bzw. die **direkte und einfache Interaktion mit dem Werkstück** herauskristallisiert. Durch die natürliche Interaktion mittels einer Gestensteuerung bietet deren Weiterentwicklung großes Potential zur Realisierung gebrauchstauglicher Systeme. Zeigegeräte unter Zuhilfenahme von Laserpointern können Greifraumeinschränkungen auflösen und ermöglichen eine exakte Angabe von Arbeitsorten. Durch intelligente Integration in die Arbeitskleidung, bspw. Handschuhe, können ggf. einzelne Funktionen bzw. Parameter durch daumenbetätigte Knöpfe ausgewählt werden.

Eine weitere wichtige Anforderung bildet die Bedienung **ohne zusätzliche Gerätschaften**. Dies deutet das Potential von „taktilen Arbeitsplätzen oder Werkstücken“ an. Eingaben von Informationen können ohne aufwändige „Haltezeiten“ und ohne zusätzliche Eingabegeräte direkt am Werkstück bzw. Arbeitsplatz getätigt werden. Ein Bauteil oder Arbeitsplatz kann mit der Projektion einer Benutzeroberfläche wie ein Touchscreen bedient werden.

Die angedeuteten Weiterentwicklungen weisen jedoch auch Nachteile auf. Diese beziehen sich entweder auf das Mitführen von akkubetriebenen Eingabegeräten, oder auf die Einschränkung des Arbeitsraumes bezüglich des eigenen Greifraums. Somit bieten auch diese Ansätze des weiteren Forschungsbedarfs viele Potentiale zur Erweiterung der Wissensbasis für die Gestaltung von gebrauchstauglichen Mensch-Roboter-Schnittstellen zur Instruktion kollaborierender Roboter.

Literaturverzeichnis

Abele, E., Liebeck, T., & Wörn, A. (2006). Measuring Flexibility in Investment Decisions for Manufacturing Systems. *CIRP Annals, 55*(1), S. 433-436. doi:10.1016/S0007-8506(07)60452-1

Adamides, G., Katsanos, C., Parmet, Y., Christou, G., Xenos, M., Hadzilacos, T., & Edan, Y. (2017). HRI usability evaluation of interaction modes for a teleoperated agricultural robotic sprayer. *Applied ergonomics, 62,* S. 237-246. doi:10.1016/j.apergo.2017.03.008

Akan, B., Cürüklü, B., & Asplund, L. (2008). Interacting with Industrial Robots through a multi-model Language and Sensor System. In ACM (Hrsg.), *Proceedings of the 39th International Symposium on Robotics* (S. 66-69).

Akan, B., Cürüklü, B., Spampinato, G., & Asplund, L. (2010). Towards robust human robot collaboration in industrial environments. In ACM & IEEE (Hrsg.), *Proceedings of the 5th ACM/IEEE International Conference on Human-Robot Interaction. HRI 2010* (S. 71-72). Piscataway, NJ: IEEE.

Augustsson, S., Olsson, J., Christiernin, L. G., & Bolmsjö, G. (2014). How to transfer information between collaborating human operators and industrial robots in an assembly. In V. Roto, T. Olsson, K. Väänänen-Vainio-Mattila, J. Häkkilä, E. Hvannberg, & O. Juhlin (Hrsg.), *Proceedings of the 8th Nordic Conference on Human-Computer Interaction. Fun, Fast, Foundational* (S. 286-294).

Baerveldt, A.-J. (1992). Cooperation between man and robot: interface and safety - Robot and Human Communication, 1992. Proceedings., IEEE International Workshop on. In IEEE (Hrsg.), *Proceedings of the International Workshop on Robot and Human Communication* (S. 183-187).

Bangor, A., Kortum, P., & Miller, J. (2009). Determining What Individual SUS Scores Mean: Adding an Adjective Rating Scale. *Journal of Usability Studies, 4*(3), S. 114-123.

Bannat, A., Gast, J., Rösel, W., Rigoll, G., & Wallhoff, F. (2009). A Multimodal Human-Robot-Interaction Scenario: Working Together with an Industrial Robot. In J. A. Jacko (Hrsg.): *Vol. 5610-5613. LNCS sublibrary: SL 3-information systems and application, incl. Internet/Web and HCI, Proceedings of the 2009 13th Conference on Human-Computer Interaction* (S. 303-311). Berlin, New York: Springer.

Bänziger, T., Kunz, A., & Wegener, K. (2017). A Library of Skills and Behaviors for Smart Mobile Assistant Robots in Automotive Assembly Lines. In

T. Schleicher, *Kollaborierende Roboter anweisen*, Gestaltung hybrider Mensch-Maschine-Systeme/Designing Hybrid Societies,
https://doi.org/10.1007/978-3-658-29051-1

B. Mutlu & M. Tscheligi (Hrsg.), *Proceedings of the Companion of the 2017 ACM/IEEE International Conference on Human-Robot Interaction* (S. 77-78). ACM.

Barattini, P., Morand, C., & Robertson, N. M. (2012). A proposed gesture set for the control of industrial collaborative robots. In IEEE (Hrsg.), *Proceedings of the 2012 21st IEEE International Symposium on Robot and Human Interactive Communication. IEEE RO-MAN 2012* (S. 132-137). Piscataway, NJ: IEEE.

Barbagallo, R., Cantelli, L., Mirabella, O., & Muscato, G. (2016). Human-Robot Interaction through Kinect and Graphics Tablet sensing Devices. In IEEE (Hrsg.), *Proceedings of the 24th Mediterranean Conference on Control & Automation* (S. 551-556).

Bard, J. D., Blackwood, D., Sekhar, N., & Smith, B. (2016). Reality is interface: Two motion capture case studies of human–machine collaboration in high-skill domains. *International Journal of Architectural Computing, 14*(4), S. 398-408. doi:10.1177/1478077116670747

Bartneck, C., Kulić, D., Croft, E., & Zoghbi, S. (2009). Measurement Instruments for the Anthropomorphism, Animacy, Likeability, Perceived Intelligence, and Perceived Safety of Robots. *International Journal of Social Robotics, 1*(1), S. 71-81. doi:10.1007/s12369-008-0001-3

Bauer, A., Wollherr, D., & Buss, M. (2008). Human–Robot Collaboration: A Survey. *International Journal of Humanoid Robotics, 05*(01), S. 47-66. doi:10.1142/S0219843608001303

Bauer, W., Bender, M., Braun, M., Rally, P., & Scholtz, O. (Hrsg.). (2016). *Leichtbauroboter in der manuellen Montage: Einfach einfach anfangen.* Erste Erfahrungen von Anwenderunternehmen. Stuttgart: IRB Mediendienstleistungen.

Baxter, P., Kennedy, J., Senft, E., Lemaignan, S., & Belpaeme, T. (2016). From characterising three years of HRI to methodology and reporting recommendations. In ACM & IEEE (Hrsg.), *Proceedings of the 2016 11th ACM/IEEE International Conference on Human Robot Interation. HRI'16* (S. 391-398).

Bdiwi, M., Rashid, A., Pfeifer, M., & Putz, M. (2017). Disassembly of Unknown Models of Electrical Vehicle Motors Using Innovative Human Robot Cooperation. In B. Mutlu & M. Tscheligi (Hrsg.), *Proceedings of the Companion of the 2017 ACM/IEEE International Conference on Human-Robot Interaction* (S. 85-86). ACM.

BIA-Info 09/99 (2006). Schutzeinrichtungen an Maschinen - Allgemeine Übersicht. Sankt Augustin.

BG/BGIA U 001/2009 (2011). BG/BGIA-Empfehlungen für die Gefährdungsbeurteilung nach Maschinenrichtlinie - Gestaltung von Arbeitsplätzen mit kollaborierenden Robotern. Sankt Augustin.

Biggs, G., & MacDonald, B. (2003). A Survey of Robot Programming Systems. In ARAA (Hrsg.), *Proceedings of the Australasian Conference on Robotics and Automation* (S. 1-3). Australian Robotics and Automation Association Inc.

BMW Group. (2016a). *Standardablauf Finish Center DLL 1: Technologie Exterieur Komponenten.* Werk Leipzig.

BMW Group. (2016b). *Standardablauf Finish Center DLL2: Technologie Exterieur Komponenten.* Werk Leipzig.

BMW Group. (2019). BMW Group PressClub, URLhttps://www.press.bmw-group.com/deutschland.

Boboc, R. G., Dumitru, A. I., & Antonya, C. (2015). Point-and-Command Paradigm for Interaction with Assistive Robots. *International Journal of Advanced Robotic Systems, 12*(6), S. 75. doi:10.5772/60582

Breuninger, J., & Popova-Dlugosch, S. (2017). Gestaltung moderner Touchscreen-Interaktion für technische Anlagen. In B. Vogel-Heuser, T. Bauernhansl, & M. ten Hompel (Hrsg.), *Handbuch Industrie 4.0 Bd.2. Automatisierung* (S. 537-558). Berlin, Heidelberg: Springer Berlin Heidelberg.

Broad, A., Arkin, J., Ratliff, N., Howard, T., & Argall, B. (2017). Real-time natural language corrections for assistive robotic manipulators. *The International Journal of Robotics Research, 36*(5-7), S. 684-698. doi:10.1177/0278364917706418

Brooke, J. (1996). SUS: A quick and dirty Usability Scale. In P. W. Jordan (Hrsg.), *Usability Evaluation in Industry* (S. 189-194). London, Bristol, Pa.: Taylor & Francis.

Brunner, S. (2015). *Individual Innovativeness and Leadership Support. A Study on Young Professionals in the Retail* (Dissertation). Leipzig Graduate School of Management, Leipzig.

Bubb, H. (1993). Systemergonomische Gestaltung. In H. Schmidtke (Hrsg.), *Ergonomie* (S. 390-420). München, Wien: Carl Hanser Verlag.

Buchner, R., Mirnig, N., Weiss, A., & Tscheligi, M. (2012). Evaluating in real life robotic environment: Bringing together research and practice. In IEEE (Hrsg.), *Proceedings of the 2012 21st IEEE International Symposium on Robot and Human Interactive Communication. IEEE RO-MAN 2012* (S. 602-607). Piscataway, NJ: IEEE.

Bullinger, A. C. (2008). *Innovation and Ontologies. Structuring the Early Stages of Innovation Management* (Dissertation). Technische Universität München, München.

Bullinger, H.-J. (1994). *Ergonomie: Produkt- und Arbeitsplatzgestaltung. Technologiemanagement.* Stuttgart: Teubner.

Casals, A., Frigola, M., Amat, J., & Laporte, E. (2006). Quasi Hands Free Interaction with a Robot for Online Task Correction. In M. H. Ang & O. Khatib (Hrsg.): *Vol. 21. Springer tracts in advanced robotics, Experimental Robotics IX. The 9th International Symposium on Experimental Robotics* (S. 175-184). Berlin: Springer.

Cha, E., & Mataric, M. (2016). Using nonverbal signals to request help during human-robot collaboration. In IEEE & RSJ (Hrsg.), *Proceedings of the 2016 IEEE/RSJ International Conference on Intelligent Robots and Systems. IROS 2016* (S. 5070-5076).

Cha, E., Mataric, M., & Fong, T. (2016). Nonverbal signaling for non-humanoid robots during human-robot collaboration. In ACM & IEEE (Hrsg.), *Proceedings of the 11th International Conference on Human-Robot Interation (HRI)* (S. 601-602).

Christiernin, L. G. (2017). How to describe Interaction with a Collaborative Robot. In B. Mutlu & M. Tscheligi (Hrsg.), *Proceedings of the Companion of the 2017 ACM/IEEE International Conference on Human-Robot Interaction* (S. 93-94). ACM.

Cipolla, R., & Hollinghurst, N. J. (1996). Human-Robot Interface by Pointing with uncalibrated Stereo Vision. *Image and Vision Computing, 14*(3), S. 171-178. doi:10.1016/0262-8856(96)84056-X

Clarkson, E., & Arkin, R. C. (2007). Applying Heuristic Evaluation to Human-Robot Interaction Systems. *FLAIRS Conference,* S. 44-49.

Correa, A., Walter, M. R., Fletcher, L., Glass, J., Teller, S., & Davis, R. (2010). Multimodal Interaction with an autonomous Forklift. In ACM & IEEE (Hrsg.), *Proceedings of the 2010 5th International Conference on Human-Robot Interaction (HRI)* (S. 243-250).

Creswell, J. W. (2009). *Research design: Qualitative, quantitative, and mixed methods approaches* (4th ed.). Thousand Oaks, California: SAGE Publications.

Denzin, N. K. (1978). *The Research Act: A theoretical introduction to sociological methods* (2d ed.). New York: McGraw-Hill.

Deutsche Akkreditierungsstelle GmbH. (2010). *Leitfaden Usability: Gestaltungsrahmen für den Usability-Engineering-Prozess.*

Diaper, D., & Stanton, N. A. (Hrsg.). (2004). *The Handbook of Task Analysis for Human-Computer Interaction.* Mahwah, NJ [u.a.]: Erlbaum.

Dillmann, R. (2004). Teaching and learning of robot tasks via observation of human performance. *Robotics and Autonomous Systems, 47*(2-3), S. 109-116. doi:10.1016/j.robot.2004.03.005

DIN 8580 (2003). Fertigungsverfahren - Begriffe, Einteilung. Berlin: Beuth Verlag GmbH.

DIN EN ISO 12100 (2010). Sicherheit von Maschinen - Allgemeine Gestaltungsleitsätze - Risikobeurteilung und Risikominderung.

DIN EN ISO 9241-210:2010 (2011). Ergonomie der Mensch-System-Interaktion - Prozess zur Gestaltung gebrauchstauglicher interaktiver Systeme.

DIN EN ISO 10218-1:2011 (2012). Industrieroboter - Sicherheitanforderungen - Teil 1: Roboter. Berlin: Beuth Verlag GmbH.

DIN EN ISO 10218-2:2011 (2012). Industrieroboter - Sicherheitanforderungen - Teil 2: Robotersysteme und Integration. Berlin: Beuth Verlag GmbH.

DIN SPEC 91328 (2016). Ressourcenschonende Anwendung von Methoden und Werkzeugen der menschzentrierten Gestaltung.

DIN EN ISO 9241-11:2017 (2017). Ergonomie der Mensch-System-Interaktion - Gebrauchstauglichkeit.

DIN ISO/TS 15066:2016 (2017). Roboter und Robotikgeräte - Kollaborierende Roboter. Berlin: Beuth Verlag GmbH.

Dittrich, F. (2015). *Instrumentarium zur Unterstützung der nutzerzentrierten Entwicklung in kleinen und mittleren Unternehmen am Beispiel betrieblicher Anwendungssoftware* (Dissertation). Technische Universität Chemnitz, Chemnitz.

Döring, N., & Bortz, J. (2016). *Forschungsmethoden und Evaluation: Für Human- und Sozialwissenschaftler* (5., überarb. Aufl.). *Springer-Lehrbuch.* Heidelberg: Springer.

Dresch, A., Lacerda, D. P., & Antunes Jr,José Antônio Valle. (2015). *Design Science Research.* Cham: Springer International Publishing.

Dresing, T., & Pehl, T. (2013). *Praxishandbuch Interview, Transkription & Analyse: Anleitungen und Regelsysteme für qualitativ Forschende* (5. Auflage). Marburg.

Drury, J. L., Hestand, D., Yanco, H. A., & Scholtz, J. (2004). Design guidelines for improved human-robot interaction. In ACM (Hrsg.), *Extended Abstracts on Human factors in Computing Systems. CHI '04* (S. 1540). New York, NY: ACM.

Drury, J. L., Scholtz, J., & Yanco, H. A. (2003). Awareness in Human-Robot Interactions. In IEEE (Hrsg.), *Proceedings of the 2003 International Conference on Systems, Man and Cybernetics* (S. 912-918).

Dumas, J. S., & Redish, J. (1999). *A practical Guide to Usability Testing* (Rev. ed.). Exeter, Angleterre, Portland, Or.: Intellect.

Dunckern, C. (2016). Automobilproduktion im Zeitalter der Digitalisierung. In A. Hildebrandt & W. Landhäußer (Hrsg.), *Management-Reihe Corporate Social Responsibility. CSR und Digitalisierung. Der digitale Wandel als Chance und Herausforderung für Wirtschaft und Gesellschaft* (1st ed., S. 101-114). Berlin, S.l.: Springer Berlin.

Ehrenmann, M., Becher, R., Giesler, B., Zöllner, R., Rogalla, O., & Dillmann, R. (2002). Interaction with Robot Assistants: Commanding ALBERT. In IEEE & RSJ (Hrsg.), *Proceedings of the 2002 IEEE/RSJ International Conference on Intelligent Robots and Systems (IROS)* .

ElMaraghy, H., Schuh, G., ElMaraghy, W., Piller, F., Schönsleben, P., Tseng, M., & Bernard, A. (2013). Product Variety Management. *CIRP Annals, 62*(2), S. 629-652. doi:10.1016/j.cirp.2013.05.007

Ende, T., Haddadin, S., Parusel, S., Wusthoff, T., Hassenzahl, M., & Albu-Schaffer, A. (2011). A human-centered approach to robot gesture based communication within collaborative working processes. In IEEE & RSJ (Hrsg.), *Proceedings of the 2011 IEEE/RSJ International Conference on Intelligent Robots and Systems* (S. 3367-3374).

FANUC Deutschland GmbH. (2018). FANUC Deutschland: Produktinformation CR-35iA. Homepage. Zugriff am 11.02.2018, URL: http://www.fanuc.eu/de/de/roboter/roboterfilter-seite/kollaborierende-roboter/collaborative-cr35ia.

Field, A. P. (2013). *Discovering statistics using IBM SPSS statistics* (4th ed.). *Introducing statistical methods*. Los Angeles, (etc.): SAGE.

Finstad, K. (2006). The System Usability Scale and non-native English Speakers. *Journal of Usability Studies, 1*(4), S. 185-188.

Flemisch, F., Heesen, M., Hesse, T., Kelsch, J., Schieben, A., & Beller, J. (2012). Towards a dynamic balance between humans and automation: authority, ability, responsibility and control in shared and cooperative control situations. *Cognition, Technology & Work, 14*(1), S. 3-18. doi:10.1007/s10111-011-0191-6

Fong, T., Kaber, D., Lewis, M., Scholtz, J., Schultz, A., & Steinfeld, A. (2006). Common metrics for human-robot interaction. In ACM (Hrsg.), *Proceedings of the 2006 ACM conference on human-robot interaction. toward human robot collaboration* . New York: ACM.

Forge, S. und Blackman, C. (2010). A Helping Hand for Europe: The Competitive Outlook for the EU Robotics Industry.

Frank, J. A., Moorhead, M., & Kapila, V. (2016). Realizing mixed-reality environments with tablets for intuitive human-robot collaboration for object manipulation tasks. In IEEE (Hrsg.), *Proceedings of the 25th IEEE International Symposium on Robot and Human Interactive Communication. RO-MAN 2016* (S. 302-307).

Gibbons, A. S., & Bunderson, C. V. (2005). Explore, Explain, Design - Gibbons, Bunderson - 2005. *Encyclopdia of Social Management, 1,* S. 927-938.

Glaser, B. G., & Strauss, A. L. (1967). *The discovery of grounded theory: Strategies for qualitative research. Observations.* Chicago: Aldine Pub. Co.

Goodrich, M. A., & Olsen, D. R. (2003). Seven principles of efficient human robot interaction. In IEEE (Hrsg.), *Proceedings of the 2003 International Conference on Systems, Man and Cybernetics* (S. 3942-3948).

Goodrich, M. A., & Schultz, A. C. (2007). *Human-Robot Interaction: A Survey.* Hanover, MA: Now Publishers.

Grier, R. A., Bangor, A., Kortum, P., & Peres, S. C. (2013). The System Usability Scale. *Proceedings of the Human Factors and Ergonomics Society Annual Meeting, 57*(1), S. 187-191. doi:10.1177/1541931213571042

Guerin, K. R., Riedel, S. D., Bohren, J., & Hager, G. D. (2014). Adjutant: A Framework for Flexible Human-Machine Collaborative Systems. In IEEE & RSJ (Hrsg.), *Proceedings of the 2014 International Conference on Intelligent Robots and Systems* (S. 1392-1399).

Guo, C., & Sharlin, E. (2008). Exploring the Use of Tangible User Interfaces for Human-Robot Interaction: A Comparative Study. In M. Burnett (Hrsg.), *Proceedings of the 26th Annual CHI Conference on Human Factors in Computing Systems,* (S. 121-130). New York, NY: ACM.

Hägele, M., Nilsson, K., & Pires, J. N. (2008). Industrial Robotics. In B. Siciliano & O. Khatib (Hrsg.), *Springer Handbook of Robotics* (S. 963-986). Berlin, Heidelberg: Springer.

Hart, S. G. (2016). Nasa-Task Load Index: 20 Years Later. *Proceedings of the Human Factors and Ergonomics Society Annual Meeting, 50*(9), S. 904-908. doi:10.1177/154193120605000909

Hart, S. G., & Staveland, L. E. (1988). Development of NASA-TLX (Task Load Index): Results of Empirical and Theoretical Research. *Advances in Psychology, 52,* S. 139-183. doi:10.1016/S0166-4115(08)62386-9

Hassenzahl, M. (2001). The Effect of Perceived Hedonic Quality on Product Appealingness. *International Journal of Human-Computer Interaction, 13*(4), S. 481-499. doi:10.1207/S15327590IJHC1304_07

Hassenzahl, M., Burmester, M., & Koller, F. (2003). AttrakDiff: Ein Fragebogen zur Messung wahrgenommener hedonischer und pragmatischer Qualität. In G. Szwillus & J. Ziegler (Hrsg.): *Vol. 57. Berichte des German Chapter of the ACM, Mensch & Computer. Interaktion in Bewegung* (S. 187-196).

Hassenzahl, M., Burmester, M., & Koller, F. (2008). Der User Experience (UX) auf der Spur - Hassenzahl et al. - 2008: Der User Experience (UX) auf der Spur. In H. Brau, S. Diefenbach, M. Hassenzahl, F. Koller, M. Peissner, & K. Röse (Hrsg.), *Usability Professionals. Tagungsband* (S. 78-82).

Hassenzahl, M., & Monk, A. (2010). The Inference of Perceived Usability From Beauty. *Human-Computer Interaction, 25,* S. 235-260. doi:10.1080/073700242010500139

Hayes, S. T., Hooten, E. R., & Adams, J. A. (2010). Multi-touch interaction for tasking robots. In ACM & IEEE (Hrsg.), *Proceedings of the 5th ACM/IEEE International Conference on Human-Robot Interaction. HRI 2010* (S. 97-98). Piscataway, NJ: IEEE.

Helms, E., & Meyer, C. (2005). Assistor: Mensch und Roboter rücken zusammen. *Werkstattstechnik online, 95*(9), S. 677-683.

Herbst, U. (2015). *Gestaltung eines ergonomischen Interaktionskonzeptes für flexibel einsetzbare und transportable Roboterzellen* (Dissertation). Technische Universität München, München.

Hevner, A. R., March, S., Park, J., & Ram, S. (2004). Design Science in Information Systems Research. *MIS Quarterly, 28*(1), S. 75-106.

Hinderks, A.et al.Thomaschewski, J. (2016). UEQ-Online: User Experience Questionnaire. Zugriff am 04.04.2018, URL: http://www.ueq-online.org/.

Hwang, J.-H., Lee, K., & Kwon, D.-S. (2005). The Role of mental Model and shared Grounds in Human-Robot Interaction. In IEEE (Hrsg.), *Proceedings of the 14th IEEE International Workshop on Robot and Human Interactive Communication. RO-MAN 2005* (S. 623-628). Piscataway, N.J.: IEEE.

IFR Statistical Department. (2016). *Industrial Robots 2016.*

IFR Statistical Department. (2018). *Industrial Robots 2018.*

ISO 8373:2012 (2012). Robots and robotic devices - Vocabulary. Berlin: Beuth Verlag GmbH.

Jentsch, M., Wendlandt, S., Claus-Stuck, N., & Krämer, G. (2017). What do they really want?: Reveal users' latent needs through contextual Co-Creation. In D. de Wand, A. Toffetti, R. Wiczorek, A. Sonderegger, S. Röttger, P. Bouchner, . . . K. Brookhuis (Hrsg.), *Proceedings of the Human Factors and Ergonomics Society Europe Annual Conference* .

Kahl, B., Bodenmüller, T., & Kuss, A. (2016). Technologien für flexible Robotersysteme: Wirtschaftliche Automatisierungslösungen (nicht nur) für kleine und mittlere Produktionsgrößen. *Industrie 4.0 Management, 32*(2), S. 11-14.

Kawamura, K., Pack, R. T., & Iskarous, M. (1995). Design Philosophy for Service Robots. In IEEE (Hrsg.), *Proceedings of the IEEE International Conference on Systems, Man and Cybernetics. Intelligent Systems for the 21st Century* (S. 3736-3741). Piscataway, NJ: IEEE.

Keller, S. (2017). *Entwicklung eines wissensbasierten Assistenzsystems zur Konfiguration robotergestützter, hybrider Montagesysteme unter Berücksichtigung sicherheitsrelevanter Anforderungen* (Dissertation). Brandenburgische Technische Universität Cottbus-Senftenberg, Cottbus.

Kemp, C. C., Anderson, C. D., Nguyen, H., Trevor, A. J., & Xu, Z. (2008). A Point-and-Click Interface for the Real World: Laser Designation of Objects for Mobile Manipulation. In ACM & IEEE (Hrsg.), *Proceedings of the 3rd ACM/IEEE international Conference on Human-Robot Interaction* (S. 241-248). New York: ACM; IEEE.

Kobayashi, K., & Yamada, S. (2004). Human-Robot Interaction Design for low cognitive Load in cooperative Work. In IEEE (Hrsg.), *Proceedings of the 2004 International Workshop on Robot and Human interactive Communication* (S. 569-574).

Kobayashi, K., & Yamada, S. (2010). Extending Commands Embedded in Actions for Human-Robot Cooperative Tasks. *International Journal of Social Robotics, 2*(2), S. 159-173. doi:10.1007/s12369-010-0054-y

Koenig, N., Takayama, L., & Matarić, M. (2010). Communication and knowledge sharing in human-robot interaction and learning from demonstration. *Neural networks : the official journal of the International Neural Network Society, 23*(8-9), S. 1104-1112. doi:10.1016/j.neunet.2010.06.005

Konietschke, R., Ortmaier, T., Ott, C., Hagn, U., Le-Tien, L., & Hirzinger, G. (2006). Concepts of human-robot cooperation for a new medical robot - Konietschke et al. - 2006. In N.N. (Hrsg.), *Proceedings of the International Workshop on Human-Centered Robotic Systems* .

Krüger, J., Lien, T. K., & Verl, A. (2009). Cooperation of human and machines in assembly lines. *CIRP Annals - Manufacturing Technology, 58*(2), S. 628-646. doi:10.1016/j.cirp.2009.09.009

Kuka AG. (2018). Kuka Robotics: Produktinformation LBR iiwa. Zugriff am 11.02.2018, URL: https://www.kuka.com/de-de/produkte-leistungen/robotersysteme/industrieroboter/lbr-iiwa.

Lambrecht, J. (2014). *Natürlich-räumliche Industrieroboterprogrammierung auf Basis markerloser Gestenerkennung und mobiler Augmented Reality* (Dissertation). Technische Universität Berlin, Berlin.

Lambrecht, J., Kleinsorge, M., & Kruger, J. (2011). Markerless gesture-based motion control and programming of industrial robots. In Z. Mammeri (Hrsg.), *Proceedings of 2011 IEEE 16th Conference on Emerging Techologies & Factory Automation* (S. 1-4). Piscataway, NJ: IEEE.

Längle, T., & Wörn, H. (2001). Human-Robot Cooperation Using Multi-Agent-Systems. *Journal of Intelligent and Robotic Systems, 32*(2), S. 143-160. doi:10.1023/A:1013901228979

Laugwitz, B., Held, T., & Schrepp, M. (2008). Construction and Evaluation of a User Experience Questionnaire. In A. Holzinger (Hrsg.), *HCI and Usability for Education and Work. Proceedings of the 4th Symposium for the Workgroup Human-Computer Interaction and Usability Engineering of the Austrian Computer Society (USAB 2008),* . Berlin, New York: Springer.

Leutert, F., Herrmann, C., & Schilling, K. (2013). A spatial augmented reality system for intuitive display of robotic data. In H. Kuzuoka, V. Evers, M. Imai, & J. Forlizzi (Hrsg.), *Proceedings of the 8th ACM/IEEE International Conference on Human-Robot Interaction* (S. 179-180).

Lewis, J. R., & Sauro, J. (2009). The Factor Structure of the System Usability Scale. In M. Kurosu (Hrsg.), *Lecture Notes in Computer Science: Vol. 5619. Human-Centered Design. Proceedings of the first International Conference HCD 2009, San Diego, CA, USA, July 19-24, 2009* (Vol. 5619, S. 94-103). Berlin: Springer.

Lewis, J. R., Utesch, B. S., & Maher, D. E. (2015). Measuring Perceived Usability: The SUS, UMUX-LITE, and AltUsability. *International Journal of Human-Computer Interaction, 31*(8), S. 496-505. doi:10.1080/10447318.2015.1064654

Li, S., Webb, J., Zhang, X., & Nelson, C. A. (2017). User evaluation of a novel eye-based control modality for robot-assisted object retrieval. *Advanced Robotics, 31*(7), S. 382-393. doi:10.1080/01691864.2016.1271748

Lotter, B. (2012). Einführung. In B. Lotter & H.-P. Wiendahl (Hrsg.), *VDI. Montage in der industriellen Produktion. Ein Handbuch für die Praxis* (S. 1-8). Berlin [u.a.]: Springer Vieweg.

Lund, A. (2001). Measuring Usability with the USE Questionnaire. *Usability Interface, 8,* S. 3-6.

Marble, J. L., Bruemmer, D. J., Few, D. A., & Dudenhoeffer, D. D. (2004). Evaluation of supervisory vs. peer-peer interaction with human-robot teams. In R. H. Sprague (Hrsg.), *Proceedings of the 37th Annual Hawaii International Conference on System Sciences* (S. 1-9). Los Alamitos, Piscataway: IEEE Computer Society Press; IEEE [distributor].

Maschinenrichtlinie 2006/42/EG (2006, Mai 17). Maschinenrichtlinie 2006/42/EG des Europäischen Parlaments und des Rates.

Materna, Z., Kapinus, M., Spanel, M., Beran, V., & Smrz, P. (2016). Simplified industrial robot programming: Effects of errors on multimodal interaction in WoZ experiment. In IEEE (Hrsg.), *Proceedings of the 25th IEEE International Symposium on Robot and Human Interactive Communication. RO-MAN 2016* (S. 200-205).

Materna, Z., Kapinus, M., Beran, V., SmrĚ, P., Giuliani, M., Mirnig, N., . . . Tscheligi, M. (2017). Using Persona, Scenario, and Use Case to Develop a Human-Robot Augmented Reality Collaborative Workspace. In B. Mutlu & M. Tscheligi (Hrsg.), *Proceedings of the Companion of the 2017 ACM/IEEE International Conference on Human-Robot Interaction* (S. 201-202). ACM.

Maurtua, I., Fernandez, I., Kildal, J., Susperregi, L., Tellaeche, A., & Ibarguren, A. (2016). Enhancing safe human-robot collaboration through natural multimodal communication. In IEEE (Hrsg.), *Proceedings of the 2016 IEEE 21st International Conference on Emerging Technologies and Factory Automation (ETFA)* (S. 1-8).

Maurtua, I., Pedrocchi, N., Orlandini, A., Fernandez, J. d. G., Vogel, C., Geenen, A., . . . Shafti, A. (2016). FourByThree: Imagine humans and robots working hand in hand. In IEEE (Hrsg.), *Proceedings of the 2016 IEEE 21st International Conference on Emerging Technologies and Factory Automation (ETFA)* (S. 1-8).

Mayora-Ibarra, O., Aviles, S. H., & Miranda-Palma, C. (2003). From HCI to HRI: Usability Inspection in multimodal Human-Robot-Interactions. In IEEE (Hrsg.), *Proceedings of the 2003 12th IEEE International Workshop on Robot and Human Interactive Communication. ROMAN 2003* (S. 37-41).

Michalos, G., Makris, S., Spiliotopoulos, J., Misios, I., Tsarouchi, P., & Chryssolouris, G. (2014). ROBO-PARTNER: Seamless Human-Robot Cooperation for Intelligent, Flexible and Safe Operations in the Assembly Factories of the Future. *Procedia CIRP, 23,* S. 71-76. doi:10.1016/j.procir.2014.10.079

Micire, M., Desai, M., Courtemanche, A., Tsui, K. M., & Yanco, H. A. (2009). Analysis of natural Gestures for controlling Robot Teams on multi-touch Tabletop Surfaces. In ACM (Hrsg.), *Proceedings of the 2009 ACM International Conference on Interactive Tabletops and Surfaces* (S. 41-48).

Miles, M. B., & Huberman, A. M. (1994). *Qualitative data analysis: An expanded sourcebook* (2nd ed.). Thousand Oaks: SAGE Publications.

Minge, M., Riedel, L., & Thüring, M. (2013). Modulare Evaluation interaktiver Technik: Entwicklung und Validierung des meCUE Fragebogens zur Messerung der User Experience. In E. Brandenburg, L. Doria, A. Gross, T. Günzler, & H. Smieszek (Hrsg.), *Grundlagen und Anwendungen der Mensch-Maschine-Interaktion. 10. Berliner Werkstatt Mensch-Maschine-Systeme. Foundations and Applications of Human-Machine Interaction* (S. 89-98). Berlin: Univ.-Verl. der TU.

Minge, M., Thüring, M., & Kuhr, C. V. (2017). The meCUE Questionnaire - A Modular Tool for Measuring User Experience. In M. Soares, C. Falcão, & T. Z. Ahram (Hrsg.), *Advances in Intelligent Systems and Computing: Vol. 486. Advances in Ergonomics Modeling, Usability et Special Populations. Proceedings of the AHFE 2016 International Conference on Ergonomics Modeling, Usability et Special Populations, July 27-31, 2016, Walt Disney World, Florida, USA* .

Murphy, R. R., & Schreckenghost, D. (2013). Survey of Metrics for Human-Robot Interaction. In ACM & IEEE (Hrsg.), *Proceedings of the 8th International Conference on Human-Robot Interaction (HRI)* (S. 197-198). Tokyo, Japan.

N.N. (o.J.). *NASA-TLX: Paper and Pencil Package*. v 1.0.

Naumann, M., Dietz, T., & Kuss, A. (2017). Mensch-Maschine-Interaktion. In B. Vogel-Heuser, T. Bauernhansl, & M. ten Hompel (Hrsg.), *Handbuch Industrie 4.0 Bd.4. Allgemeine Grundlagen* (S. 201-216). Berlin, Heidelberg: Springer Berlin Heidelberg.

Negulescu, M., & Inamura, T. (2011). Exploring sketching for robot collaboration. In ACM & IEEE (Hrsg.), *Proceedings of the 2011 6th ACM/IEEE International Conference on Human-Robot Interaction (HRI). HRI 2011* (S. 211-212).

Neto, P., Pires, J. N., & Moreira, A. P. (2010). High-Level Programming and Control for Industrial Robotics: Using Gestures, Speech and Force Control. *Industrial Robot: An International Journal, 37*(2), S. 137-147. doi:10.1108/01439911011018911

Nguyen, H., Jain, A., Anderson, C., & Kemp, C. C. (2008). A clickable world: Behavior selection through pointing and context for mobile manipulation. In R. Chatila, A. Kelly, & J.-P. Merlet (Hrsg.), *Proceedings of the 2008 IEEE/RSJ International Conference on Intelligent Robots and Systems (IROS)* (S. 787-793). Piscataway NJ: IEEE.

Nielsen, J. (1992). Finding usability problems through heuristic evaluation. In ACM (Hrsg.), *Proceedings of the 1992 SIGCHI Conference on Human Factors in Computing Systems* (S. 373-380).

Nielsen, J. (1993). *Usability Engineering.* San Diego: Academic Press.

Nomura, T., Kanda, T., Suzuki, T., & Kato, K. (2008). Prediction of Human Behavior in Human-Robot Interaction Using Psychological Scales for Anxiety and Negative Attitudes Toward Robots. *IEEE Transactions on Robotics, 24*(2), S. 442-451. doi:10.1109/TRO.2007.914004

Onnasch, L., Maier, X., & Jürgensohn, T. (2016). Mensch-Roboter-Interaktion: Eine Taxonomie für alle Anwendungsfälle. *baua: Fokus.* doi:10.21934/baua:fokus20160630

Ortiz, J., Mattos, L. S., & Caldwell, D. G. (2012). Smart devices in robot-assisted laser microsurgery: Towards ubiquitous tele-cooperation. In IEEE (Hrsg.), *Proceedings of the 2012 IEEE International Conference on Robotics and Biomimetics* (S. 1721-1726).

Oviatt, S. (1999). Ten myths of multimodal interaction. *Communications of the ACM, 42*(11), S. 74-81. doi:10.1145/319382.319398

Pan, Z., Polden, J., Larkin, N., van Duin, S., & Norrish, J. (2012). Recent progress on programming methods for industrial robots. *Robotics and Computer-Integrated Manufacturing, 28*(2), S. 87-94. doi:10.1016/j.rcim.2011.08.004

Pedersen, M. R., Nalpantidis, L., Andersen, R. S., Schou, C., Bøgh, S., Krüger, V., & Madsen, O. (2016). Robot skills for manufacturing: From concept to industrial deployment. *Robotics and Computer-Integrated Manufacturing, 37,* S. 282-291. doi:10.1016/j.rcim.2015.04.002

Perzylo, A. C., Somani, N., Profanter, S., Kessler, I., Rickert, M., & Knoll, A. (2016). Intuitive Instruction of Industrial Robots: Semantic Process Descriptions for Small Lot Production. In IEEE & RSJ (Hrsg.), *Proceedings of the 2016 IEEE/RSJ International Conference on Intelligent Robots and Systems. IROS 2016* (S. 2293-2300).

Pieska, S., Kaarela, J., & Saukko, O. (2012). Towards easier Human-Robot Interaction to help inexperienced Operators in SMEs. In IEEE (Hrsg.), *Proceedings of the 3rd IEEE International Conference on Cognitive Infocommunications (CogInfoCom)* (S. 333-338).

Pilz GmbH & Co. KG. (2013). *Das Sicherheitskompendium: Für den Umgang mit Normen zur funktionalen Sicherheit.* 4., überarbeitete und erweiterte Auflage.

Pires, J. N. (2005). Robot-by-Voice: Experiments on Commanding an Industrial Robot using the Human Voice. *Industrial Robot: An International Journal, 32*(6), S. 505-511. doi:10.1108/01439910510629244

Pires, J. N., Veiga, G., & Araújo, R. (2009). Programming-by-Demonstration in the Coworker Scenario for SMEs. *Industrial Robot: An International Journal, 36*(1), S. 73-83. doi:10.1108/01439910910924693

Pollmann, K. (2016). Mensch-Maschine-Schnittstellen für die Produktion von morgen. *IM+io - Das Magain für Innovation, Organisation & Management*, (3).

Preece, J., Rogers, Y., & Sharp, H. (2015). *Interaction Design: Beyond human-computer interaction* (4 ed.). Chichester: Wiley.

Profanter, S., Perzylo, A., Somani, N., Rickert, M., & Knoll, A. (2015). Analysis and semantic modeling of modality preferences in industrial human-robot interaction. In W. Burgard (Hrsg.), *Proceedings of the 2015 IEEE/RSJ International Conference on Intelligent Robots and Systems (IROS)* (S. 1812-1818). Piscataway, NJ: IEEE.

Riek, L. (2012). Wizard of Oz Studies in HRI: A Systematic Review and New Reporting Guidelines. *Journal of Human-Robot Interaction,* S. 119-136. doi:10.5898/JHRI.1.1.Riek

Rigoll, G. (2015). Multimodal Human-Robot Interaction from the Perspective of a Speech Scientist. In A. Ronzhin, R. Potapova, & N. Fakotakis (Hrsg.): *Vol. 9319. Lecture Notes in Computer Science, Proceedings of the 17th International Conference on Speech and Computer* (1st ed., S. 3-10). Cham: Springer International Publishing.

Rohde, M., Pallasch, A.-K., & Kunaschk, S. (2012). Effiziente Automatisierung mittels Industrierobotern: Potenziale für gering standardisierte Aufgabenstellungen in der Logistik. *Productivity Management, 17*(2), S. 21-24.

Rosa, S., Russo, A., Saglinbeni, A., & Toscana, G. (2016). Vocal interaction with a 7-DOF robotic arm for object detection, learning and grasping. In ACM & IEEE (Hrsg.), *Proceedings of the 11th International Conference on Human-Robot Interation (HRI)* (S. 505-506).

Röse, K. (2003). Task-Analyse. In S. Heinsen & P. Vogt (Hrsg.), *Usability praktisch umsetzen. Handbuch für Software, Web, Mobile Devices und andere interaktive Produkte* (S. 98-114). München: Hanser.

Roser, T., Samson, A., & Valdivieso, E. C. (2009). *Co-Creation: New Pathways to Value*. An Overview. London: Promise.

Rouanet, P., Bechu, J., & Oudeyer, P.-Y. (2009). A comparison of three Interfaces using handheld Devices to intuitively drive and show Objects to a social Robot: The Impact of underlying Metaphors. In IEEE (Hrsg.), *Proceedings of the 18th IEEE International Symposium on Robot and Human Interactive Communication* (S. 1066-1072). [Piscataway, N.J.]: IEEE.

Rubin, J., & Chisnell, D. (2008). *Handbook of Usability Testing: How to plan, design, and conduct effective tests* (2nd ed.). Indianapolis, IN: Wiley Pub.

Sadik, A. R., Urban, B., & Adel, O. (2017). Using Hand Gestures to Interact with an Industrial Robot in a Cooperative Flexible Manufacturing Scenario. In ACM (Hrsg.), *Proceedings of the 3rd International Conference on Mechatronics and Robotics Engineering. ICMRE 2017* (S. 11-16).

Sakamoto, D., Honda, K., Inami, M., & Igarashi, T. (2009). Sketch and Run: A stroke-based Interface for Home Robots. In D. R. Olsen & R. B. Arthur (Hrsg.), *Proceedings of the 27th International Conference on Human Factors in Computing Systems* (S. 197-200). New York, N.Y.: ACM Press.

Sarodnick, F., & Brau, H. (2006). *Methoden der Usability-Evaluation: Wissenschaftliche Grundlagen und praktische Anwendung* (1. Aufl.). *Praxis der Arbeits- und Organisationspsychologie*. Bern: Huber.

Schlick, C., Luczak, H., & Bruder, R. (2010). *Arbeitswissenschaft* (3., volständig überarbeitete und erw. Aufl.). Heidelberg: Springer.

Schließmann, A. (2017). iProduction, die Mensch-Maschine-Kommunikation in der Smart Factory. In B. Vogel-Heuser, T. Bauernhansl, & M. ten Hompel (Hrsg.), *Handbuch Industrie 4.0 Bd.4. Allgemeine Grundlagen* (S. 171-200). Berlin, Heidelberg: Springer Berlin Heidelberg.

Schmid, A. (2008). *Intuitive Human-Robot Cooperation* (Dissertation). Universität Fridericiana zu Karlsruhe, Karlsruhe.

Schmid, A. J., Hoffmann, M., & Woern, H. (2007). A tactile Language for intuitive Human-Robot Communication. In K. Mase & D. Massaro (Hrsg.), *Proceedings of the 9th International Conference on Multimodal Interfaces* (S. 58). New York: ACM Press.

Schmidt, L., Herrmann, R., Hegenberg, J., & Cramar, L. (2014). Evaluation einer 3D-Gestensteuerung für einen mobilen Serviceroboter - Schmidt et al. - 2014. *Zeitschrift für Arbeitswissenschaft, 68*(3), S. 129-134.

Schmidtler, J., Knott, V., Hölzel, C., Bengler, K., Schlick, C. M., & Bützler, J. (2015). Human Centered Assistance Applications for the working environment of the future. *Occupational Ergonomics, 12*(3), S. 83-95. doi:10.3233/OER-150226

Schou, C., Damgaard, J. S., Bogh, S., & Madsen, O. (2013). Human-Robot Interface for Instructing industrial Tasks using kinesthetic Teaching. In IEEE (Hrsg.), *Proceedings of the 2013 44th International Symposium on Robotics (ISR)* (S. 1-6).

Schrepp, M., Hinderks, A., & Thomaschewski, J. (2017). Design and Evaluation of a Short Version of the User Experience Questionnaire (UEQ-S). *International Journal of Interactive Multimedia and Artificial Intelligence, 4*(6), S. 103. doi:10.9781/ijimai.2017.09.001

Sekoranja, B., Jerbic, B., & Suligoj, F. (2015). Virtual Surface for Human-Robot Interaction. *Transaction of Famena, 39*(1).

Sheikholeslami, S., Moon, A., & Croft, E. A. (2017). Cooperative Gestures for Industry: Exploring the Efficacy of Robot Hand Configurations in Expression of instructional Gestures for Human-Robot Interaction. *The International Journal of Robotics Research, 36*(5-7), S. 699-720. doi:10.1177/0278364917709941

Sheridan, T. B. (2016). Human-Robot Interaction: Status and Challenges. *Human factors, 58*(4), S. 525-532. doi:10.1177/0018720816644364

Shi, J., & Menassa, R. (2010). Transitional or partnership human and robot collaboration for automotive assembly. In ACM (Hrsg.), *Proceedings of the 10th Performance Metrics for Intelligent Systems Workshop (PerMIS)* (S. 187-194).

Shneiderman, B., & Plaisant, C. (2005). *Designing the User Interface: Strategies for effective Human-Computer Interaction* (4th ed.). Boston: Addison Wesley.

Simon, H. A. (1996). *The sciences of the artificial* (3rd ed.). Cambridge, Mass.: MIT Press.

Skubic, M., Anderson, D., Blisard, S., Perzanowski, D., & Schultz, A. (2007). Using a hand-drawn sketch to control a team of robots. *Autonomous Robots, 22*(4), S. 399-410. doi:10.1007/s10514-007-9023-1

Sobaszek, Ł., & Gola, A. (2015). Perspective and Methods of Human-Industrial Robots Cooperation. *Applied Mechanics and Materials, 791,* S. 178-183. doi:10.4028/www.scientific.net/AMM.791.178

Solvang, B., Sziebig, G., & Korondi, P. (2008). Robot Programming in Machining Operations. *I-Tech Education and Publishing,* S. 479-496.

Someren, M. W. van, Barnard, Y. F., & Sandberg, J. A. C. (1994). *The Think Aloud Method.* London: Academic Press.

Stanton, N. A., Salmon, P. M., Walker, G. H., Baber, C., & Jenkins, D. P. (2005). *Human Factors Methods: A practical Guide for Engineering and Design* (Reprinted.). Aldershot [u.a.]: Ashgate.

Steegmüller, D., & Zürn, M. (2017). Wandlungsfähige Produktionssysteme für den Automobilbau der Zukunft. In B. Vogel-Heuser, T. Bauernhansl, & M. ten Hompel (Hrsg.), *Springer Reference Technik. Handbuch Industrie 4.0 Bd.1. Produktion* (2nd ed., S. 27-44). Berlin, Heidelberg: Springer Berlin Heidelberg.

Stollnberger, G., Weiss, A., & Tscheligi, M. (2013a). The harder it gets: Exploring the Interdependency of Input Modalities and Task Complexity in Human-Robot Collaboration. In IEEE (Hrsg.), *Proceedings of the 22nd IEEE International Symposium on Robot and Human Interactive Communication. RO-MAN 2013* (S. 264-269).

Stollnberger, G., Weiss, A., & Tscheligi, M. (2013b). Input Modality and Task Complexity: Do they relate? In ACM & IEEE (Hrsg.), *Proceedings of the 8th International Conference on Human-Robot Interaction (HRI)* (S. 233-234). Tokyo, Japan.

Suomela, J., & Halme, A. (2004). Human Robot Interaction: Case WorkPartner. In IEEE & RSJ (Hrsg.), *Proceedings of the 2004 International Conference on Intelligent Robots and Systems* (S. 3327-3332).

Švaco, M., Šekoranja, B., & Jerbić, B. (2012). Industrial Robotic System with Adaptive Control. *Procedia Computer Science, 12,* S. 164-169. doi:10.1016/j.procs.2012.09.048

Tellaeche, A., Maurtua, I., & Ibarguren, A. (2015). Human Robot Interaction in industrial Robotics: Examples from Research Centers to Industry. In IEEE (Hrsg.), *Proceedings of the 2015 International Conference on Emerging Technology and Factory Automation (ETFA)* (S. 1-6).

Thrun, S. (2004). Toward a Framework for Human-Robot Interaction. *Human-Computer Interaction, 19,* S. 9-24.

Tommaso, D. de, Calinon, S., & Caldwell, D. G. (2012). A Tangible Interface for Transferring Skills. *International Journal of Social Robotics, 4*(4), S. 397-408. doi:10.1007/s12369-012-0154-y

Torta, E., van Heumen, J., Piunti, F., Romeo, L., & Cuijpers, R. (2015). Evaluation of Unimodal and Multimodal Communication Cues for Attracting Attention in Human–Robot Interaction. *International Journal of Social Robotics, 7*(1), S. 89-96. doi:10.1007/s12369-014-0271-x

Tsarouchi, P., Makris, S., & Chryssolouris, G. (2016). Human-Robot Interaction: Review and Challenges on Task Planning and Programming. *International Journal of Computer Integrated Manufacturing, 29*(8), S. 916-931. doi:10.1080/0951192X.2015.1130251

Turunen, M., Hakulinen, J., Melto, A., Heimonen, T., Laivo, T., & Hella, J. (2009). SUXES: User Experience Evaluation Method for Spoken and Multimodal Interaction. In *Proceedings of the 2009 Interspeech Conference* .

Umbreit, M. (2013). *Bestimmung von Schmerzschwellen an der Mensch-Maschine-Schnittstelle: Anforderungen, Herausforderungen und Anwendungsgrenzen.* Tag der Arbeitssicherheit in Fellbach, Fellbach.

Universal Robots. (2018). Universal Robots: Produktinformationen UR. Zugriff am 11.02.2018, URL: https://www.universal-robots.com.

Universität Regensburg. (2018). Datenbank-Infosystem (DBIS). Zugriff am 11.02.2018, URL: http://dbis.uni-regensburg.de/dbinfo/fachliste.php?bib_id=tuche&lett=l&colors=&ocolors=.

Universität Zürich. (2018). Methodenberatung Statistik. Zugriff am 20.12.2018, URL: https://www.methodenberatung.uzh.ch/de.html.

User Interface Design GmbH und Hassenzahl, M. (2018). AttrakDiff. Zugriff am 04.04.2018, URL: http://attrakdiff.de/.

Vallee, M., Burger, B., Ertl, D., Lerasle, F., & Falb, J. (2009). Improving User Interfaces of interactive Robots with Multimodality. In IEEE (Hrsg.), *Proceedings of the 2009 International Conference on Advanced Robotics* . Piscataway, NJ: IEEE.

Venkatesh, V., Morris, M. G., Davis, G. B., & Davis, F. D. (2003). User Acceptance of Information Technology: Toward a Unified View. *MIS Quarterly, 27*(3).

VDI 2861 / Blatt 2 (1988). Montage- und Handhabungstechnik - Kenngrößen für Industrieroboter - Einsatzspezifische Kenngrößen. Düsseldorf: VDI-Verlag GmbH.

Vogel, C., Poggendorf, M., Walter, C., & Elkmann, N. (2011). Towards safe physical human-robot collaboration: A projection-based safety system. In IEEE & RSJ (Hrsg.), *Proceedings of the 2011 IEEE/RSJ International Conference on Intelligent Robots and Systems* (S. 3355-3360).

Vogel, C., Walter, C., & Elkmann, N. (2012). Exploring the possibilities of supporting robot-assisted work places using a projection-based sensor system. In S. Zug (Hrsg.), *Proceedings of the 2012 IEEE International Symposium on Robotic and Sensors Environments (ROSE)* (S. 67-72). Piscataway, NJ: IEEE.

Wächter, M. (2018). *Engineering-Methode zur Gestaltung gebrauchstauglicher tangibler Mensch-Maschine-Schnittstellen für Planer und Entwickler von Produktionsassistenzsystemen* (Dissertation). TU Chemnitz, Chemnitz.

Wakita, Y., Hirai, S., Hori, T., Takada, R., & Kakikura, M. (1998). Robot Teaching using Projection Function. In IEEE & RSJ (Hrsg.), *Proceedings of the 1998 International Conference on Intelligent Robots and Systems* (S. 1944-1949).

Wakita, Y., Hirai, S., Suehiro, T., Hori, T., & Fujiwara, K. (2001). Information Sharing via Projection Function for Coexistence of Robot and Human. *Autonomous Robots, 10*(3), S. 267-277. doi:10.1023/A:1011283709431

Watson, D., Clark, L. A., & Tellegen, A. (1988). Development and Validation of Brief Measures of Positive and Negative Affect: The PANAS Scales. *Journal of Personality and Social Psychology, 54*(6), S. 1063-1070.

Weiss, A., Bernhaupt, R., Lankes, M., & Tscheligi, M. (2009). The USUS Evaluation Framework for Human-Robot Interaction. In AISB (Hrsg.), *Proceedings of the Symposium on new Frontiers in Human-Robot Interaction*
.

Weiss, A., Huber, A., Minichberger, J., & Ikeda, M. (2016). First Application of Robot Teaching in an Existing Industry 4.0 Environment: Does It Really Work? *Societies, 6*(3), S. 20. doi:10.3390/soc6030020

Yanco, H. A., & Drury, J. (2004). Classifying Human-Robot Interaction: An updated Taxonomy. In IEEE (Hrsg.), *Proceedings of the 2004 International Conference on Systems, Man and Cybernetics* (S. 2841-2846).

Yoshida, K., Hibino, F., Takahashi, Y., & Maeda, Y. (2011). Evaluation of Pointing Navigation Interface for mobile Robot with spherical Vision System. In C.-T. Lin (Hrsg.), *Proceedings of the 2011 IEEE International Conference on Fuzzy Systems (FUZZ)* (S. 721-726). Piscataway, NJ: IEEE.

Zaeh, M., & Vogl, W. (2006). Interactive laser-projection for programming industrial robots. In IEEE & ACM (Hrsg.), *Proceedings of the 2006 IEEE/ACM International Symposium on Mixed and Augmented Reality* (S. 125-128). Piscataway, NJ: IEEE Service Center.

Zimmermann, M., Bortot, D., & Bengler, K. (2012). Allgemeine Interaktionsprinzipien für kooperative Mensch-Maschine-Systeme - Zimmermann et al. - 2012. In M. Schütte (Hrsg.): *Vol. 2012. Jahresdokumentation / Gesellschaft für Arbeitswissenschaft e.V, Bericht zum 58. Kongress der Gesellschaft für Arbeitswissenschaft. Gestaltung nachhaltiger Arbeitssysteme - Wege zur gesunden, effizienten und sicheren Arbeit* (S. 469-472). Dortmund: GfA-Press.

Zühlke, D. (2012). *Nutzergerechte Entwicklung von Mensch-Maschine-Systemen: Useware-Engineering für technische Systeme* (2., new bearb. Aufl.). Heidelberg: Springer.

Anhang

A.1 Ergänzungen zum Stand der Wissenschaft und Technik

Grundlagen der Mensch-Roboter-Kollaboration

Der zugrundeliegende Zertifizierungsprozess zum Inverkehrbringen einer Produktionsanlage, im Falle der Arbeit eine instruktive Mensch-Roboter-Kollaboration, ist schematisch in Abbildung 57 skizziert.

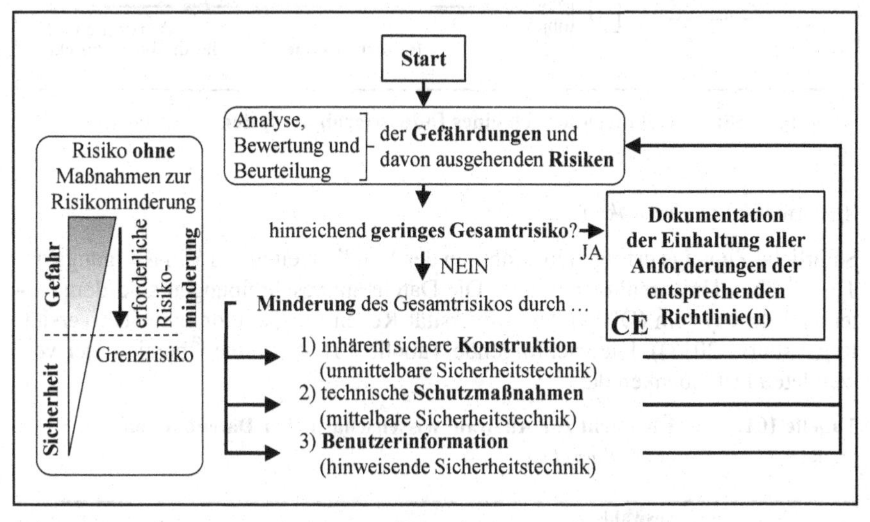

Abbildung 57: Prozess der CE-Zertifizierung einer Maschine
Quelle: in Anlehnung an DIN EN ISO 12100

Als zu betrachtender Gefahrenbereich zählt jeweils das gesamte Industrierobotersystem, also inklusive des Roboterwerkzeugs, Handhabungsobjekte (Werkstück) und die unmittelbare Umgebung, skizziert in Abbildung 58.

T. Schleicher, *Kollaborierende Roboter anweisen*, Gestaltung hybrider Mensch-Maschine-Systeme/Designing Hybrid Societies,
https://doi.org/10.1007/978-3-658-29051-1

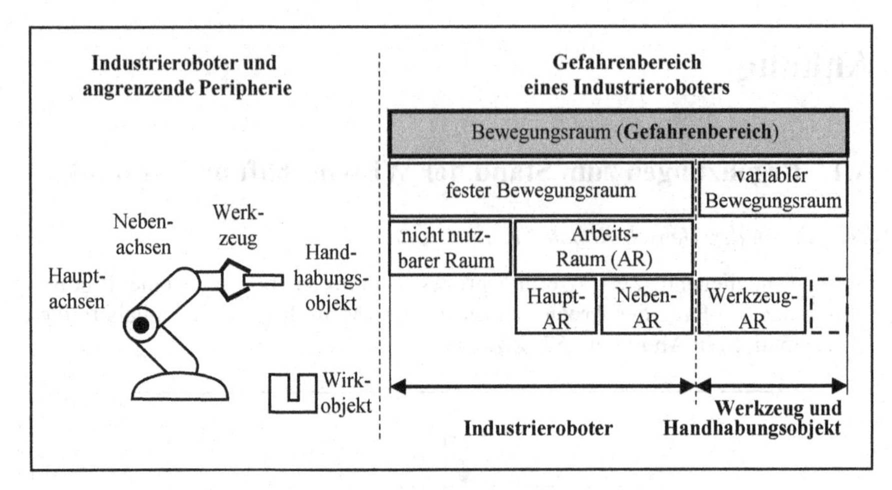

Abbildung 58: **Gefahrenbereich eines Industrierobotersystems**
Quelle: *VDI 2861 / Blatt 2*

Ausgewählte Datenbanken

Sämtliche Zugänge erfolgen im Rahmen der Möglichkeiten des VPN-Zugangs der Technischen Universität Chemnitz. Die Datenbankbeschreibungen sind dem Datenbank-Infosystem (DBIS) der Universität Regensburg entnommen (Universität Regensburg (2018)). Die nachfolgende Tabelle 101 stellt eine Übersicht der verwendeten Datenbanken dar.

Tabelle 101: **Übersicht zur Auswahl wissenschaftlicher Datenbanken**
Quelle: *eigene Darstellung*

Datenbank	Auswahl-kriterien	Eigenschaften
ACM Digital Library	erfüllt	überwiegend technische Datenbanken mit Zugriff auf Zeitschriften und vor allem Kongressberichten
EBSCOhost	erfüllt	umfangreiche Sammlung an Veröffentlichungen in verschiedenen Disziplinen durch Zugriff auf eine Vielfalt von Volltext- und populären Datenbanken führender Informationsanbieter (z.B. Academic Search Premier, PsycINFO u.v.m.)
Emerald Insight	erfüllt	Volltextzugriff auf Veröffentlichungen in Fachzeitschriften der Wirtschaftswissenschaften und vereinzelt der Ingenieurswissenschaften
IEEE Xplore	erfüllt	umfangreiche Datenbank der Ingenieurswissenschaft, Volltextzugriff auf vorwiegend Kongressberichte aber auch Zeitschriftenbeiträge

Datenbank	Auswahl-kriterien	Eigenschaften
ScienceDirect	erfüllt	Zugriff auf multidisziplinäre Zeitschriftenkollektionen überwiegend natur- und wirtschaftswissenschaftlicher Ausprägung.
Scopus	erfüllt	umfangreiche natur- und sozialwissenschaftliche Datenbank, technische Fachgebiete ebenfalls enthalten
Springer Link	NICHT ERFÜLLT! keine Suchmöglichkeit innerhalb des Abstracts einer Veröffentlichung	aufgrund der fehlenden Vergleichbarkeit zu anderen Datenbanksuchen wird Springer Link nicht in den weiterführenden Literatur-Review übernommen
TEMA / WTI Frankfurt	erfüllt	deutschsprachige Datenbank technikwissenschaftlicher Zeitschriften, Konferenzberichte und Forschungsarbeiten (Dissertationen)
Web of Science	erfüllt	interdisziplinäre Fachdatenbank von „Open Access Journals" der Kunst-, Geistes-, Sozialwissenschaften, Medizin, Naturwissenschaften und Technik

Teilergebnisse des strukturierten Literatur-Reviews

Tabelle 102 und Tabelle 103 zeigen die Trefferergebnisse in den einzelnen Datenbanken je Suchterm. Trotz mangelnder deutschsprachiger Literatur zeigen die Ergebnistabellen eine ausgiebige Datengrundlage D1.

Tabelle 102: Zusammenfassung der Datengrundlagen 1/2[1]
Quelle: eigene Darstellung

Datengrundlage	ACM DL	EBSCOhost	Emerald	IEEE Xplore
D1				
S1+S2+S3 EN	374	1.129	25	2.622
S1+S2+S3 DE	0	20	0	0
D2				
S1+S2 EN	488	4.229	90	4.929
S1+S2 DE	0	5.988	0	0

[1] Die letzte Aktualisierung der Datenbanksuche zum Themenschwerpunkt der Mensch-Roboter-Interaktion in einer Koexistenz/Kooperation/Kollaboration hat im Mai 2017 stattgefunden. In der gezeigten finalen Suche hat keine Einschränkung des Veröffentlichungszeitraumes stattgefunden.

Datengrundlage	ACM DL	EBSCOhost	Emerald	IEEE Xplore
S1+S3 EN	3.138	41.884	439	54.526
S1+S3 DE	0	468	0	5
S2+S3 EN	11.456	106.959	1.499	31.889
S2+S3 DE	0	1.334	0	0
D3				
S1 EN	4.331	307.050	3.308	190.737
S1 DE	0	2.117	0	6
S2 EN	26.666	1.121.135	7.468	70.300
S2 DE	0	8.909	2	0
S3 EN	145.190	5.411.271	30.024	1.059.632
S3 DE	1	38.071	1	117

Tabelle 103: Zusammenfassung der Datengrundlagen 2/2

Quelle: *eigene Darstellung*

Datengrundlage	Science Direct	Scopus	TEMA	Web of Science
D1				
S1+S2+S3 EN	355	3.968	4.116	738
S1+S2+S3 DE	0	1	827	0
D2				
S1+S2 EN	995	10.222	15.296	1.931
S1+S2 DE	1	20	1.777	0
S1+S3 EN	9.388	107.010	103.265	22.409
S1+S3 DE	12	66	32.338	0
S2+S3 EN	13.100	111.633	26.296	43.815
S2+S3 DE	13	32	4.777	0
D3				
S1 EN	52.092	537.807	514.803	127.877
S1 DE	614	153	65.859	0
S2 EN	76.237	569.161	131.970	244.750
S2 DE	113	1.097	26.329	0
S3 EN	931.304	5.587.353	1.048.763	2.978.467
S3 DE	483	2.938	200.600	0

Erläuterungen zur Einteilung der Forschungsdomäne Mensch-Roboter-Interaktion

Die nachfolgenden Ausführungen beziehen sich auf die Einteilung der MRI auf Basis Tabelle 5.

Eine erste Unterscheidung verschiedener Mensch-Roboter-Interaktionen ermöglicht die **Anwendungsdomäne** und die damit in Verbindung stehende Robotermorphologie. Persönliche Serviceroboter assistieren oder unterhalten den Menschen in der heimischen Umgebung oder bei entspannenden Aktivitäten. Beispiele hierfür sind Staubsauge-, Rasenmähroboter oder humanoide Serviceroboter. Kommerzielle Serviceroboter assistieren Menschen bei professionellen Zielen außerhalb industrieller Umgebungen, z.B. Chirurgie- oder Minenroboter. Industrieroboter übernehmen diese Art von Aufgaben im industriellen Kontext, z.B. Schweißroboter (ISO 8373:2012; Goodrich und Schultz 2007; Thrun 2004; Yanco und Drury 2004).

Das **Automatisierungsspektrum** bzw. die Roboterautonomie liefert eine weitere Unterscheidungsmöglichkeit einer Mensch-Roboter-Interaktion. Diese findet mit assistierenden bzw. vom Menschen gesteuerten, semi- und hochautomatisierten Robotern statt. In diesen Systemen bleibt dem Mensch Spielraum zur Einflussnahme auf die Zusammenarbeit und damit die Möglichkeit zur Interaktion mit einem Roboter. Assistierende Roboter werden nahezu kontinuierlich vom Menschen gesteuert, während semi- bzw. hochautomatisierte Roboter nur einzelne Befehle erhalten und überwiegend autonom arbeiten (Flemisch et al. 2012).

Die **Interaktionsklasse** bietet weitere Unterscheidungsmerkmale einer MRI. Mensch und Roboter können sich an unterschiedlichen Orten, z.B. im Weltall sowie auch am selben Ort aufhalten, z.B. Staubsaugroboter. Dies führt zwangsläufig zu einer möglichen unmittelbaren Interaktion oder einer bedingten Interaktion über große Ferne.

Mit speziellem Bezug auf den industriellen Kontext der vorliegenden Arbeit unterscheidet die Literatur der Mensch-Roboter-Interaktion des Weiteren nach der örtlichen und zeitlichen Synchronität die **Interaktionsformen** Koexistenz/Kooperation/Kollaboration, vgl. Abbildung 6 (Bauer et al. 2016).

Christiernin (2017) beschreibt diese grobe Unterteilung noch etwas genauer mit der Einteilung in **Interaktionsgrade**. Diese reichen von der kompletten räumlichen Trennung, dem sicherheitsbedingten Stopp des Roboters bei Annäherung des Menschen, der Zusammenarbeit unter Anleitung des Menschen bis hin zur gemeinsamen Problemlösung und Zusammenarbeit. Die Zusammenarbeit unter Anleitung wird als „Master/Slave-Modus" bezeichnet. Beispiele hierfür sind die Handführung eines Roboters zur Lastenhandhabung oder die Steuerung eines Chirurgieroboters durch einen Operateur. In der gemeinsamen Problemlösung und

Zusammenarbeit passen Mensch und Roboter ihr Verhalten aneinander an. Sie lernen voneinander und haben gleiche Rollen in Hinblick auf die Zielerreichung (Christiernin 2017).

Im Kontext der Industrie liefern Shi und Menassa (2010) eine weitere Unterscheidung der **Interaktionsstrategie** für die direkte Zusammenarbeit mit einem Roboter (Mensch-Roboter-Kollaboration). Die Interaktion zur Übergabe einer Aufgabe wird als Übergangskollaboration (engl.: transitional collaboration) bezeichnet. Innerhalb dieser, in der Regel kurz andauernden Zeitspanne, synchronisieren Mensch und Roboter ihre Aktivitäten, um im Nachgang unabhängig voneinander weiterarbeiten zu können. Der Mensch besitzt dadurch die Möglichkeit, Vorbereitungen treffen zu können bzw. im Nachgang andere Aktivitäten durchzuführen. Im Gegensatz dazu erfordert die partnerschaftliche Kollaboration (engl.: partnership collaboration) eine vollständige Synchronisation der Aktivitäten von Mensch und Roboter zur gemeinsamen Aufgabenbewältigung.

Als weiteres Unterscheidungsmerkmal einer Mensch-Roboter-Interaktion kann auch die **Art der Kommunikation** unterschieden werden. Explizite Kommunikation stellt sicher, dass bestimmte Informationen und Intentionen dem Kommunikationspartner übertragen werden, z.B. über eindeutige Sprache, Gestik oder Haptik. Im Gegensatz dazu erfordert implizite Kommunikation mehr Interpretation des Interaktionspartners, um z.B. aus Gesichtsausdrücken eine Intention abzuleiten (Bauer et al. 2008).

Darüber hinaus bietet die **Kommunikationsrichtung** ein weiteres Unterscheidungsmerkmal. Dies hat Einfluss auf die Schnittstelle, über welche die Kommunikation von Mensch-zu-Roboter oder Roboter-zu-Mensch verläuft (Yanco und Drury 2004).

Einen ähnlichen Einfluss haben auch die möglichen **Kommunikationswege** innerhalb eines Mensch-Roboter-Teams. Je nach Mensch-zu-Roboter-Verhältnis wird die Mensch-Roboter-Schnittstelle unterschiedlich gestaltet. Darüber hinaus benötigen homogene Teams andere Schnittstellen als inhomogene Teams zur Übertragung aller zur Aufgabenbewältigung notwendigen Informationen (Yanco und Drury 2004).

Erläuterungen zur Roboterprogrammierung

Die nachfolgenden Ausführungen beziehen sich auf die Einteilung der Roboterprogrammierung auf Basis der Abbildung 14.

Üblicherweise werden Bewegungsabläufe von Industrierobotern mittels **textbasierter Programmierung** kodiert. Unterschiede bestehen in der verwendeten Programmiersprache. Diese sind entweder steuerungsspezifisch oder generisch. Im Gegensatz zu roboterherstellerspezifischen Sprachen bieten generische Programmiersprachen, wie z.B. C++, eine erste Möglichkeit zum vereinfachten Zugriff auf herstellerspezifische Funktionen des Roboters (Biggs und MacDonald

2003). Dies öffnet die Anpassungsfähigkeit an spezifische Gegebenheiten durch Endanwender (Maurtua, Pedrocchi et al. 2016).

Eine weitere Abstraktion und damit Vereinfachung bietet die **visuelle/grafische Programmierung**. Bewegungsabläufe eines Roboters werden durch ein grafisches Medium erzeugt. Einzelne Programmbausteine, bestehend aus einzelnen Funktionen bzw. vordefinierten Roboterfähigkeiten, werden in einem Flussdiagramm zusammengesetzt. Dies ermöglicht die im Vergleich zur textbasierten Programmierung schnellere Konfiguration von Roboteranlagen. Mit dem einfachen, hierarchischen Zusammenstellen von Aktionssequenzen verringert sich das dafür notwendige Expertenwissen. Die Programmierung ist dadurch einem breiteren Anwenderspektrum zugänglich und verständlich. Eines der erfolgreichsten Beispiele hierfür ist der Lego Mindstorms Robotics Kit (Biggs und MacDonald 2003). Mit Hilfe von 3D-CAD-Simulationssoftware kann die grafische Programmierung weiter vereinfacht werden. Anwender werden in einer digitalen Umgebung unterstützt und können Roboterfähigkeiten als eine Art Makro in den gewünschten Bewegungsablauf einbinden (Pieska et al. 2012).

Mithilfe der **Programmierung durch Vorzeigen** können komplette Bewegungsabläufe erfasst und auf den Roboter übertragen werden. Dies kann entweder synchron, Mensch und Roboter bewegen sich gleichzeitig, oder asynchron, Mensch zeigt vor und Roboter ahmt nach, erfolgen (Lambrecht et al. 2011). Bei Synchronität kann der Roboter direkt durch den Menschen gesteuert werden. Dies kann durch eine Handführung des Roboters selbst oder beispielsweise auch durch Körpergesten erfolgen (Neto et al. 2010; Pires et al. 2009). Bei Asynchronität können beispielsweise abzufahrende Roboterbahnen in der realen Umgebung durch spezielle Eingabegeräte markiert bzw. skizziert werden (Leutert et al. 2013; Zaeh und Vogl 2006).

Eine weitere Vereinfachung der Roboterprogrammierung bietet die **Programmierung durch Anweisen** mit der Nutzung von instruktiven Systemen. Diese Art der Programmierung erfolgt durch die Übergabe von einfachen Anweisungen, z.B. Markierung eines bestimmten Objektes zur Manipulation. Der Roboter besitzt dabei bereits die gewünschten Fähigkeiten, z.B. kollisionsfreies Verfahren mit und ohne Handhabungsobjekt in einer für den Roboter bekannten Umgebung sowie das Greifen und Platzieren von Objekten. Durch eine Anweisung des Nutzers, z.B. über Sprach- oder Gestensteuerung, werden diese Roboterfähigkeiten in einer anwendungsspezifischen Sequenz genutzt (Biggs und MacDonald 2003).

A.2 Ergänzungen zur methodischen Wissensbasis zur Gestaltung von gebrauchstauglichen MRS

Methoden zur Evaluation von MRS für den Einsatz in einer iMRK

Die Verfahren mit dem Fokus auf die Evaluation der Gebrauchstauglichkeit und des Bedienerlebnisses werden im Nachgang im Detail beschrieben. Sie bilden die engere Auswahl zur fragebogenbasierten Evaluation einer MRS für den Einsatz in einer iMRK:

NASA - Task Load Index (NASA-TLX)

Mit dem NASA-TLX stellen Hart und Staveland (1988) einen Fragebogen vor, der die Bewertung der subjektiven Beanspruchung während der Durchführung einer Aufgabe ermöglicht. Abgefragt werden die geistigen, körperlichen und zeitlichen Anforderungen, die Einschätzung der eigenen Leistung, die subjektiv empfundene Anstrengung sowie die Frustration auf einer Skala von 0 bis 100 in Fünferschritten. Der NASA-TLX gilt als einfach und vielseitig anwendbar, fernab der ursprünglichen Anwendungsdomäne der Luft- und Raumfahrt. Er findet vor allem bei Systemvergleichen Anwendung (Hart 2016; Stanton et al. 2005). Die nachfolgende Abbildung 59 zeigt die verwendete Erhebung der subjektiv erfahrenen Anforderungen mittels des NASA Task Load Index. Auf Basis der Empfehlungen in der Durchführungsbeschreibung der „Paper and Pencil-Ausführung“ ist die Skala zur Einschätzung der eigenen Leistung spiegelverkehrt dargestellt. Somit findet sich eine „schlechte“ Bewertung stets auf der rechten Seite einer Skala und erzeugt geringere Verwirrung bei den Studienteilnehmern.

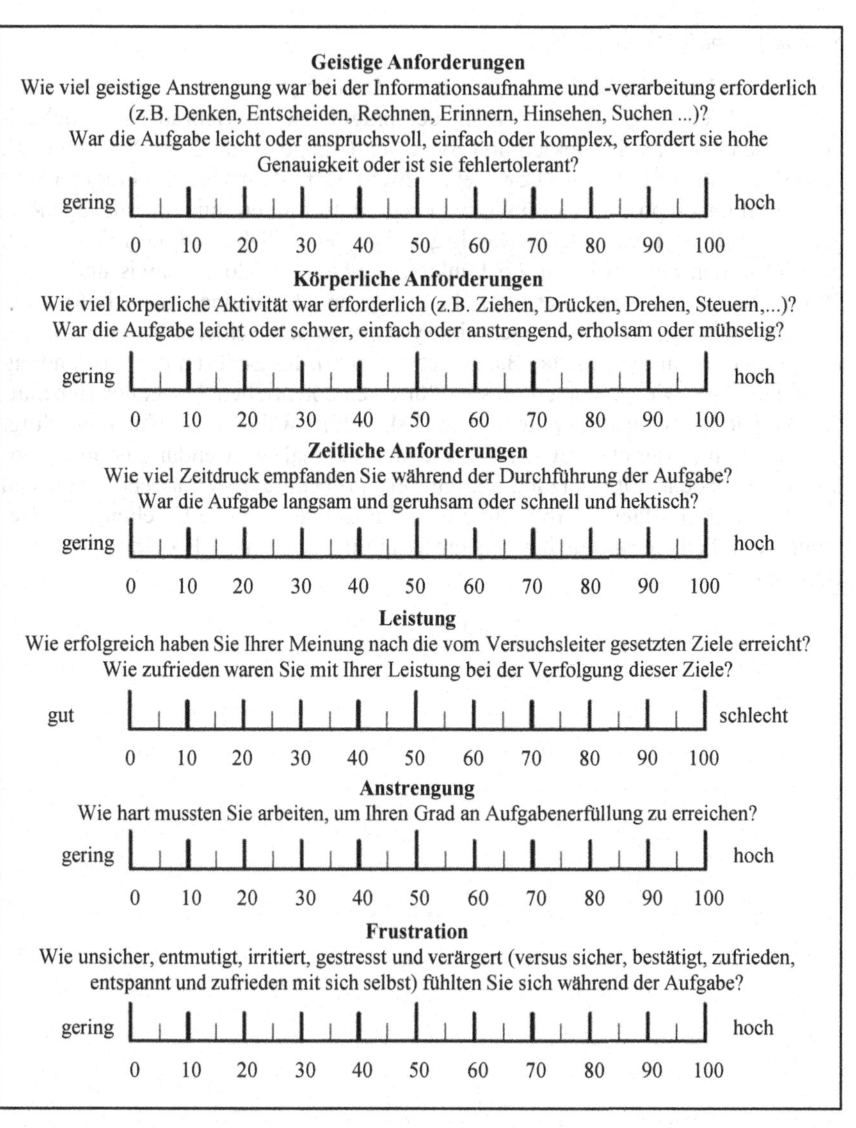

Abbildung 59: Verwendete Erhebung der subjektiven Anforderungen mittels des NASA Task Load Index

Quelle: in Anlehnung an Hart und Staveland (1988)und N.N. (o.J.)

System Usability Scale (SUS)

Der System Usability Scale, entwickelt von Brooke (1996), ist ein effektives und einfaches Werkzeug zur Beurteilung der pragmatischen Gebrauchstauglichkeit von verschiedensten Produkten und Systemen (Bangor et al. 2009; Stanton et al. 2005), auch in der Industrie (Lewis et al. 2015). Er besteht aus zehn Fragebogenitems, fünf davon positiv und fünf davon negativ formuliert, mit einer dazugehörigen fünfstufigen Likert-Skala. Das Ergebnis einer SUS-Bewertung reicht von 0 bis 100 in den Schritten von 2,5 Punkten (Lewis et al. 2015; Lewis und Sauro 2009). Die Ergebnisse können Wertebereichen und damit einer Adjektivskala zugeordnet werden. Diese beurteilen ein System von sehr schlecht bis bestmöglich in einer siebenstufigen Skala (Bangor et al. 2009). Im Zentrum der Anwendung steht die Frage, wie einfach ein System für einen potentiellen Anwender zu benutzen sei. Die Messung eines potentiellen Diskomforts während der Nutzung erfolgt nicht explizit (Grier et al. 2013). Für die internationale Anwendung ist insbesondere eine adäquate Übersetzung und ggf. ein Probedurchlauf notwendig (Finstad 2006). Die nachfolgende Abbildung 60 zeigt die verwendete Erhebung der Gebrauchstauglichkeit mittels des System Usability Scale nach Brooke (1996) und Bangor et al. (2009).

		trifft gar nicht zu 1	2	3	4	trifft voll zu 5
1	Ich kann mir sehr gut vorstellen, das System regelmäßig zu nutzen.	☐	☐	☐	☐	☐
2	Ich empfinde das System als unnötig komplex.	☐	☐	☐	☐	☐
3	Ich empfinde das System als einfach zu nutzen.	☐	☐	☐	☐	☐
4	Ich denke, dass ich die Unterstützung eines Experten brauche, um das System nutzen zu können.	☐	☐	☐	☐	☐
5	Ich finde, dass die verschiedenen Funktionen des Systems gut integriert sind.	☐	☐	☐	☐	☐
6	Ich finde, dass es im System zu viele Inkonsistenzen (Widersprüche) gibt.	☐	☐	☐	☐	☐
7	Ich kann mir vorstellen, dass die meisten Leute das System schnell zu beherrschen lernen.	☐	☐	☐	☐	☐
8	Ich empfinde die Bedienung als sehr umständlich.	☐	☐	☐	☐	☐
9	Ich habe mich bei der Nutzung des Systems sehr sicher gefühlt.	☐	☐	☐	☐	☐
10	Ich muss eine Menge Dinge lernen, bevor ich mit dem System arbeiten kann.	☐	☐	☐	☐	☐

Alles in allem würde ich die Nutzerfreundlichkeit dieser Bedienung wie folgt bewerten.

☐	☐	☐	☐	☐	☐	☐
sehr schlecht	schlecht	schwach	okay	gut	exzellent	bestmöglich

$$SUS\ Score = \left[\sum_{n=1,3,5,7,9} (Bewertung\ n - 1) + \sum_{m=2,4,6,8,10} (5 - Bewertung\ m) \right] * 2{,}5$$

Abbildung 60: Verwendete Erhebung der Gebrauchstauglichkeit mittels des System Usability Scale

Quelle: in Anlehnung an Brooke (1996) und Bangor et al. (2009)

Die nachfolgende Abbildung 61 gibt einen Überblick über die Einordnung der System Usability Scale Punkte.

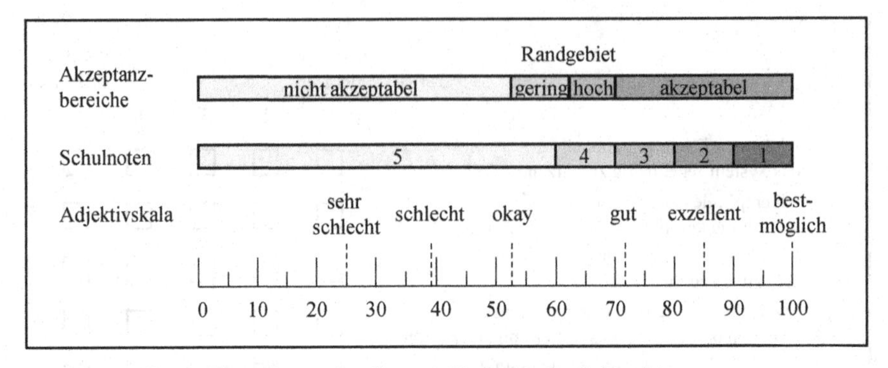

Abbildung 61: Einordnung der System Usability Scale Punkte
Quelle: in Anlehnung an Bangor et al. (2009)

AttrakDiff

Mit dem Fokus der bisherig vorgestellten Evaluationsmethoden auf die pragmatische/ergonomische Qualität eines interaktiven Systems bietet der AttrakDiff die Möglichkeit zur Bewertung der hedonischen Qualität. Je größer die pragmatische/ergonomische Qualität, desto einfacher lassen sich Ziele durch hohe Effektivität und Effizienz eines Systems erreichen. Die hedonische Qualität umfasst hingegen die nicht-aufgabenorientierten Dimensionen wie die Originalität und Innovativität eines interaktiven Systems (Hassenzahl 2001). Erwünscht sind Produkte, bei denen beide Qualitätsdimensionen stark ausgeprägt sind (Hassenzahl et al. 2003). Der AttrakDiff besteht in der ursprünglichen Fassung aus 23 Fragebogenitems semantischer Differenziale, welche über eine siebenstufige Likert-Skala zu bewerten sind (Hassenzahl et al. 2003). Die Kurzversion besteht aus jeweils vier semantischen Differenzialen zur Bewertung der pragmatischen und hedonischen Qualität. Sie können durch weitere Dimensionen ergänzt werden (Hassenzahl und Monk 2010). Die Auswertung und der Vergleich mehrerer Systeme erfolgt über eine Portfolio-Analyse (Hassenzahl et al. 2008). Sie ist über eine internetbasierte Software zugänglich (User Interface Design GmbH und Hassenzahl 2018).

User Experience Questionnaire (UEQ)

Der User Experience Questionnaire (UEQ) ermöglicht ähnlich dem AttrakDiff die effiziente und einfache Bewertung der Gebrauchstauglichkeit interaktiver Systeme. Mit dem starken Fokus des AttrakDiff auf die hedonische Qualität bietet der UEQ jedoch eine ausgewogenere Bewertung der pragmatischen und hedonischen Qualität (Laugwitz et al. 2008). Der UEQ besteht in der Langversion aus 26 semantischen Differenzialen. Diese ermöglichen eine Bewertung in den Dimensionen Attraktivität, pragmatische Qualität durch die Unterdimensionen Durchschaubarkeit, Effizienz und Steuerbarkeit und hedonische Qualität durch die Unterdimensionen Stimulation und Originalität (Laugwitz et al. 2008). Die Kurzversion umfasst acht semantische Differenziale in den zwei Dimensionen pragmatische und hedonische Qualität (Schrepp et al. 2017). Mit einer verfügbaren Excel-Vorlage zur Erfassung und Auswertung (Hinderks et al. 2016) bietet der UEQ eine übersichtlich dokumentierte und nachvollziehbare Methode zur Evaluation von interaktiven Systemen. Die nachfolgende Abbildung 62 zeigt die verwendete Erhebung des Bedienerlebnisses mittels des User Experience Questionnaires nach Laugwitz et al. (2008).

#	Eigenschaft	1	2	3	4	5	6	7	Eigenschaft
1	unerfreulich	○	○	○	○	○	○	○	erfreulich
2	unverständlich	○	○	○	○	○	○	○	verständlich
3	kreativ	○	○	○	○	○	○	○	phantasielos
4	leicht zu lernen	○	○	○	○	○	○	○	schwer zu lernen
5	wertvoll	○	○	○	○	○	○	○	minderwertig
6	langweilig	○	○	○	○	○	○	○	spannend
7	uninteressant	○	○	○	○	○	○	○	interessant
8	unberechenbar	○	○	○	○	○	○	○	voraussagbar
9	schnell	○	○	○	○	○	○	○	langsam
10	originell	○	○	○	○	○	○	○	konventionell
11	behindernd	○	○	○	○	○	○	○	unterstützend
12	gut	○	○	○	○	○	○	○	schlecht
13	kompliziert	○	○	○	○	○	○	○	einfach
14	abstoßend	○	○	○	○	○	○	○	anziehend
15	herkömmlich	○	○	○	○	○	○	○	neuartig
16	unangenehm	○	○	○	○	○	○	○	angenehm
17	sicher	○	○	○	○	○	○	○	unsicher
18	aktivierend	○	○	○	○	○	○	○	einschläfernd
19	erwartungskonform	○	○	○	○	○	○	○	nicht erwartungskonform
20	ineffizient	○	○	○	○	○	○	○	effizient
21	übersichtlich	○	○	○	○	○	○	○	verwirrend
22	unpragmatisch	○	○	○	○	○	○	○	pragmatisch
23	aufgeräumt	○	○	○	○	○	○	○	überladen
24	attraktiv	○	○	○	○	○	○	○	unattraktiv
25	sympathisch	○	○	○	○	○	○	○	unsympathisch
26	konservativ	○	○	○	○	○	○	○	innovativ

Abbildung 62: Verwendete Erhebung des Bedienerlebnisses mittels UEQ
Quelle: in Anlehnung an Laugwitz et al. (2008) und Hinderks et al. (2016)

USE Questionnaire

Einen weiteren Fragebogen zur subjektiven Evaluation der Gebrauchstauglichkeit interaktiver Systeme liefert Lund (2001). Die Erhebung erfolgt durch 30 Elemente über eine siebenstufige Likert-Skala in den Dimensionen Nutzbarkeit, Einfachheit der Nutzung, Einfachheit im Erlernen und Zufriedenstellung (Lund 2001).

meCUE

Der meCUE-Fragebogen bietet eine Möglichkeit zur modularen Evaluation der zentralen Aspekte der User Experience bei der Nutzung interaktiver, physischer Geräte. Die Auswertung erfolgt in den Modulen Produktwahrnehmung, Emotionen (positiv und negativ), Konsequenzen des Produkteinsatzes und einem Gesamturteil. Die Produktwahrnehmung unterteilt sich in aufgabenbezogene, mit der Nützlichkeit und Benutzbarkeit, und in nicht-aufgabenbezogene Dimensionen, mit der visuellen Ästhetik, Status und Bindung. Die Konsequenzen der Nutzung unterteilt sich in die Produktloyalität und Nutzungsintention (Minge et al. 2013). Die Bewertung erfolgt über 34 Fragebogenelemente mittels einer siebenstufigen Likert-Skala (Minge et al. 2017).

A.3 Ergänzungen zum funktionalen Test der Positionierung

Bedienzeiten zur Positionierung

Die nachfolgende Tabelle 104 zeigt den Test auf Normalverteilung der Bedienzeiten auf Basis eines Shapiro-Wilk-Tests.

Tabelle 104: Funktionaler Test zur Positionierung - Normalverteilungstest Bedienzeiten

Quelle: eigene Darstellung

Aufgabe	MRS	Kolmogorov-Smirnov Statistik	df	Signifikanz	Shapiro-Wilk Statistik	df	Signifikanz
Positionierung zu einem Ziel	**Markerdetektion (MD)**	0,177	20	0,101	0,861	20	0,008
	Handführung (HF)	0,160	20	0,194	0,928	20	0,141
	Gestensteuerung (GS)	0,308	20	0,000	0,584	20	0,000
	Mausbedienung (MB)	0,250	20	0,002	0,738	20	0,000
	Touchedienung (TB)	0,242	20	0,003	0,664	20	0,000
Positionierung zu fünf Zielen	**Markerdetektion (MD)**	0,292	20	0,000	0,709	20	0,000
	Handführung (HF)	0,102	20	0,200	0,982	20	0,955
	Gestensteuerung (GS)	0,190	20	0,057	0,934	20	0,184
	Mausbedienung (MB)	0,237	20	0,004	0,816	20	0,002
	Touchedienung (TB)	0,293	20	0,000	0,686	20	0,000

Legende: Normalverteilung (grau hinterlegt)

Die Analyse signifikanter Unterschiede beruht auf Basis der überwiegend nicht normalverteilten Daten (p<0,05) auf einem Friedman-Test. Dieser zeigt signifikante Unterschiede zwischen den Bedienzeiten zur Positionierung zu einem Ziel (Chi-Quadrat(4)=31,958; p=0,000; N=20) sowie zur Positionierung zu fünf Zielen

(Chi-Quadrat(4)=50,462; p=0,000; N=20) mittels der verschiedenen Mensch-Roboter-Schnittstellen. Die konkreten Ergebnisse des darauf aufbauenden post-hoc Dunn-Bonferroni-Test sind in Tabelle 105 gezeigt.

Tabelle 105: Funktionaler Test der Positionierung – Angepasste asymptotische Signifikanzen des Dunn-Bonferroni-Tests der Bedienzeiten

Quelle: eigene Darstellung

	angepasste asymptotische Signifikanzen der Positionierung zu einem Ziel					angepasste asymptotische Signifikanzen der Positionierung zu fünf Zielen				
MRS	**HF**	**GS**	**MD**	**MB**	**TB**	**HF**	**GS**	**MD**	**MB**	**TB**
HF	-	0,000	0,000	0,016	0,044	-	0,455	0,000	0,000	0,801
GS	-	-	1,000	0,891	0,455	-	-	0,000	0,214	1,000
MD	-	-	-	1,000	0,719	-	-	-	0,316	0,000
MB	-	-	-	-	1,000	-	-	-	-	0,108
TB	-	-	-	-	-	-	-	-	-	-
Legende:	signifikante Unterschiede (p<0,05)					hochsignifikante Unterschiede (p<0,01)				

Die nachfolgende Tabelle 106 gibt einen Überblick über die ermittelten z-Werte zur Berechnung der Effektstärken nach Cohen der jeweils signifikanten Unterschiede der Positionierung zu einem Ziel (N=20).

Tabelle 106: Funktionaler Test der Positionierung – z-Werte zur Berechnung der Effektstärke nach Cohen der Unterschiede der Bedienzeiten der Positionierung zu einem Ziel

Quelle: eigene Darstellung

	z-Werte der signifikanten Bedienzeitenunterschiede der Positionierung zu einem Ziel					Effektstärke auf Basis signifikanter Unterschiede der Positionierung zu einem Ziel				
MRS	**HF**	**GS**	**MD**	**MB**	**TB**	**HF**	**GS**	**MD**	**MB**	**TB**
HF	-	2,425	-2,325	1,575	1,425	-	stark	stark	mittel	mittel
GS	-	-	-	-	-	-	-	-	-	-
MD	-	-	-	-	-	-	-	-	-	-
MB	-	-	-	-	-	-	-	-	-	-
TB	-	-	-	-	-	-	-	-	-	-

Die nachfolgende Tabelle 107 gibt einen Überblick über die ermittelten z-Werte zur Berechnung der Effektstärken nach Cohen der jeweils signifikanten Unterschiede der Positionierung zu fünf Zielen (N=20).

Tabelle 107: **Funktionaler Test der Positionierung – z-Werte zur Berechnung der Effektstärke nach Cohen der Unterschiede der Bedienzeiten der Positionierung zu fünf Zielen**

Quelle: *eigene Darstellung*

	z-Werte der signifikanten Bedienzeitenunterschiede der Positionierung zu fünf Zielen					Effektstärke auf Basis signifikanter Unterschiede der Positionierung zu fünf Zielen				
MRS	**HF**	**GS**	**MD**	**MB**	**TB**	**HF**	**GS**	**MD**	**MB**	**TB**
HF	-	-	-3,225	2,150	-	-	-	stark	mittel	-
GS	-	-	-2,250	-	-	-	-	stark	-	-
MD	-	-	-	-	-2,350	-	-	-	-	stark
MB	-	-	-	-	-	-	-	-	-	-
TB	-	-	-	-	-	-	-	-	-	-

Bedienfehler

Die nachfolgende Tabelle 108 zeigt den Normalverteilungstest der Bedienfehler. Die Markerdetektion ist mit in Summe fehlerfreien Bedienung nicht in der Analyse enthalten.

Tabelle 108: **Funktionaler Test zur Positionierung - Normalverteilungstest Bedienfehler**

Quelle: *eigene Darstellung*

	Kolmogorov-Smirnov			Shapiro-Wilk		
MRS	**Statistik**	**df**	**Signifikanz**	**Statistik**	**df**	**Signifikanz**
HF	0,467	20	0,000	0,509	20	0,000
GS	0,527	20	0,000	0,351	20	0,000
MD	0,520	20	0,000	0,354	20	0,000
MB	0,452	20	0,000	0,569	20	0,000
Legende:	Normalverteilung					

Der Shapiro-Wilk-Test auf Normalverteilung zeigt vollständig nicht normalverteilte Daten ($p<0,05$). Ein Friedman-Test zeigt keine signifikanten Unterschiede zwischen den Bedienfehlern der einzelnen Mensch-Roboter-Schnittstellen (Chi-Quadrat(4)=7,019; p=0,135; N=20).

System Usability Scale

Die nachfolgende Tabelle 109 zeigt den Normalverteilungstest der SUS-Punktebewertung nach Brooke (1996).

Tabelle 109: **Funktionaler Test zur Positionierung - Normalverteilungstest System Usability Scale Punktebewertung**

Quelle: *eigene Darstellung*

	Kolmogorov-Smirnov			Shapiro-Wilk		
MRS	**Statistik**	**df**	**Signifikanz**	**Statistik**	**df**	**Signifikanz**
HF	0,185	20	0,073	0,840	20	0,004
GS	0,149	20	0,200	0,881	20	0,019
MD	0,123	20	0,200	0,943	20	0,278
MB	0,244	20	0,003	0,821	20	0,002
TB	0,189	20	0,059	0,770	20	0,000
Legende:	Normalverteilung					

Die nachfolgende Tabelle 110 zeigt den Normalverteilungstest der SUS-Adjektivbewertungen nach Bangor et al. (2009).

Tabelle 110: **Funktionaler Test zur Positionierung - Normalverteilungstest System Usability Scale Adjektivskala**

Quelle: *eigene Darstellung*

	Kolmogorov-Smirnov			Shapiro-Wilk		
MRS	**Statistik**	**df**	**Signifikanz**	**Statistik**	**df**	**Signifikanz**
HF	0,298	20	0,000	0,744	20	0,000
GS	0,216	20	0,015	0,842	20	0,004
MD	0,241	20	0,003	0,879	20	0,017
MB	0,232	20	0,006	0,814	20	0,001
TB	0,226	20	0,009	0,816	20	0,002
Legende:	Normalverteilung					

Aufgrund der überwiegend nicht normalverteilten Daten (p<0,05; Tabelle 109) beruhen die Beurteilungen auf einem Friedman-Test. Dieser zeigt signifikante Unterschiede zwischen den einzelnen SUS-Punkte-Bewertungen (Chi-Quadrat(4)=17,136; p=0,002; N=20) sowie der Adjektivbewertungen (Chi-Quadrat(4)=17,447; p=0;002; N=20) der Mensch-Roboter-Schnittstellen. Aufgrund der detaillierteren Bewertung beruht die Aussage über statistisch signifikante Unterschiede auf der zehnstufigen SUS-Punktebewertung nach Brooke (1996) im Gegensatz zur einstufigen Adjektivbewertung nach Bangor et al. (2009). Der dazugehörige post-hoc Dunn-Bonferroni-Test ist in der nachfolgenden Tabelle 111 gezeigt.

Tabelle 111: **Funktionaler Test zur Positionierung – Angepasste asymptotische Signifikanzen des Dunn-Bonferroni-Tests der SUS-Punkte**

Quelle: *eigene Darstellung*

	angepasste asymptotische Signifikanzen der SUS-Punkte				
MRS	**HF**	**GS**	**MD**	**MB**	**TB**
HF	-	1,000	0,093	1,000	1,000
GS	-	-	0,005	0,404	0,214
MD	-	-	-	1,000	1,000
MB	-	-	-	-	1,000
TB	-	-	-	-	-
Legende:	signifikante Unterschiede (p<0,05)				
	hochsignifikante Unterschiede (p<0,01)				

Die nachfolgende Tabelle 112 gibt einen Überblick über die ermittelten z-Werte zur Berechnung der Effektstärken nach Cohen der jeweils signifikanten Unterschiede der SUS-Punktebewertungen (N=20).

Tabelle 112: **Funktionaler Test der Positionierung – z-Werte zur Berechnung der Effektstärke nach Cohen der Unterschiede der SUS-Punktebewertungen**

Quelle: *eigene Darstellung*

	z-Werte der signifikanten Unterschiede der SUS-Punktebewertungen					Effektstärke auf Basis signifikanter Unterschiede der SUS-Punktebewertungen				
MRS	**HF**	**GS**	**MD**	**MB**	**TB**	**HF**	**GS**	**MD**	**MB**	**TB**
HF	-	-	-	-	-	-	-	-	-	-
GS	-	-	1,750	-	-	-	-	mittel	-	-
MD	-	-	-	-	-	-	-	-	-	-
MB	-	-	-	-	-	-	-	-	-	-
TB	-	-	-	-	-	-	-	-	-	-

A.4 Ergänzungen zum Nutzertest der Positionierung

Prototypischer Aufbau der MRS zur Positionierung

Die nachfolgende Abbildung 63 zeigt ergänzend die reale Darstellung der Positionierung über die ausgewählten Mensch-Roboter-Schnittstellen.

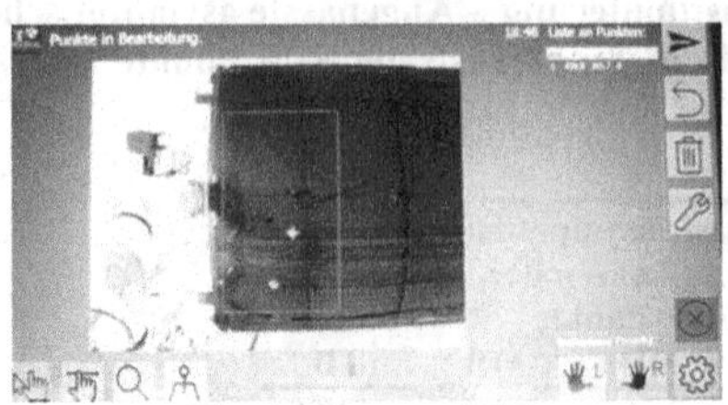

Mausbedienung (MB)
Positionierung durch Klick der Maus
auf entsprechende Stelle des Bauteils
innerhalb der Benutzeroberfläche

Touchbedienung (TB)
Antasten und Manipulation der Punktevorschau
an die entsprechende Stelle des Bauteils
innerhalb der Benutzeroberfläche

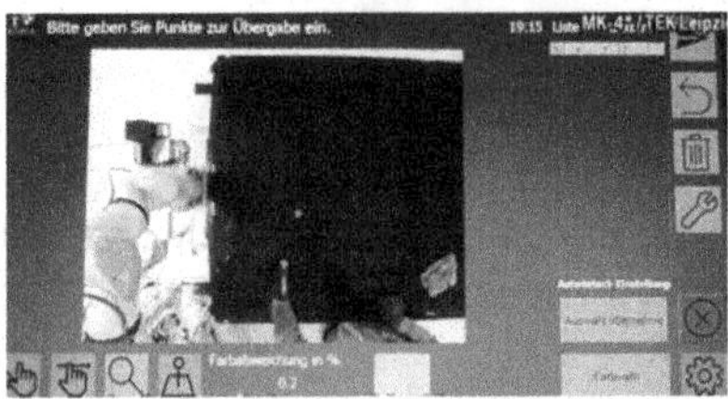

Markerdetektion (MD)
Positionierung des Roboters
durch automatische Erkennung
von gesetzten Markierungen am Bauteil

Gestensteuerung (GS)
Positionierung des Roboters
durch markerbasiertes Zeigen und Halten der
gewünschten Position am Bauteil

Handführung (HF)
Positionierung des Roboters
durch Antasten des Roboterwerkzeugs
an die Bauteiloberfläche

Abbildung 63: Reale Darstellung der Positionierung über die ausgewählten MRS
Quelle: eigene Darstellung

Bedienzeiten zur Positionierung

Die nachfolgende Tabelle 113 zeigt den Normalverteilungstest der Bedienzeiten aus dem Nutzertest.

Tabelle 113: **Nutzertest zur Positionierung - Normalverteilungstest Bedienzeiten**

Quelle: *eigene Darstellung*

Aufgabe	MRS	Kolmogorov-Smirnov Statistik	df	Signifikanz	Shapiro-Wilk Statistik	df	Signifikanz
Positionierung zu einem Ziel	HF	0,201	35	0,001	0,782	35	0,000
	GS	0,210	35	0,000	0,769	35	0,000
	MD	0,224	35	0,000	0,845	35	0,000
	MB	0,202	35	0,001	0,871	35	0,001
	TB	0,139	35	0,086	0,901	35	0,004
Positionierung zu fünf Zielen	MRS	0,275	35	0,000	0,667	35	0,000
	HF	0,082	35	0,200	0,951	35	0,123
	GS	0,223	35	0,000	0,848	35	0,000
	MD	0,163	35	0,019	0,929	35	0,026
	MB	0,162	35	0,021	0,835	35	0,000
Legende:		Normalverteilung					

Der Test auf signifikante Unterschiede basiert aufgrund der überwiegend nicht normalverteilten Daten (p<0,05) auf einem Friedman-Test. Dieser zeigt signifikante Unterschiede zwischen den Bedienzeiten zur Positionierung zu einem Ziel (Chi-Quadrat(4)=92,698; p=0,000; N=35) sowie zur Positionierung zu fünf Zielen (Chi-Quadrat(4)=128,323; p=0,000; N=35) in der Erfahrungsstudie. Der aufschlussgebende post-hoc Dunn-Bonferroni-Test ist in der nachfolgenden Tabelle 114 gezeigt.

Tabelle 114: **Nutzertest zur Positionierung – Angepasste asymptotische Signifikanzen des Dunn-Bonferroni-Tests der Bedienzeiten**

Quelle: *eigene Darstellung*

	angepasste asymptotische Signifikanzen der Positionierung zu einem Ziel					angepasste asymptotische Signifikanzen der Positionierung zu fünf Zielen				
MRS	**HF**	**GS**	**MD**	**MB**	**TB**	**HF**	**GS**	**MD**	**MB**	**TB**
HF	-	0,000	0,000	0,028	1,000	-	0,000	0,000	0,000	1,000
GS	-	-	1,000	0,000	0,000	-	-	0,000	1,000	0,000
MD	-	-	-	0,002	0,000	-	-	-	0,002	0,000
MB	-	-	-	-	0,102	-	-	-	-	0,000
TB	-	-	-	-	-	-	-	-	-	-
Legende:		signifikante Unterschiede (p<0,05)				hochsignifikante Unterschiede (p<0,01)				

Die nachfolgende Tabelle 115 gibt einen Überblick über die ermittelten z-Werte zur Berechnung der Effektstärken nach Cohen der jeweils signifikanten Unterschiede der Positionierung zu einem Ziel (N=35).

Tabelle 115: Nutzertest zur Positionierung - z-Werte zur Berechnung der Effektstärke nach Cohen der Unterschiede der Bedienzeiten der Positionierung zu einem Ziel

Quelle: *eigene Darstellung*

	z-Werte der signifikanten Bedienzeitenunterschiede der Positionierung zu einem Ziel					Effektstärke auf Basis signifikanter Unterschiede der Positionierung zu einem Ziel				
MRS	**HF**	**GS**	**MD**	**MB**	**TB**	**HF**	**GS**	**MD**	**MB**	**TB**
HF	-	2,671	-2,543	1,129	-	-	mittel	mittel	schwach	-
GS	-	-	-	-1,543	-2,514	-	-	-	schwach	mittel
MD	-	-	-	-1,414	-2,386	-	-	-	schwach	mittel
MB	-	-	-	-	-	-	-	-	-	-
TB	-	-	-	-	-	-	-	-	-	-

Die nachfolgende Tabelle 116 gibt einen Überblick über die ermittelten z-Werte zur Berechnung der Effektstärken nach Cohen der jeweils signifikanten Unterschiede der Positionierung zu fünf Zielen (N=35).

Tabelle 116: Nutzertest zur Positionierung – z-Werte zur Berechnung der Effektstärke nach Cohen der Unterschiede der Bedienzeiten der Positionierung zu fünf Zielen

Quelle: *eigene Darstellung*

	z-Werte der signifikanten Bedienzeitenunterschiede der Positionierung zu fünf Zielen					Effektstärke auf Basis signifikanter Unterschiede der Positionierung zu fünf Zielen				
MRS	**HF**	**GS**	**MD**	**MB**	**TB**	**HF**	**GS**	**MD**	**MB**	**TB**
HF	-	1,700	-3,257	1,857	-	-	schwach	stark	mittel	-
GS	-	-	-1,557	-	-2,157	-	-	schwach	-	mittel
MD	-	-	-	-1,400	-3,714	-	-	-	schwach	stark
MB	-	-	-	-	-2,314	-	-	-	-	mittel
TB	-	-	-	-	-	-	-	-	-	-

Bedienfehler

Die nachfolgende Tabelle 117 zeigt den Normalverteilungstest der Bedienfehler. Die Markerdetektion ist mit in Summe fehlerfreier Bedienung nicht in der Analyse enthalten.

Tabelle 117: **Nutzertest zur Positionierung - Normalverteilungstest Bedienfehler**

Quelle: *eigene Darstellung*

	Kolmogorov-Smirnov			Shapiro-Wilk		
MRS	**Statistik**	**df**	**Signifikanz**	**Statistik**	**df**	**Signifikanz**
HF	0,370	35	0,000	0,703	35	0,000
GS	0,447	35	0,000	0,582	35	0,000
MB	0,539	35	0,000	0,250	35	0,000
TB	0,203	35	0,001	0,831	35	0,000

Auf Basis der überwiegend nicht nicht normalverteilten Daten (p<0,05) zeigt ein Friedman-Test signifikante Unterschiede zwischen den Bedienfehlern der einzelnen Mensch-Roboter-Schnittstellen (Chi-Quadrat(4)=48,170; p=0,000; N=35). Der analysierende post-hoc Dunn-Bonferroni-Test ist in der nachfolgenden Tabelle 118 gezeigt.

Tabelle 118: **Nutzertest zur Positionierung – Angepasste asymptotische Signifikanzen des Dunn-Bonferroni-Tests der Bedienfehler**

Quelle: *eigene Darstellung*

	angepasste asymptotische Signifikanzen der Bedienfehler bei der Positionierung				
MRS	**HF**	**GS**	**MD**	**MB**	**TB**
HF	-	1,000	0,126	0,312	0,494
GS	-	-	1,000	1,000	0,041
MD	-	-	-	1,000	0,000
MB	-	-	-	-	0,000
TB	-	-	-	-	-
Legende:	signifikante Unterschiede (p<0,05) hochsignifikante Unterschiede (p<0,01)				

Die nachfolgende Tabelle 119 gibt einen Überblick über die ermittelten z-Werte zur Berechnung der Effektstärken nach Cohen der jeweils signifikanten Unterschiede (N=35).

Tabelle 119: Nutzertest zur Positionierung - z-Werte zur Berechnung der Effektstärke nach Cohen der Unterschiede der Bedienfehler

Quelle: eigene Darstellung

	z-Werte der signifikanten Bedienzeitenunterschiede der Positionierung zu einem Ziel					Effektstärke auf Basis signifikanter Unterschiede der Positionierung zu einem Ziel				
MRS	**HF**	**GS**	**MD**	**MB**	**TB**	**HF**	**GS**	**MD**	**MB**	**TB**
HF	-	-	-	-	-	-	-	-	-	-
GS	-	-	-	-	-1,086	-	-	-	-	schwach
MD	-	-	-	-	-1,686	-	-	-	-	schwach
MB	-	-	-	-	-1,557	-	-	-	-	schwach
TB	-	-	-	-	-	-	-	-	-	-

System Usability Scale

Die nachfolgende Tabelle 120 zeigt den Normalverteilungstest der SUS-Punktebewertungen.

Tabelle 120: Nutzertest zur Positionierung - Normalverteilungstest System Usability Scale Punktebewertung

Quelle: eigene Darstellung

	Kolmogorov-Smirnov			Shapiro-Wilk		
MRS	**Statistik**	**df**	**Signifikanz**	**Statistik**	**df**	**Signifikanz**
MD	0,185	20	0,073	0,840	20	0,004
HF	0,149	20	0,200	0,881	20	0,019
GS	0,123	20	0,200	0,943	20	0,278
MB	0,244	20	0,003	0,821	20	0,002
TB	0,189	20	0,059	0,770	20	0,000
Legende:	Normalverteilung					

Auf Basis der überwiegend nicht normalverteilten Daten (p<0,05) zeigt ein Friedman-Test signifikante Unterschiede zwischen den einzelnen SUS-Punktebewertungen (Chi-Quadrat(4)=44,907; p=0,000; N=35) sowie der Adjektivbewertungen (Chi-Quadrat(4)=51,542; p=0,000; N=35) der Mensch-Roboter-Schnittstellen. Der darauf aufbauende post-hoc Dunn-Bonferroni-Test ist in der nachfolgenden Tabelle 121 dokumentiert.

Tabelle 121: **Nutzertest zur Positionierung – Angepasste asymptotische Signifikanzen des Post-Hoc Dunn-Bonferroni-Tests der SUS-Punkte**

Quelle: *eigene Darstellung*

	angepasste asymptotische Signifikanzen der SUS-Punkte				
MRS	**HF**	**GS**	**MD**	**MB**	**TB**
HF	-	0,041	0,000	0,001	1,000
GS	-	-	0,539	1,000	0,019
MD	-	-	-	1,000	0,000
MB	-	-	-	-	0,000
TB	-	-	-	-	-
Legende:	signifikante Unterschiede (p<0,05)				
	hochsignifikante Unterschiede (p<0,01)				

Die nachfolgende Tabelle 122 gibt einen Überblick über die ermittelten z-Werte zur Berechnung der Effektstärken nach Cohen der jeweils signifikanten Unterschiede der SUS-Punktebewertungen (N=35).

Tabelle 122: **Nutzertest zur Positionierung - z-Werte zur Berechnung der Effektstärke nach Cohen der Unterschiede der SUS-Punktebewertungen**

Quelle: *eigene Darstellung*

	z-Werte der signifikanten Unterschiede der SUS-Punktebewertungen					Effektstärke auf Basis signifikanter Unterschiede der SUS-Punktebewertungen				
MRS	**HF**	**GS**	**MD**	**MB**	**TB**	**HF**	**GS**	**MD**	**MB**	**TB**
HF	-	-1,086	1,814	-1,471	-	-	schwach	mittel	schwach	-
GS	-	-	-	-	1,171	-	-	-	-	schwach
MD	-	-	-	-	1,900	-	-	-	-	mittel
MB	-	-	-	-	1,557	-	-	-	-	schwach
TB	-	-	-	-	-	-	-	-	-	-

NASA-TLX

Die nachfolgende Tabelle 123 zeigt den Normalverteilungstest der NASA-TLX-Bewertungen.

Tabelle 123: **Nutzertest zur Positionierung - Normalverteilungstest NASA-TLX**
Quelle: *eigene Darstellung*

MRS		Kolmogorov-Smirnov			Shapiro-Wilk		
	Anforderung	Statistik	df	Signifikanz	Statistik	df	Signifikanz
Markerdetektion (MD)	geistige Anforderung	0,262	35	0,000	0,733	35	0,000
	körperliche Anforderungen	0,232	35	0,000	0,866	35	0,001
	zeitliche Anforderungen	0,191	35	0,002	0,732	35	0,000
	Leistung	0,217	35	0,000	0,880	35	0,001
	Anstrengung	0,307	35	0,000	0,805	35	0,000
	Frustration	0,319	35	0,000	0,787	35	0,000
Handführung (HF)	geistige Anforderung	0,236	35	0,000	0,736	35	0,000
	körperliche Anforderungen	0,155	35	0,033	0,910	35	0,007
	zeitliche Anforderungen	0,241	35	0,000	0,872	35	0,001
	Leistung	0,239	35	0,000	0,730	35	0,000
	Anstrengung	0,250	35	0,000	0,790	35	0,000
	Frustration	0,242	35	0,000	0,763	35	0,000
Gestensteuerung (GS)	geistige Anforderung	0,262	35	0,000	0,740	35	0,000
	körperliche Anforderungen	0,248	35	0,000	0,754	35	0,000
	zeitliche Anforderungen	0,233	35	0,000	0,850	35	0,000
	Leistung	0,265	35	0,000	0,679	35	0,000
	Anstrengung	0,237	35	0,000	0,668	35	0,000
	Frustration	0,289	35	0,000	0,637	35	0,000
Mausbedienung (MB)	geistige Anforderung	0,204	35	0,001	0,768	35	0,000
	körperliche Anforderungen	0,271	35	0,000	0,794	35	0,000
	zeitliche Anforderungen	0,203	35	0,001	0,851	35	0,000
	Leistung	0,193	35	0,002	0,916	35	0,011
	Anstrengung	0,300	35	0,000	0,748	35	0,000
	Frustration	0,298	35	0,000	0,652	35	0,000
Touchbedienung (TR)	geistige Anforderung	0,139	35	0,083	0,888	35	0,002
	körperliche Anforderungen	0,252	35	0,000	0,772	35	0,000
	zeitliche Anforderungen	0,127	35	0,163	0,952	35	0,130
	Leistung	0,210	35	0,000	0,791	35	0,000

MRS Anforderung	Kolmogorov-Smirnov Statistik	df	Signifikanz	Shapiro-Wilk Statistik	df	Signifikanz
Anstrengung	0,269	35	0,000	0,794	35	0,000
Frustration	0,174	35	0,009	0,847	35	0,000
Legende:	Normalverteilung					

Aufgrund der überwiegend nicht normalverteilten Daten (p<0,05) basiert die Auswertung statistischer Unterschiede auf einem Friedman-Test. Dieser zeigt signifikante Unterschiede in den geistigen Anforderungen (Chi-Quadrat(4)=28,187; p=0,000; N=35), den körperlichen Anforderungen (Chi-Quadrat(4)= 56,702; p=0,000; N=35), den zeitlichen Anforderungen (Chi-Quadrat(4)=60,110; p=0,000; N=35), der Leistung (Chi-Quadrat(4)=36,047; p=0,000; N=35), der Anstrengung (Chi-Quadrat(4)=34,138; p=0,000; N=35) und der Frustration (Chi-Quadrat(4)=29,379; p=0,000; N=35). Eine übersichtliche Darstellung des post-hoc Dunn-Bonferroni-Tests ist in der nachfolgende Tabelle 124 gezeigt.

Tabelle 124: Nutzertest zur Positionierung – Angepasste asymptotische Signifikanzen der NASA-TLX-Kategorien

Quelle: eigene Darstellung

NASA-TLX-Kategorie	MRS	angepasste asymptotische Signifikanzen der NASA-TLX-Kategorien HF	GS	MD	MB	TB
Geistige Anforderungen	HF	-	1,000	0,036	1,000	1,000
	GS	-	-	0,890	1,000	0,113
	MD	-	-	-	0,821	0,000
	MB	-	-	-	-	0,126
	TB	-	-	-	-	-
körperliche Anforderungen	HF	-	0,001	0,000	0,000	0,010
	GS	-	-	1,000	1,000	1,000
	MD	-	-	-	1,000	0,343
	MB	-	-	-	-	1,000
	TB	-	-	-	-	-
zeitliche Anforderungen	HF	-	1,000	0,001	0,640	0,041
	GS	-	-	0,091	1,000	0,000
	MD	-	-	-	0,413	0,000
	MB	-	-	-	-	0,000
	TB	-	-	-	-	-
Leistung	HF	-	0,452	0,010	0,452	1,000
	GS	-	-	1,000	1,000	0,012
	MD	-	-	-	1,000	0,000
	MB	-	-	-	-	0,012
	TB	-	-	-	-	-

NASA-TLX-Kategorie	MRS	angepasste asymptotische Signifikanzen der NASA-TLX-Kategorien HF	GS	MD	MB	TB
Anstrengung	HF	-	0,452	0,000	0,058	1,000
	GS	-	-	0,173	1,000	1,000
	MD	-	-	-	1,000	0,002
	MB	-	-	-	-	0,376
	TB	-	-	-	-	-
Frustration	HF	-	1,000	0,140	1,000	1,000
	GS	-	-	1,000	1,000	0,126
	MD	-	-	-	1,000	0,002
	MB	-	-	-	-	0,041
	TB	-	-	-	-	-
Legende:		signifikante Unterschiede (p<0,05)				
		hochsignifikante Unterschiede (p<0,01)				

Die nachfolgende Tabelle 125 gibt einen Überblick über die ermittelten z-Werte zur Berechnung der Effektstärken nach Cohen der jeweils signifikanten Unterschiede der NASA-TLX-Bewertungen (N=35).

Tabelle 125: Nutzertest zur Positionierung - z-Werte zur Berechnung der Effektstärke nach Cohen der Unterschiede der NASA-TLX-Bewertungen

Quelle: eigene Darstellung

Kategorie	MRS	z-Werte der signifikanten Unterschiede der NASA-TLX-Bewertungen HF	GS	MD	MB	TB	Effektstärke auf Basis signifikanter Unterschiede der NASA-TLX-Bewertungen HF	GS	MD	MB	TB
geistige Anforderungen	HF	-	-	-1,100	-	-	-	-	schwach	-	-
	GS	-	-	-	-	-	-	-	-	-	-
	MD	-	-	-	-	-1,600	-	-	-	-	schwach
	MB	-	-	-	-	-	-	-	-	-	-
	TB	-	-	-	-	-	-	-	-	-	-

Kategorie	MRS	z-Werte der signifikanten Unterschiede der NASA-TLX-Bewertungen					Effektstärke auf Basis signifikanter Unterschiede der NASA-TLX-Bewertungen				
		HF	GS	MD	MB	TB	HF	GS	MD	MB	TB
körperliche Anforder-	HF	-	1,529	-2,043	1,757	1,243	-	schwach	mittel	mittel	schwach
	GS	-	-	-	-	-	-	-	-	-	-
	MD	-	-	-	-	-	-	-	-	-	-
	MB	-	-	-	-	-	-	-	-	-	-
	TB	-	-	-	-	-	-	-	-	-	-
zeitliche Anforderungen	HF	-	-	-1,471	-	-1,086	-	-	schwach	-	schwach
	GS	-	-	-	-	-1,571	-	-	-	-	schwach
	MD	-	-	-	-	-2,557	-	-	-	-	mittel
	MB	-	-	-	-	-1,786	-	-	-	-	mittel
	TB	-	-	-	-	-	-	-	-	-	-
Leistung	HF	-	-	-1,243	-	-	-	-	schwach	-	-
	GS	-	-	-	-	-1,229	-	-	-	-	schwach
	MD	-	-	-	-	-1,714	-	-	-	-	schwach
	MB	-	-	-	-	-1,229	-	-	-	-	Schwach
	TB	-	-	-	-	-	-	-	-	-	-
Anstrengung	HF	-	-	-1,657	-	-	-	-	schwach	-	-
	GS	-	-	-	-	-	-	-	-	-	-
	MD	-	-	-	-	-1,400	-	-	-	-	schwach
	MB	-	-	-	-	-	-	-	-	-	-
	TB	-	-	-	-	-	-	-	-	-	-
Frustration	HF	-	-	-	-	-	-	-	-	-	-
	GS	-	-	-	-	-	-	-	-	-	-
	MD	-	-	-	-	-1,414	-	-	-	-	schwach

Kategorie MRS	z-Werte der signifikanten Unterschiede der NASA-TLX-Bewertungen					Effektstärke auf Basis signifikanter Unterschiede der NASA-TLX-Bewertungen				
	HF	GS	MD	MB	TB	HF	GS	MD	MB	TB
MB	-	-	-	-	-1,086	-	-	-	-	schw-ach
TB	-	-	-	-	-	-	-	-	-	-

A.5 Ergänzungen zum funktionalen Test der Parametrierung

Bedienzeiten zur Positionierung

Die nachfolgende Tabelle 126 zeigt den Normalverteilungstest der Bedienzeiten zur reinen Positionierung.

Tabelle 126: Funktionaler Test zur Parametrierung - Normalverteilungstest Bedienzeiten zur reinen Positionierung

Quelle: eigene Darstellung

Aufgabe	MRS	Kolmogorov-Smirnov Statistik	df	Signifikanz	Shapiro-Wilk Statistik	df	Signifikanz
Positionierung zu einem Ziel	MD	0,172	37	0,007	0,860	37	0,000
	GS	0,132	37	0,104	0,943	37	0,058
	MB	0,158	37	0,020	0,930	37	0,022
Positionierung zu fünf Zielen	MD	0,131	37	0,113	0,934	37	0,031
	GS	0,189	37	0,002	0,792	37	0,000
	MB	0,137	37	0,078	0,948	37	0,085
Legende:	Normalverteilung						

Zur Beurteilung der Weiterentwicklungseffekte wird ein Mann-Whitney-U-Test zum Vergleich der unabhängigen, nicht normalverteilten Stichproben verwendet (Field 2013). Die „ursprünglichen MRS“ werden mit dem Index „u“ gekennzeichnet.

Tabelle 127: Funktionaler Test der Parametrierung - Mann-Whitney-U Test zum Vergleich der Bedienzeiten zur Positionierung der ursprünglichen und weiterentwickelten MRS

Quelle: eigene Darstellung

	weiter-entwickelte MRS	GSu	MDu	MBu
Bedienzeiten zur Positionierung zu einem Ziel Mann-Whitney-U / U / asymptotische Signifikanz (zweiseitig)	GS	94,500/0,000	-	-
	MD	-	212,000/0,008	-
	MB	-	-	69,000/0,000
Bedienzeiten zur Positionierung zu fünf Zielen Mann-Whitney-U / U / asymptotische Signifikanz (zweiseitig)	GS	68,5000/0,000	-	-
	MD	-	117,000/0,000	-
	MB	-	-	226,000/0,016
Legende:		signifikante Unterschiede (p<0,05)		
		hochsignifikante Unterschiede (p<0,01)		

Zur Analyse der Unterschiede innerhalb der Gruppe der weiterentwickelten MRS dient auf Basis der überwiegend nicht normalverteilten Daten der Bedienzeiten der Positionierung (p<0,05) ein Friedman-Test. Dieser zeigt signifikante Unterschiede zwischen den Bedienzeiten zur Positionierung der weiterentwickelten MRS zu einem Ziel (Chi-Quadrat(2)=53,479; p=0,000; N=37) sowie zur Positionierung zu fünf Zielen (Chi-Quadrat(2)=74,000; p=0,000; N=37). Der post- hoc Dunn-Bonferroni-Test ist in der nachfolgenden Tabelle 128 ersichtlich.

Tabelle 128: Funktionaler Test der Parametrierung – Angepasste asymptotische Signifikanzen des Dunn-Bonferroni-Tests der Bedienzeiten zur Positionierung

Quelle: eigene Darstellung

	angepasste asymptotische Signifikanzen der Positionierung zu einem Ziel			angepasste asymptotische Signifikanzen der Positionierung zu fünf Zielen		
MRS	GS	MD	MB	GS	MD	MB
GS	-	0,000	0,000	-	0,000	0,000
MD	-	-	1,000	-	-	0,000
MB	-	-	-	-	-	-
Legende:	signifikante Unterschiede (p<0,05)			hochsignifikante Unterschiede (p<0,01)		

Die nachfolgende Tabelle 129 gibt einen Überblick über die ermittelten z-Werte zur Berechnung der Effektstärken nach Cohen der jeweils signifikanten Unterschiede der Bedienzeiten zur reinen Positionierung zu einem Ziel (N=37).

Tabelle 129: Funktionaler Test der Parametrierung - z-Werte zur Berechnung der Effektstärke nach Cohen der Unterschiede der Bedienzeiten zur reinen Positionierung zu einem Ziel

Quelle: eigene Darstellung

	z-Werte der signifikanten Unterschiede der Bedienzeiten zur Positionierung zu einem Ziel			Effektstärke auf Basis signifikanter Unterschiede der Bedienzeiten zur Positionierung zu einem Ziel		
MRS	**GS**	**MD**	**MB**	**GS**	**MD**	**MB**
GS	-	-1,514	1,405	-	schwach	schwach
MD	-	-	-	-	-	-
MB	-	-	-	-	-	-

Die nachfolgende Tabelle 130 gibt einen Überblick über die ermittelten z-Werte zur Berechnung der Effektstärken nach Cohen der jeweils signifikanten Unterschiede der Bedienzeiten zur reinen Positionierung zu fünf Zielen (N=37).

Tabelle 130: Funktionaler Test der Parametrierung - z-Werte zur Berechnung der Effektstärke nach Cohen der Unterschiede der Bedienzeiten zur reinen Positionierung zu fünf Zielen

Quelle: eigene Darstellung

	z-Werte der signifikanten Unterschiede der Bedienzeiten zur Positionierung zu fünf Zielen			Effektstärke auf Basis signifikanter Unterschiede der Bedienzeiten zur Positionierung zu fünf Zielen		
MRS	**GS**	**MD**	**MB**	**GS**	**MD**	**MB**
GS	-	-2,000	1,000	-	mittel	schwach
MD	-	-	-1,000	-	-	schwach
MB	-	-	-	-	-	-

Bedienzeiten zur Positionierung und anschließenden Parametrierung

Die nachfolgende Tabelle 131 zeigt den Normalverteilungstest der Bedienzeiten zur Parametrierung.

Tabelle 131: **Funktionaler Test der Parametrierung - Normalverteilungstest Bedienzeiten zur Positionierung und Parametrierung**

Quelle: *eigene Darstellung*

		Kolmogorov-Smirnov			Shapiro-Wilk		
Aufgabe	**MRS**	**Statistik**	**df**	**Signifikanz**	**Statistik**	**df**	**Signifikanz**
Positionierung und Parametrierung zu einem Ziel	**MD**	0,095	37	0,200	0,965	37	0,282
	GS	0,131	37	0,112	0,950	37	0,095
	MB	0,076	37	0,200	0,975	37	0,565
Positionierung und Parametrierung zu fünf Zielen	**MD**	0,145	37	0,049	0,954	37	0,131
	GS	0,156	37	0,024	0,905	37	0,004
	MB	0,120	37	0,196	0,919	37	0,010
Legende:	Normalverteilung						

Auf Basis der nicht vollständig normalverteilten Daten (p<0,05) zeigt ein Friedman-Test signifikante Unterschiede zwischen den Bedienzeiten zur Positionierung zu einem Ziel (Chi-Quadrat(2)=60,095; p=0,000; N=37) sowie zur Positionierung zu fünf Zielen (Chi-Quadrat(2)=56,095; p=0,000; N=37). Der post-hoc Dunn-Bonferroni-Test zur detaillierten Analyse der Unterschiede ist in der nachfolgenden Tabelle 132 gezeigt.

Tabelle 132: **Funktionaler Test der Parametrierung – Angepasste asymptotische Signifikanzen des Dunn-Bonferroni-Tests der Bedienzeiten zur Positionierung und Parametrierung**

Quelle: *eigene Darstellung*

	angepasste asymptotische Signifikanzen der Bedienzeiten Pos. und Par. zu einem Ziel			angepasste asymptotische Signifikanzen der Bedienzeiten Pos. und Par. zu fünf Zielen		
MRS	**GS**	**MD**	**MB**	**GS**	**MD**	**MB**
GS	-	0,000	0,000	-	0,000	0,000
MD	-	-	0,023	-	-	1,000
MB	-	-	-	-	-	-
Legende:	signifikante Unterschiede (p<0,05)			hochsignifikante Unterschiede (p<0,01)		

Die nachfolgende Tabelle 133 gibt einen Überblick über die ermittelten z-Werte zur Berechnung der Effektstärken nach Cohen der jeweils signifikanten Unterschiede der Bedienzeiten zur Positionierung und anschließenden Parametrierung zu einem Ziel (N=37).

Tabelle 133: Funktionaler Test der Parametrierung - z-Werte zur Berechnung der Effektstärke nach Cohen der Unterschiede der Bedienzeiten zur Positionierung und Parametrierung zu einem Ziel

Quelle: eigene Darstellung

	z-Werte der signifikanten Unterschiede der Bedienzeiten zur Positionierung und Parametrierung zu einem Ziel			Effektstärke auf Basis signifikanter Unterschiede der Bedienzeiten zur Positionierung und Parametrierung zu einem Ziel		
MRS	**GS**	**MD**	**MB**	**GS**	**MD**	**MB**
GS	-	-1,149	1,770	-	schwach	mittel
MD	-	-	0,622	-	-	schwach
MB	-	-	-	-	-	-

Die nachfolgende Tabelle 134 gibt einen Überblick über die ermittelten z-Werte zur Berechnung der Effektstärken nach Cohen der jeweils signifikanten Unterschiede der Bedienzeiten zur Positionierung und anschließenden Parametrierung zu fünf Zielen (N=37).

Tabelle 134: Funktionaler Test der Parametrierung - z-Werte zur Berechnung der Effektstärke nach Cohen der Unterschiede der Bedienzeiten zur Positionierung und Parametrierung zu fünf Zielen

Quelle: eigene Darstellung

	z-Werte der signifikanten Unterschiede der Bedienzeiten zur Positionierung und Parametrierung zu fünf Zielen			Effektstärke auf Basis signifikanter Unterschiede der Bedienzeiten zur Positionierung und Parametrierung zu fünf Zielen		
MRS	**GS**	**MD**	**MB**	**GS**	**MD**	**MB**
GS	-	-1,446	1,554	-	schwach	schwach
MD	-	-	-	-	-	-
MB	-	-	-	-	-	-

Bedienfehler

Die nachfolgende Tabelle 135 zeigt den Normalverteilungstest der Bedienfehler der Parametrierung.

Tabelle 135: **Funktionaler Test der Parametrierung - Normalverteilungstest Bedienfehler**

Quelle: *eigene Darstellung*

	Kolmogorov-Smirnov			Shapiro-Wilk		
MRS	**Statistik**	**df**	**Signifikanz**	**Statistik**	**df**	**Signifikanz**
GS	0,518	37	0,000	0,367	37	0,000
MD	0,255	37	0,000	0,804	37	0,000
MB	0,539	37	0,000	0,241	37	0,000
Legende:	Normalverteilung					

Auf Basis der überwiegend nicht normalverteilten Daten (p<0,05) zeigt ein Friedman-Test signifikante Unterschiede zwischen den Bedienfehlern der einzelnen Mensch-Roboter-Schnittstellen (Chi-Quadrat(2)=29,727; p=0,000; N=37). Ein post-hoc Dunn-Bonferroni-Test gewährt tiefere Einblicke in die Unterschiede zwischen den einzelnen Mensch-Roboter-Schnittstellen. Die Ergebnisse sind in Tabelle 136 gezeigt.

Tabelle 136: **Funktionaler Test der Parametrierung – Angepasste asymptotische Signifikanzen des Dunn-Bonferroni-Tests der Bedienfehler**

Quelle: *eigene Darstellung*

	angepasste asymptotische Signifikanzen der Bedienfehler		
MRS	**GS**	**MD**	**MB**
GS	-	0,009	0,003
MD	-	-	1,000
MB	-	-	-
Legende:	signifikante Unterschiede (p<0,05) hochsignifikante Unterschiede (p<0,01)		

Die nachfolgende Tabelle 137 gibt einen Überblick über die ermittelten z-Werte zur Berechnung der Effektstärken nach Cohen der jeweils signifikanten Unterschiede der Bedienfehler zur Positionierung und anschließenden Parametrierung (N=37).

Tabelle 137: Funktionaler Test der Parametrierung - z-Werte zur Berechnung der Effektstärke nach Cohen der Unterschiede der Bedienfehler zur Positionierung und Parametrierung

Quelle: eigene Darstellung

	z-Werte der signifikanten Unterschiede der Bedienfehler zur Positionierung und Parametrierung			Effektstärke auf Basis signifikanter Unterschiede der Bedienfehler zur Positionierung und Parametrierung		
MRS	**GS**	**MD**	**MB**	**GS**	**MD**	**MB**
GS	-	-0,689	0,770	-	schwach	schwach
MD	-	-	-	-	-	-
MB	-	-	-	-	-	-

System Usability Scale

Die nachfolgende Tabelle 138 zeigt den Normalverteilungstest der SUS-Punktebewertung nach Brooke (1996).

Tabelle 138: Funktionaler Test der Parametrierung - Normalverteilungstest System Usability Scale Punktebewertung

Quelle: eigene Darstellung

	Kolmogorov-Smirnov			Shapiro-Wilk		
MRS	**Statistik**	**df**	**Signifikanz**	**Statistik**	**df**	**Signifikanz**
MD	0,193	37	0,001	0,881	37	0,001
GS	0,122	37	0,176	0,949	37	0,089
MB	0,205	37	0,000	0,854	37	0,000
Legende:	Normalverteilung					

Auf Basis der überwiegend nicht normalverteilten Daten (p<0,05) zeigt ein Friedman-Test signifikante Unterschiede zwischen den einzelnen SUS-Punktebewertungen (Chi-Quadrat(2)=27,304; p=0,000; N=37), der Adjektivbewertungen direkt nach der Interaktion (Chi-Quadrat(2)=19,446; p=0,000; N=37) sowie nach der Erprobung aller Mensch-Roboter-Schnittstellen (Chi-Quadrat(2)=6,413; p=0,040; N=37). Trotz der ähnlichen Tendenzen wird aufgrund der Tiefe der Evaluation ausschließlich die SUS-Punktebewertung nach Brooke (1996) für die weitere Analyse herangezogen. Der darauf aufbauende post-hoc Dunn-Bonferroni-Test zeigt die Unterschiede im Vergleich der SUS-Punktebewertungen in der nachfolgenden Tabelle 139.

Tabelle 139: **Funktionaler Test der Parametrierung – Angepasste asymptotische Signifikanzen des Dunn-Bonferroni-Tests der SUS-Punkte**

Quelle: *eigene Darstellung*

MRS	angepasste asymptotische Signifikanzen der SUS-Punkte GS	MD	MB
GS	-	0,189	0,000
MD	-	-	0,006
MB	-	-	-
Legende:	signifikante Unterschiede (p<0,05) hochsignifikante Unterschiede (p<0,01)		

Die nachfolgende Tabelle 140 gibt einen Überblick über die ermittelten z-Werte zur Berechnung der Effektstärken nach Cohen der jeweils signifikanten Unterschiede der SUS-Punktebewertungen im Rahmen des funktionalen Tests der Parametrierung (N=37).

Tabelle 140: **Funktionaler Test der Parametrierung - z-Werte zur Berechnung der Effektstärke nach Cohen der Unterschiede der SUS-Punktebewertungen zur Positionierung und Parametrierung**

Quelle: *eigene Darstellung*

	z-Werte der signifikanten Unterschiede der Bedienfehler zur Positionierung und Parametrierung			Effektstärke auf Basis signifikanter Unterschiede der Bedienfehler zur Positionierung und Parametrierung		
MRS	GS	MD	MB	GS	MD	MB
GS	-	-	-1,149	-	-	schwach
MD	-	-	-0,716	-	-	schwach
MB	-	-	-	-	-	-

User Experience Questionnaire

Die nachfolgende Tabelle 141 zeigt den Normalverteilungstest der UEQ-Bewertung.

Tabelle 141: Funktionaler Test der Parametrierung - Normalverteilungstest UEQ

Quelle: eigene Darstellung

MRS	UEQ-Dimension	Kolmogorov-Smirnov Statistik	df	Signifikanz	Shapiro-Wilk Statistik	df	Signifikanz
MD	Attraktivität	0,112	37	0,200	0,939	37	0,043
	Durchschaubarkeit	0,231	37	0,000	0,839	37	0,000
	Effizienz	0,145	37	0,048	0,948	37	0,084
	Steuerbarkeit	0,161	37	0,017	0,955	37	0,140
	Stimulation	0,120	37	0,195	0,948	37	0,082
	Originalität	0,128	37	0,129	0,963	37	0,254
GS	Attraktivität	0,110	37	0,200	0,950	37	0,098
	Durchschaubarkeit	0,203	37	0,001	0,900	37	0,003
	Effizienz	0,116	37	0,200	0,933	37	0,028
	Steuerbarkeit	0,146	37	0,044	0,863	37	0,000
	Stimulation	0,174	37	0,006	0,933	37	0,028
	Originalität	0,132	37	0,104	0,925	37	0,016
MB	Attraktivität	0,106	37	0,200	0,950	37	0,095
	Durchschaubarkeit	0,174	37	0,006	0,855	37	0,000
	Effizienz	0,226	37	0,000	0,883	37	0,001
	Steuerbarkeit	0,132	37	0,104	0,941	37	0,048
	Stimulation	0,126	37	0,144	0,971	37	0,428
	Originalität	0,138	37	0,073	0,944	37	0,060
Legende:		Normalverteilung					

Aufgrund der überwiegend nicht normalverteilten Daten der UEQ-Bewertungen (p<0,05) zeigt ein Friedman-Test keine signifikanten Unterschiede in den Bewertungen der Attraktivität (Chi-Quadrat(2)=4,739; p= 0,094; N=37). Er zeigt jedoch signifikante Unterschiede in den Bewertungen der Durchschaubarkeit (Chi-Quadrat(2)=22,978; p=0,000; N=37), der Effizienz (Chi-Quadrat(2)=38,463; p=0,000; N=37), der Steuerbarkeit (Chi-Quadrat(2)=30,778; p=0,000; N=37), der Stimulation (Chi-Quadrat(2)=6,677; p=0,035; N=37) und der Originalität (Chi-Quadrat(2)=32,299; p=0,000; N=37). Ein auf den Daten aufbauender post-hoc Dunn-Bonferroni-Test zeigt die Unterschiede im Vergleich der einzelnen Bewertungskategorien der verschiedenen MRS in Tabelle 142.

Tabelle 142: Funktionaler Test der Parametrierung – Angepasste asymptotische Signifikanzen des Dunn-Bonferroni-Tests der UEQ-Bewertungen

Quelle: eigene Darstellung

Kategorie	MRS	angepasste asymptotische Signifikanzen der UEQ-Bewertungen GS	MD	MB
Attraktivität	GS	-	-	-
	MD	-	-	-
	MB	-	-	-
Durchschaubarkeit	GS	-	0,276	0,000
	MD	-	-	0,011
	MB	-	-	-
Effizienz	GS	-	0,000	0,000
	MD	-	-	0,244
	MB	-	-	-
Steuerbarkeit	GS	-	0,019	0,000
	MD	-	-	0,052
	MB	-	-	-
Stimulation	GS	-	0,489	0,044
	MD	-	-	0,886
	MB	-	-	-
Originalität	GS	-	0,144	0,000
	MD	-	-	0,002
	MB	-	-	-
Legende:	signifikante Unterschiede ($p<0,05$)		hochsignifikante Unterschiede ($p<0,01$)	

Die nachfolgende Tabelle 143 gibt einen Überblick über die ermittelten z-Werte zur Berechnung der Effektstärken nach Cohen der jeweils signifikanten Unterschiede der UEQ-Bewertungen im Rahmen des funktionalen Tests der Parametrierung (N=37).

Tabelle 143: **Funktionaler Test der Parametrierung - z-Werte zur Berechnung der Effektstärke nach Cohen - Unterschiede der UEQ-Bewertungen zur Positionierung und Parametrierung**

Quelle: *eigene Darstellung*

		z-Werte der signifikanten Unterschiede der UEQ-Bewertungen zur Positionierung und Parametrierung			Effektstärke auf Basis signifikanter Unterschiede der UEQ-Bewertungen zur Positionierung und Parametrierung		
Kategorie	MRS	**GS**	**MD**	**MB**	**GS**	**MD**	**MB**
	GS	-	-	-	-	-	-
Attraktivität	MD	-	-	-	-	-	-
	MB	-	-	-	-	-	-
	GS	-	-	-1,068	-	-	schwach
Durchschaubarkeit	MD	-	-	-0,676	-	-	schwach
	MB	-	-	-	-	-	-
	GS	-	0,932	-1,338	-	schwach	schwach
Effizienz	MD	-	-	-	-	-	-
	MB	-	-	-	-	-	-
	GS	-	0,635	-1,189	-	schwach	schwach
Steuerbarkeit	MD	-	-	-	-	-	-
	MB	-	-	-	-	-	-
	GS	-	-	0,568	-	-	schwach
Stimulation	MD	-	-	-	-	-	-
	MB	-	-	-	-	-	-
	GS	-	-	1,243	-	-	schwach
Originalität	MD	-	-	0,784	-	-	schwach
	MB	-	-	-	-	-	-

A.6 Ergänzungen zum Nutzertest der Parametrierung

Prototypischer Aufbau der MRS zur Positionierung und Parametrierung

Die nachfolgende Abbildung 64 zeigt ergänzend die reale Darstellung der Positionierung und Parametrierung über die ausgewählten Mensch-Roboter-Schnittstellen.

Mausbedienung (MB)
Positionierung durch Klick der Maus auf entsprechende Stelle des Bauteils. *Parametrierung* durch Manipulation des Kontextmenüs.

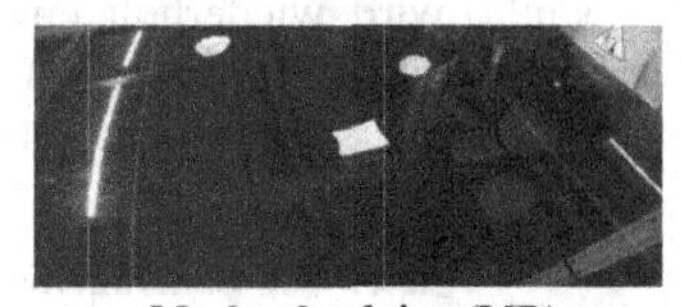

Markerdetektion (MD)
Positionierung durch Platzieren der Markierungen an entsprechender Stelle des Bauteils. *Parametrierung* durch Manipulation des Kontextmenüs mit der Maus.

Gestensteuerung (GS)
Positionierung durch markerbasiertes Zeigen auf gewünschte Stelle des Bauteils.
Parametrierung durch Manipulation des projizierten Kontextmenüs.

Abbildung 64: Reale Darstellung der Positionierung und Parametrierung über die ausgewählten MRS

Quelle: eigene Darstellung

Bedienzeiten zur Positionierung

Die nachfolgende Tabelle 144 zeigt den Normalverteilungstest der Bedienzeiten zur reinen Positionierung.

Tabelle 144: Nutzertest der Parametrierung - Normalverteilungstest Bedienzeiten zur reinen Positionierung

Quelle: eigene Darstellung

		Kolmogorov-Smirnov			Shapiro-Wilk		
Aufgabe	**MRS**	**Statistik**	**df**	**Signifikanz**	**Statistik**	**df**	**Signifikanz**
Positionierung zu einem Ziel	**MD**	0,074	24	0,200	0,984	24	0,961
	GS	0,134	24	0,200	0,905	24	0,028
	MB	0,125	24	0,200	0,953	24	0,312
Positionierung zu fünf Zielen	**MD**	0,129	24	0,200	0,960	24	0,429
	GS	0,151	24	0,165	0,813	24	0,000
	MB	0,191	24	0,024	0,833	24	0,001
Legende:	Normalverteilung						

Für den statistischen Test von Unterschieden zwischen den Bedienzeiten der jeweils ursprünglichen und weiterentwickelten Mensch-Roboter-Schnittstellen der

Erfahrungsstudie wird wiederholt ein Mann-Whitney-U-Test verwendet (nicht normalverteilte Daten). Die statistisch signifikanten Unterschiede zur Interpretation der Weiterentwicklung sind in Tabelle 145 gezeigt.

Tabelle 145: Nutzertest der Parametrierung - Mann-Whitney-U Test zum Vergleich der Bedienzeiten zur Positionierung der ursprünglichen und weiterentwickelten MRS

Quelle: eigene Darstellung

	Weiter-entwickelte MRS	GSu	MDu	MBu
Bedienzeiten zur Positionierung zu einem Ziel Mann-Whitney-U U / asymptotische Signifikanz (zweiseitig)	GS	10,000/0,000	-	-
	MD	-	203,500/0,001	-
	MB	-	-	415,500/0,945
Bedienzeiten zur Positionierung zu fünf Zielen Mann-Whitney-U U / asymptotische Signifikanz (zweiseitig)	GS	0,000/0,000	-	-
	MD	-	118,000/0,000	-
	MB	-	-	346,000 / 0,253
Legende:		signifikante Unterschiede (p<0,05)		
		hochsignifikante Unterschiede (p<0,01)		

Mit den nur teilweise normalverteilten Daten der Bedienzeiten zur Positionierung mittels den weiterentwickelten Mensch-Roboter-Schnittstellen (p<0,05) zeigt ein Friedman-Test signifikante Unterschiede zwischen den Bedienzeiten zur Positionierung der weiterentwickelten MRS zu einem Ziel (Chi-Quadrat(2)=18,583; p=0,000; N=24) sowie zur Positionierung zu fünf Zielen (Chi-Quadrat(2)=48,000; p=0,000; N=24). Ein Post-hoc Dunn-Bonferroni-Test gewährt tiefere Einblicke in die Unterschiede zwischen den einzelnen Mensch-Roboter-Schnittstellen. Die Ergebnisse sind in Tabelle 146 zusammengefasst.

Tabelle 146: **Nutzertest der Parametrierung – Angepasste asymptotische Signifikanzen des Dunn-Bonferroni-Tests der Bedienzeiten zur Positionierung**

Quelle: *eigene Darstellung*

	angepasste asymptotische Signifikanzen der Positionierung zu einem Ziel			angepasste asymptotische Signifikanzen der Positionierung zu fünf Zielen		
MRS	**GS**	**MD**	**MB**	**GS**	**MD**	**MB**
GS	-	0,000	0,003	-	0,000	0,002
MD	-	-	1,000	-	-	0,002
MB	-	-	-	-	-	-
Legende:	signifikante Unterschiede (p<0,05)			hochsignifikante Unterschiede (p<0,01)		

Die nachfolgende Tabelle 147 gibt einen Überblick über die ermittelten z-Werte zur Berechnung der Effektstärken nach Cohen der jeweils signifikanten Unterschiede der Bedienzeiten zur reinen Positionierung zu einem Ziel (N=24).

Tabelle 147: **Nutzertest der Parametrierung - z-Werte zur Berechnung der Effektstärke nach Cohen der Unterschiede der Bedienzeiten zur reinen Positionierung zu einem Ziel**

Quelle: *eigene Darstellung*

	z-Werte der signifikanten Unterschiede der Bedienzeiten zur Positionierung zu einem Ziel			Effektstärke auf Basis signifikanter Unterschiede der Bedienzeiten zur Positionierung zu einem Ziel		
MRS	**GS**	**MD**	**MB**	**GS**	**MD**	**MB**
GS	-	-1,167	0,958	-	schwach	schwach
MD	-	-	-	-	-	-
MB	-	-	-	-	-	-

Die nachfolgende Tabelle 148 gibt einen Überblick über die ermittelten z-Werte zur Berechnung der Effektstärken nach Cohen der jeweils signifikanten Unterschiede der Bedienzeiten zur reinen Positionierung zu fünf Zielen (N=24).

Tabelle 148: **Nutzertest der Parametrierung - z-Werte zur Berechnung der Effektstärke nach Cohen der Unterschiede der Bedienzeiten zur reinen Positionierung zu fünf Zielen**

Quelle: *eigene Darstellung*

	z-Werte der signifikanten Unterschiede der Bedienzeiten zur Positionierung zu fünf Zielen			Effektstärke auf Basis signifikanter Unterschiede der Bedienzeiten zur Positionierung zu fünf Zielen		
MRS	**GS**	**MD**	**MB**	**GS**	**MD**	**MB**
GS	-	-2,000	1,000	-	mittel	schwach
MD	-	-	-1,000	-	-	schwach
MB	-	-	-	-	-	-

Bedienzeiten zur Positionierung und anschließenden Parametrierung

Die nachfolgende Tabelle 149 zeigt den Normalverteilungstest der Bedienzeiten zur Positionierung und anschließenden Parametrierung der Erfahrungsstudie.

Tabelle 149: **Nutzertest der Parametrierung - Normalverteilungstest Bedienzeiten zur Positionierung und Parametrierung**

Quelle: *eigene Darstellung*

		Kolmogorov-Smirnov			Shapiro-Wilk		
Aufgabe	**MRS**	**Statistik**	**df**	**Signifikanz**	**Statistik**	**df**	**Signifikanz**
Positionierung und Parametrierung zu einem Ziel	**MD**	0,128	24	0,200	0,972	24	0,721
	GS	0,105	24	0,200	0,978	24	0,865
	MB	0,139	24	0,200	0,957	24	0,378
Positionierung und Parametrierung zu fünf Zielen	**MD**	0,159	24	0,119	0,893	24	0,015
	GS	0,168	24	0,078	0,866	24	0,004
	MB	0,186	24	0,031	0,917	24	0,050
Legende:	Normalverteilung						

Auf Basis der nicht vollständig normalverteilten Daten (p<0,05) zeigt ein Friedman-Test signifikante Unterschiede zwischen den Bedienzeiten zur Positionierung zu einem Ziel (Chi-Quadrat(2)=34,126; p=0,000; N=24) sowie zur Positionierung zu fünf Zielen (Chi-Quadrat(2)=42,750; p=0,000; N=24). Ein post-hoc Dunn-Bonferroni-Test gewährt tiefere Einblicke in die Unterschiede zwischen den einzelnen Mensch-Roboter-Schnittstellen. Die Ergebnisse sind in Tabelle 150 zusammengefasst.

Tabelle 150: **Nutzertest der Parametrierung – Angepasste asymptotische Signifikanzen des Dunn-Bonferroni-Tests der Bedienzeiten zur Positionierung und Parametrierung**

Quelle: *eigene Darstellung*

	angepasste asymptotische Signifikanzen der Bedienzeiten Pos. und Par. zu einem Ziel			angepasste asymptotische Signifikanzen der Bedienzeiten Pos. und Par. zu fünf Zielen		
MRS	**GS**	**MD**	**MB**	**GS**	**MD**	**MB**
GS	-	0,182	0,000	-	0,000	0,000
MD	-	-	0,000	-	-	0,028
MB	-	-	-	-	-	-
Legende:	signifikante Unterschiede (p<0,05)			hochsignifikante Unterschiede (p<0,01)		

Bedienfehler

Die nachfolgende Tabelle 151 zeigt den Normalverteilungstest der Bedienfehler der Erfahrungsstudie der Parametrierung.

Tabelle 151: **Nutzertest der Parametrierung - Normalverteilungstest Bedienfehler**

Quelle: *eigene Darstellung*

	Kolmogorov-Smirnov			Shapiro-Wilk		
MRS	**Statistik**	**df**	**Signifikanz**	**Statistik**	**df**	**Signifikanz**
MD	0,344	24	0,000	0,728	24	0,000
GS	0,450	24	0,000	0,578	24	0,000
MB	0,409	24	0,000	0,654	24	0,000

Auf Basis der nicht normalverteilten Daten (p<0,05) zeigt ein Friedman-Test keine signifikanten Unterschiede zwischen den Bedienfehlern der einzelnen Mensch-Roboter-Schnittstellen (Chi-Quadrat(2)=1,733; p=0,420; N=24).

System Usability Scale

Die nachfolgende Tabelle 152 zeigt den Normalverteilungstest der SUS-Punktebewertungen der Erfahrungsstudie der Parametrierung.

Tabelle 152: **Nutzertest der Parametrierung - Normalverteilungstest System Usability Scale Punktebewertung**

Quelle: *eigene Darstellung*

	Kolmogorov-Smirnov			Shapiro-Wilk		
MRS	**Statistik**	**df**	**Signifikanz**	**Statistik**	**df**	**Signifikanz**
MD	0,134	24	0,200	0,865	24	0,004
GS	0,325	24	0,000	0,687	24	0,000
MB	0,195	24	0,018	0,733	24	0,000
Legende:	Normalverteilung					

Auf Basis der nicht normalverteilten Daten für die SUS-Punktebewertung nach Brooke (1996) (p<0,05) zeigt ein Friedman-Test keine signifikante Unterschiede zwischen den einzelnen SUS-Punktebewertungen (Chi-Quadrat(2)=3,933; p=0,140; N=24), der Adjektivbewertungen direkt nach der Interaktion (Chi-Quadrat(2)=5,262; p=0,072; N=24) sowie nach der Erprobung aller Mensch-Roboter-Schnittstellen (Chi-Quadrat(2)=4,217; p=0,121; N=24).

User Experience Questionnaire

Die nachfolgende Tabelle 153 zeigt den Normalverteilungstest der UEQ-Befragung der Erfahrungsstudie der Parametrierung.

Tabelle 153: Nutzertest der Parametrierung - Normalverteilungstest UEQ

Quelle: eigene Darstellung

MRS	UEQ-Dimension	Kolmogorov-Smirnov			Shapiro-Wilk		
		Statistik	df	Signifikanz	Statistik	df	Signifikanz
MD	Attraktivität	0,186	24	0,031	0,843	24	0,002
	Durchschaubarkeit	0,177	24	0,051	0,789	24	0,000
	Effizienz	0,223	24	0,003	0,742	24	0,000
	Steuerbarkeit	0,207	24	0,009	0,817	24	0,001
	Stimulation	0,212	24	0,007	0,859	24	0,003
	Originalität	0,146	24	0,200	0,889	24	0,013
GS	Attraktivität	0,250	24	0,000	0,739	24	0,000
	Durchschaubarkeit	0,336	24	0,000	0,666	24	0,000
	Effizienz	0,178	24	0,048	0,838	24	0,001
	Steuerbarkeit	0,304	24	0,000	0,772	24	0,000
	Stimulation	0,226	24	0,003	0,736	24	0,000
	Originalität	0,275	24	0,000	0,727	24	0,000
MB	Attraktivität	0,272	24	0,000	0,766	24	0,000
	Durchschaubarkeit	0,278	24	0,000	0,638	24	0,000
	Effizienz	0,157	24	0,132	0,894	24	0,016
	Steuerbarkeit	0,188	24	0,027	0,806	24	0,000
	Stimulation	0,201	24	0,013	0,895	24	0,017
	Originalität	0,243	24	0,001	0,804	24	0,000
Legende:		Normalverteilung					

Auf Basis der nicht normalverteilten Daten der UEQ-Bewertungen (p<0,05) zeigt ein Friedman-Test keine signifikanten Unterschiede in den Bewertungen der Attraktivität (Chi-Quadrat(2)=2,167; p= 0,338; N=24), der Durchschaubarkeit (Chi-Quadrat(2)=2,883; p=0,237; N=24), der Effizienz (Chi-Quadrat(2)=3,159; p=0,206; N=24), der Steuerbarkeit (Chi-Quadrat(2)=0,217; p=0,897; N=24), der Stimulation (Chi-Quadrat(2)=0,795; p=0,672; N=24) und der Originalität (Chi-Quadrat(2)=4,300; p=0,116; N=24).

Printed in the United States
By Bookmasters